固定式压力容器操作工教程

沈书乾　主　编

李海三　段志宏　陈　阮　副主编

中国石化出版社

内容提要

本书简要介绍了固定式压力容器的基础知识、常用介质、基本结构及常见安全附件，阐述了典型生产工艺及压力容器安全操作要点，重点介绍石化行业典型压力容器失效模式及操作注意事项。在本书的最后还介绍了一些我国相关压力容器的法律、法规、标准等。

本书取材广泛，内容丰富，可作为压力容器操作工培训教程，还可以作为职业院校相关专业的教材，同时可供石油化工行业、压力容器的设计单位及制造单位的技术人员参考。

图书在版编目(CIP)数据

固定式压力容器操作工教程/沈书乾主编. —北京：中国石化出版社，2017.8
ISBN 978-7-5114-4613-8

Ⅰ.①固… Ⅱ.①沈… Ⅲ.①固定式-压力容器-教材 Ⅳ.①TH49

中国版本图书馆CIP数据核字(2017)第193678号

中国石化出版社出版发行
地址:北京市朝阳区吉市口路9号
邮编:100020 电话:(010)59964500
发行部电话:(010)59964526
http://www.sinopec-press.com
E-mail:press@sinopec.com
北京富泰印刷有限责任公司印刷
全国各地新华书店经销

*

787×1092毫米 16开本 16.5印张 339千字
2017年8月第1版 2017年8月第1次印刷
定价:68.00元

前　言

压力容器是工业生产装置中重要的组成部分，是企业安全生产的有力保障。压力容器的安全关系到整个国家的经济及安全命脉，所以压力容器操作人员及相关设备管理人员熟悉掌握压力容器的相关知识尤其重要。

本书简要介绍了固定式压力容器的基础知识、常用介质、基本结构及常见安全附件，阐述了典型生产工艺及压力容器安全操作要领，重点介绍石化行业典型压力容器失效模式及操作注意事项。在本书的最后还重点介绍了一些我国相关压力容器的法律、法规、标准等。该书语言简练、通俗易懂，可作为特种行业协会压力容器操作工培训教程，还可以作为职业院校相关专业的教材，同时可供石油化工行业、压力容器的设计单位及制造单位的相关人员参考。

本书第一章、第二章由郭福平、沈书乾、段志宏编写，第三章、第四章由蒙理贵、沈书乾、程丽华编写，第五章由沈书乾、苏保齐编写，第六章由沈书乾、李程、范芳编写，第七章由沈书乾、齐洪洋、胡艳娇、马飞英编写，第八章由刘海东、林楠编写，第九章由覃荣江、范芳编写，第十章由郑国华、陈阮、吴少华编写，全书由沈书乾、杨平统稿，李海三、陈阮、段志宏校核。

本书编写时参考了国内外许多文献，在此不能全部列出，仅在书末列出主要的参考文献，请原著者谅解。另外，由于编者知识水平、收集资料的局限性及时间仓促，书中不妥之处和片面性在所难免，恳请读者能对本书提出宝贵的意见，并通过中国石化出版社转告我们，以期加以改正。

目　录

第1章　压力容器基础知识 ………………………………（1）

1.1　概述 ………………………………（1）

1.1.1　压力容器简介 ………………………………（1）

1.1.2　压力容器的压力来源 ………………………………（1）

1.1.3　压力容器的用途 ………………………………（2）

1.1.4　压力容器安全的重要性 ………………………………（3）

1.2　压力容器工艺参数 ………………………………（4）

1.2.1　压力 ………………………………（4）

1.2.2　温度 ………………………………（5）

1.2.3　介质 ………………………………（5）

1.3　压力容器的分类 ………………………………（6）

1.3.1　按压力容器安装方式分类 ………………………………（6）

1.3.2　按压力容器形状分类 ………………………………（6）

1.3.3　按压力容器技术特性分类 ………………………………（6）

1.3.4　按压力容器结构、材料及制造方法分类 ………………………………（7）

1.3.5　按压力容器在生产过程中的作用分类 ………………………………（7）

1.3.6　按国家安全技术管理有关规定分类 ………………………………（9）

1.4　压力容器常用材料 ………………………………（11）

1.4.1　对选用钢材的要求 ………………………………（11）

1.4.2　压力容器常用钢材及其使用范围 ………………………………（14）

1.4.3　其他材料 ………………………………（16）

第2章　压力容器中的介质 ………………………………（18）

2.1　压力容器中常见介质基础知识 ………………………………（18）

2.1.1　状态与相 ………………………………（18）

2.1.2　状态的变化与相图 ………………………………（18）

2.1.3　临界温度与临界压力 ………………………………（20）

2.1.4　燃烧速度 ………………………………（20）

2.1.5 闪点和燃点 …………………………………………………………………… (20)
2.2 介质的分类 …………………………………………………………………… (21)
2.2.1 永久气体 …………………………………………………………………… (21)
2.2.2 液化气体 …………………………………………………………………… (21)
2.2.3 冷冻液化气体 ……………………………………………………………… (22)
2.3 气体特性 ……………………………………………………………………… (22)
2.3.1 毒性 ………………………………………………………………………… (22)
2.3.2 燃爆性 ……………………………………………………………………… (24)
2.3.3 腐蚀性 ……………………………………………………………………… (27)
2.4 常见气体 ……………………………………………………………………… (28)
2.4.1 永久气体 …………………………………………………………………… (28)
2.4.2 液化气体 …………………………………………………………………… (29)
2.4.3 冷冻液化气体 ……………………………………………………………… (33)

第3章 焊接基本知识 ………………………………………………………… (35)

3.1 焊接的定义与特点 …………………………………………………………… (35)
3.1.1 焊接的定义 ………………………………………………………………… (35)
3.1.2 熔化焊的特点 ……………………………………………………………… (35)
3.1.3 焊接的优点 ………………………………………………………………… (35)
3.1.4 焊接的局限性 ……………………………………………………………… (36)
3.2 焊接方法的分类 ……………………………………………………………… (36)
3.3 焊接电源设备 ………………………………………………………………… (37)
3.4 焊接材料 ……………………………………………………………………… (38)
3.4.1 焊条 ………………………………………………………………………… (38)
3.4.2 焊丝和焊剂 ………………………………………………………………… (40)
3.4.3 焊条和氩弧焊丝的选用 …………………………………………………… (42)
3.5 压力容器常用的焊接方法 …………………………………………………… (44)
3.5.1 焊条电弧焊 ………………………………………………………………… (44)
3.5.2 埋弧自动焊 ………………………………………………………………… (46)
3.5.3 熔化极气体保护电弧焊(GMAW) ………………………………………… (48)
3.5.4 药芯焊丝电弧焊(FCAW) ………………………………………………… (49)
3.5.5 钨极氩弧焊(GTAW) ……………………………………………………… (50)
3.5.6 电渣焊 ……………………………………………………………………… (53)
3.6 焊接工艺与规范 ……………………………………………………………… (53)
3.6.1 焊接工艺及其评定 ………………………………………………………… (53)

3.6.2 电弧焊的焊接规程 …… (55)
3.6.3 焊条电弧焊位置及其特点 …… (56)
3.6.4 焊接接头的形式 …… (56)
3.6.5 焊接接头的组织和性能 …… (56)
3.7 焊接应力与变形 …… (59)
3.7.1 焊接应力及变形的概念 …… (59)
3.7.2 焊接变形和应力的形成 …… (59)
3.7.3 焊接应力的控制措施 …… (59)
3.8 压力容器常用钢材的焊接 …… (59)
3.8.1 碳钢的焊接 …… (59)
3.8.2 低合金钢的焊接 …… (60)
3.8.3 奥氏体不锈钢的焊接 …… (63)
3.9 焊接缺陷 …… (64)

第4章 压力容器的基本结构 …… (68)

4.1 压力容器基本要求 …… (68)
4.2 压力容器的类别 …… (69)
4.2.1 容器品种 …… (69)
4.2.2 压力容器的形式 …… (69)
4.2.3 按设计压力分 …… (69)
4.2.4 压力容器结构形式 …… (70)
4.3 压力容器基本构成 …… (74)
4.3.1 壳体 …… (74)
4.3.2 封头与端盖 …… (76)
4.3.3 管板 …… (78)
4.3.4 开孔与接管 …… (78)
4.3.5 开孔补强结构 …… (79)
4.3.6 设备法兰 …… (80)
4.3.7 支座 …… (81)
4.4 压力容器密封结构 …… (83)
4.4.1 密封元件 …… (84)
4.4.2 密封结构 …… (85)

第5章 压力容器安全操作 …… (89)

5.1 安全操作基本要求 …… (89)

5.2 压力容器安全操作 …… (89)
5.2.1 安全操作要点 …… (89)
5.2.2 压力容器投用前准备 …… (91)
5.2.3 压力容器运行操作 …… (93)
5.2.4 压力容器运行期间的检查 …… (96)
5.2.5 压力容器停机操作 …… (96)
5.3 压力容器的维护保养 …… (98)
5.3.1 压力容器设备的完好标准 …… (98)
5.3.2 压力容器运行期间的维护保养 …… (99)
5.3.3 压力容器停用期间的维护保养 …… (99)
5.4 危险介质压力容器的防护措施 …… (99)
5.4.1 防止易燃介质燃烧爆炸的措施 …… (99)
5.4.2 防止有毒介质侵入人体的措施 …… (100)
5.4.3 防止腐蚀性的介质腐蚀设备及人身的防护措施 …… (100)
5.5 压力容器带压密封技术简介 …… (101)

第6章 压力容器安全附件及仪表 …… (102)

6.1 设置安全附件及仪表的必要性 …… (102)
6.2 压力容器的安全附件 …… (102)
6.3 安全泄压装置 …… (102)
6.3.1 安全泄压装置的作用与设置原则 …… (102)
6.3.2 安全泄压装置的类型及其特点 …… (103)
6.4 安全阀 …… (104)
6.5 爆破片 …… (110)
6.6 安全阀与爆破片的组合 …… (113)
6.7 紧急切断装置 …… (114)
6.8 安全联锁装置 …… (116)
6.9 仪表 …… (117)
6.9.1 压力测量仪表 …… (117)
6.9.2 测温装置 …… (119)
6.9.3 液位计 …… (121)

第7章 典型生产工艺及压力容器安全操作 …… (122)

7.1 氨制冷系统 …… (122)
7.1.1 氨的理化性质 …… (122)

7.1.2 生产工艺及设备介绍 …… (123)
7.1.3 设备的操作管理要求 …… (127)
7.1.4 常见故障判断和处理 …… (130)
7.1.5 应急处置方法 …… (132)
7.1.6 冷库节能减排技术 …… (134)
7.2 液化石油气储配站 …… (137)
7.2.1 液化石油气的物理化学性质 …… (137)
7.2.2 液化石油气储配站的任务和分类 …… (137)
7.2.3 液化石油气的输送与储存 …… (138)
7.2.4 液化石油气储罐 …… (140)
7.2.5 气液分离器和稳压罐 …… (151)
7.2.6 液化石油气罐区安全与应急操作 …… (152)
7.3 快开门式压力容器 …… (157)
7.3.1 快开门式压力容器的工艺过程 …… (158)
7.3.2 快开门式压力容器的主要结构特点 …… (158)
7.3.3 操作管理要求 …… (163)
7.3.4 快开门式压力容器常见故障判断、处理和报告 …… (163)
7.3.5 应急处置方法 …… (164)
7.4 造纸烘缸 …… (165)
7.4.1 废纸造纸生产工艺流程简介 …… (165)
7.4.2 铸铁烘缸 …… (165)
7.4.3 铸铁烘缸安装验收主要要求 …… (166)
7.4.4 铸铁烘缸运行中注意事项 …… (166)
7.4.5 烘缸安全操作规程 …… (167)
7.4.6 烘缸异常情况的处理 …… (167)
7.5 搪玻璃反应釜 …… (167)
7.5.1 搪玻璃反应釜结构特点及工作原理 …… (168)
7.5.2 搪玻璃反应釜分类 …… (169)
7.5.3 使用、维护、保养 …… (170)
7.5.4 搪玻璃反应釜常见故障及损坏形式 …… (172)
7.5.5 搪玻璃反应釜常见应急处理 …… (174)
7.6 石油化工 …… (175)
7.6.1 石油化工生产工艺概况 …… (175)
7.6.2 典型的石油加工过程 …… (175)
7.6.3 压力容器常见的失效机理 …… (180)

7.6.4 换热器的失效模式 …… (181)
7.6.5 反应器失效模式 …… (186)
7.6.6 储罐失效模式 …… (189)
7.6.7 分离器失效模式 …… (190)
7.6.8 石油炼厂常见的其他容器 …… (193)

第8章 压力容器事故与应急处置 …… (196)

8.1 压力容器事故和故障的形式及危害 …… (196)
8.2 压力容器事故的定义、分类和调查处理 …… (198)
8.2.1 事故调查分析 …… (198)
8.2.2 事故结论 …… (200)
8.3 压力容器故障或事故应急处置 …… (200)
8.3.1 压力容器常见故障或事故的应急处置程序 …… (200)
8.3.2 压力容器常见故障或事故的应急处置方法和步骤 …… (200)
8.3.3 压力容器故障或事故的预防 …… (202)
8.4 典型事故案例分析 …… (202)
8.4.1 蒸压釜爆炸事故分析 …… (202)
8.4.2 换热器爆炸事故分析 …… (203)
8.4.3 储氨器爆炸事故分析 …… (204)
8.4.4 急性氨中毒实例及案例分析 …… (205)
8.4.5 反应釜爆炸事故 …… (206)
8.4.6 某石化公司“11·13”特大爆炸事故 …… (207)

第9章 压力容器安全管理 …… (209)

9.1 压力容器安全管理体系的建立 …… (209)
9.1.1 安全管理机构 …… (209)
9.1.2 人员 …… (210)
9.1.3 压力容器管理工作的内容 …… (210)
9.1.4 安全管理制度及操作规程 …… (211)
9.1.5 压力容器安全技术档案的建立 …… (212)
9.2 压力容器使用登记管理 …… (214)
9.2.1 使用登记 …… (214)
9.2.2 变更登记 …… (215)
9.3 压力容器定期自行检查 …… (215)
9.3.1 年度检查前准备工作 …… (216)

9.3.2 压力容器安全管理情况检查 …… (216)
9.3.3 压力容器本体及运行状况检查 …… (216)
9.3.4 压力容器安全附件及仪表检查 …… (217)
9.3.5 检查结论与报告 …… (221)
9.4 压力容器定期检验管理 …… (222)
9.4.1 压力容器定期检验的目的和含义 …… (222)
9.4.2 压力容器定期检验的必要性 …… (222)
9.4.3 压力容器定期检验的安全状况等级及检验周期 …… (222)
9.4.4 压力容器定期检验周期的特殊情况 …… (223)
9.4.5 压力容器定期检验前的准备 …… (224)
9.4.6 压力容器定期检验的主要内容 …… (227)
9.4.7 耐压试验及气密性试验 …… (227)
9.4.8 压力容器定期检验结论和报告 …… (230)
9.5 压力容器安全附件管理 …… (230)
9.6 压力容器节能减排技术 …… (231)
第 10 章 我国特种设备法规标准体系 …… (235)
10.1 特种设备法规规范体系简介 …… (235)
10.2 特种设备法规规范体系的基础结构 …… (235)
10.2.1 法律 …… (235)
10.2.2 行政法规 …… (236)
10.2.3 部门行政规章 …… (236)
10.2.4 安全技术规范 …… (236)
10.2.5 引用标准 …… (237)
10.3 涉及特种设备安全管理的主要法律法规内容节选 …… (237)
10.3.1 安全生产法 …… (237)
10.3.2 特种设备安全法 …… (238)
10.3.3 固定式压力容器安全技术监察规程 …… (241)
10.3.4 广东省特种设备安全条例 …… (249)
参考文献 …… (252)

第 1 章　压力容器基础知识

压力容器作为特种设备之一，在国民经济各个领域占有十分重要的地位。随着国民经济的发展和人民生活水平的提高，压力容器的使用越来越广泛，它用于工业、农业、国防、医疗卫生和文教体育等国民经济各部门，与百姓生活息息相关。压力容器是涉及多行业、多学科的综合性、通用性产品，不仅数量多，而且类型多样、使用工况复杂，发生事故的后果严重。作为压力容器操作人员，保证压力容器安全运行是自己应尽的职责。本章将详细地讲解一些与压力容器有关的基本知识，以帮助操作人员提高理论知识和实际操作水平。

1.1　概述

1.1.1　压力容器简介

压力容器或者叫做承压容器，从广义上说，是指所有承受压力载荷的密闭容器。从狭义上说，是指那些比较容易发生事故，而且事故的危害性比较大的承压容器。压力容器如图 1-1 所示。压力容器的使用范围广、数量多、工作条件复杂，发生事故所造成的危害程度各不相同。危害程度与多种因素有关，如设计压力、设计温度、介质危害性、材料力学性能、使用场合和安装方式等。压力容器安全性能要求越高，则其材料、设计、制造、检验、使用和管理的要求也越高。

图 1-1　典型压力容器(储气罐)

1.1.2　压力容器的压力来源

压力容器的压力来源可以分为两类，一类是来自容器外部，另一类是来自容器内部。

1. 来自容器外部

容器的气体压力产生于容器外，它的来源一般是气体压缩机或蒸汽锅炉。压缩机是用机械方法来提高气体压力的一种机器。容积式压缩机(如活塞式、螺杆式、滑片式等)是通过缩小气体的体积、增加气体密度来提高气体压力的。速度式压缩机(如离心式、轴流式、混流式等)则是通过增加气体的流动速度，并使气体的动能转变为势能来提高气体的压力。工作介质为压缩气体的容器，可能达到的最高压力一般也仅限于压缩机的出口气体压力。

蒸汽锅炉是用加热的方法将水蒸发而产生水蒸气的一种设备。当水蒸发为蒸汽时体积急剧增大，锅筒内的蒸汽密度不断增加，压力也随之增大。工作介质为水蒸气的容器，可能达到的最高压力也仅限于锅炉的出口蒸汽压力。

2. 来自容器内部

在容器内产生的气体压力一般是由于容器内介质的聚集状态发生变化；或者是介质受热温度升高；或者是介质在容器内发生体积增大的化学反应。

由于介质的聚集状态发生改变而产生压力的，一般是液态或固态物质受热蒸发或分解成气体，体积急剧膨胀，由于容积不变，于是密度大为增加，即产生压力。例如二氧化硫，温度低于－10.1℃时，它的蒸气压力低于大气压力，当温度升高到60℃，容器内液态二氧化硫大量蒸发，它的饱和蒸气压力即升高到1.1MPa。容器内气体介质因受热而产生(增大)压力的情况一般是不多的，但如果气体吸收了大量的热量，致使温度急剧上升，则压力升高还是很大的。

容器内由于介质的化学反应而产生(增大)压力的，一般都是体积增大的反应。例如碳化钙加水产生乙炔的反应，固态的碳化钙和水发生化学反应产生气态乙炔，体积大为增加，使容器内产生很高的压力。

常用的压力容器，气体压力多产生于容器外。即这些容器的工作介质多为压缩气体或水蒸气。而在石油化工部门，则有很多压力容器其气体压力产生于容器内，因而危险性也比较大，对压力控制的要求就更加严格。

1.1.3 压力容器的用途

压力容器是许多工业生产中的常用设备，它在各个工业领域中都得到广泛的应用。据统计，我国现有固定式压力容器已超过100万台，移动式压力容器及气瓶的数量已超过2100万只。

压缩空气是一种普遍使用的动力源。压缩空气的主要来源是空气压缩机，而压缩机的一套附属设备，如空气冷却器、油水分离器、储气罐等都是压力容器。不少工业产品的生产需要在较高的温度下进行，在生产工艺过程中常常需要将物料加热，而加热又往往使用来自锅炉的水蒸气。用水蒸气对物料进行加热的设备，无论是间接式，如蒸汽夹套、蒸汽列管加热器等，还是直接式，如蒸煮锅、消毒器等都是压力容器。

制冷设备是食品工业、化学工业用以制冷的一种通用设备。制冷装置是利用制冷压缩机将气态的冷冻剂(如氨、氟里昂等)进行压缩，然后在冷凝器中将其冷凝为液体，再把这些液化了的冷冻剂通过调节阀节流降压进入蒸发器。由于液化冷冻剂压力降低，因而在蒸发器内不断蒸发，并吸取大量的热，使其周围的介质温度降低。蒸发后的冷冻剂再回到压缩机，如此继续循环。在蒸发器中便可持续获得“人造冷”。制冷装置中的冷凝器、蒸发器、液化冷冻剂储罐等都是压力容器。

在工业生产中经常使用各种气体作为原料或辅助材料，如制取农药则需要氯气作原料，在金属焊接和切割工艺中，则需要氧气、溶解乙炔气、二氧化碳等气体。这些气体的制取和使用，则都需要压力容器，而盛装这些气体的容器，如气瓶、储罐、槽车等也都属压力容器。民用的液化石油气钢瓶也是压力容器。

在石油化工生产中，也有很多设备的外壳，为各种化工单元操作(如化学反应、传热、分离等工艺)提供必要的压力空间，这些外壳内部都装入某些工艺装置(内件)一起构成一台完整的设备，诸如反应设备、换热设备、分离设备等也都是压力容器。

随着航天、海洋开发、军事工业等科学技术的高速发展，为压力容器的应用开拓了新的领域。航空和军事上所用的各类动力火箭都需要配置压力容器。各类深海探测器及军事上用的潜艇等都是典型的压力容器。为了开发新的能源，世界上许多国家都在积极发展核能发电、太阳能发电等新能源，这些能源装置均需要大量的压力容器。

压力容器的应用范围是十分广泛的，对压力容器的安全使用也越来越得到重视和关注。

1.1.4　压力容器安全的重要性

压力容器使用十分广泛，但又比较容易发生事故，而且事故的破坏性往往又很严重。压力容器发生爆炸事故，不仅是容器本身遭到破坏，而且常常会诱发一连串的恶性事故，破坏周围的设备和建筑物，并造成人身伤亡事故。

原因之一是压力容器内的介质都是有压力的气体或饱和液体，当容器破裂时，内部介质立即降压膨胀，瞬间释放出大量的能量，这些能量不仅可以将整台设备或其中的碎片高速飞散，而且还产生巨大的冲击波在大气中传播，造成更大的破坏。

原因之二是压力容器内的介质有不少是易燃、易爆、有毒气体，如果容器在运行中一旦损坏或泄漏，除了容器本身爆破损坏以外，还将其介质迅速向外扩散而引起化学爆炸、着火燃烧，或有毒气体将污染环境造成人身中毒等严重事故。

压力容器的安全问题越来越受到人们的关注和重视、许多工业国家都把压力容器作为一种特殊设备，并由专门机构对压力容器的设计、制造，安装、使用、检验、修理和改造等工作实行监督。

在我国，国务院在2003年6月颁布实施了《特种设备安全监察条例》，属国家对于压力容器的基本法规。压力容器的设计、制造、安装、使用、检验、修理、改造单位，都应当遵守《特种设备安全监察条例》的规定。国务院特种设备安全管理部门负责全国特种设备的安全监察工作，县以上地方负责特种设备安全监督管理的部门对本行政区域内特种设备实施安全监察。《中华人民共和国特种设备法》是为了加强特种设备安全工作，预防特种设备事故，保障人身和财产安全，促进经济社会发展制定的。由全国人民代表大会常务委员会于2013年6月29日发布，自2014年1月1日起实行。压力容器的生产(包括设计、制造、安装、修理)、经营、使用、检验、检测和压力容器的监督管理适用于本法。

1.2 压力容器工艺参数

压力容器的工艺参数是由生产的工艺要求确定的，是进行压力容器设计和安全操作的主要依据。压力容器主要工艺参数有压力、温度、介质等。

1.2.1 压力

在物理学中和工程上关于压力的概念是不相同的。在物理学中，压力是指垂直作用于物体表面的力；而把垂直作用于物体单位面积上的力称为压力强度，简称压强。工程上压力的概念实质上即指物理学中的压强，即工程上把垂直作用于物体单位面积上的力称为压力。压力单位是帕(Pa)，1000000 帕为 1 兆帕(MPa)。一个标准大气压约等于 0.1MPa，10m 水柱约等于 0.1MPa。

压力容器内的压力，也就是压力容器工作时所承受的主要载荷。压力容器运行时的压力是用压力表来测量的，表上所显示的压力值为表压力。在各种压力容器标准规范中，存在工作压力、设计压力、最高允许工作压力、表压、绝对压力、真空度等说法。

1)工作压力

工作压力是指在正常工作情况下，压力容器顶部可能达到的最高压力(表压力)。

2)设计压力

是指设定的容器顶部的最高压力，与相应设计温度一起作为设计载荷条件，其值不低于工作压力。

3)最高允许工作压力

在指定的相应温度下，容器顶部所允许承受的最大压力。在设计计算壁厚时有一个计算值圆整的过程，圆整导致容器的有效厚度可能增加，所以最高允许工作压力值一般大于设计压力。当压力容器的设计文件没有给出最高允许工作压力，则可以认为该容器的设计压力即是最高允许工作压力。

最高允许工作压力可作为确定保护容器的安全泄放装置动作压力(安全阀整定压力或爆破片设计爆破压力)的依据。值得注意的是，最高允许工作压力与最高操作压力不同，最高允许工作压力指标不能作为压力容器正常运行参数。

4)表压力

表压力是指压力表上直接指示的压力值。压力表上所指示的压力值又是指容器内的压力与周围大气压力的差值，这个压力称为表压力。表压力只是表明容器内部的压力比容器周围的大气压力相差多少，所以也称为相对压力。压力容器的设计压力、工作压力、最高允许工作压力都是指表压力。

5)绝对压力

实际作用在容器上的压力应该是压力表上指示的压力再加上容器周围的大气压力，这个绝对真实的压力称为绝对压力。由于大气压力近似等于0.1MPa，因此$p_{绝} \approx p_{表}+0.1$MPa。

6)真空度

顾名思义就是真空的程度，是指在给定的空间内物料的绝对压强小于外界大气压时，其低于大气压的数值称为真空度，即：

真空度＝大气压力－绝对压力

1.2.2 温度

温度是压力容器经常遇到的基本参数之一。容器材料的选择、材料的强度、操作工艺、保温等都需要用到温度作为重要依据。温度常用的计量单位是摄氏度(℃)。

1)金属温度

沿元件金属截面的温度平均值。

2)设计温度

压力容器的设计温度是指容器在正常工作情况下，设定的元件金属温度，设计温度与设计压力一起作为设计载荷条件。设计温度不同于容器内部介质可能达到的温度。

值得注意的是，只有当壳壁或元件金属的温度低于－20℃时，才按最低温度确定设计温度。除此之外，设计温度一律按最高温度选取。

3)最高、最低工作温度

容器在正常工作情况下可能出现的介质最高或最低温度。可以用测温仪表测得。

由于隔热层及散热的影响，壳体金属温度与介质温度并不相同，故对于高温容器往往采用内保温措施，以保证壳壁温度不超过壳体材料的允许使用温度。

1.2.3 介质

压力容器内的介质多种多样，有些介质不具备危害性，有些介质则具有一定危害性。其危害性根据介质不同各不相同，如易燃、易爆、有毒、腐蚀以及可能发生的分解、氧化、聚合倾向等性质，或将导致一定后果。如生产过程中因压力容器事故使介质与人体大量接触，发生爆炸，或者因经常泄漏引起操作人员职业性慢性危害。为了表述这类危害的严重程度，用介质毒性危害程度和爆炸危险程度表示。

1)毒性程度

综合考虑急性毒性、最高容许浓度和职业性慢性危害等因素，极度危害最高容许浓度为0.1mg/m^3；高度危害最高容许浓度为0.1～1.0mg/m^3；中度危害最高容许浓度为1.0～10.0mg/m^3；轻度危害最高容许浓度大于等于10.0mg/m^3。

2)易爆介质

指气体或者液体的蒸气、薄雾与空气混合形成的爆炸混合物，并且其爆炸下限小于10%，或者爆炸上限和爆炸下限的差值大于或者等于20%的介质。

3)介质毒性危害程度和爆炸危险程度的确定原则

介质毒性危害程度和爆炸危险程度的确定按照 HG 20660—2000《压力容器中化学介质毒性危害和爆炸危险程度分类》确定。若 HG 20660 没有规定的，由压力容器设计单位参照 GBZ 230—2010《职业性接触毒性危害程度分级》的原则确定。

具体内容可详见第 2 章。

1.3 压力容器的分类

压力容器由于其承受压力、温度、结构、用途和介质等因素变化相当大，根据不同的要求，对压力容器的分类方法也就有许多种。世界各国规范对压力容器分类的方法也各不相同，着重介绍《固定式压力容器安全技术监察规程》中对压力容器的分类方法。

1.3.1 按压力容器安装方式分类

根据安装方式可分为固定式压力容器和移动式压力容器两种。

固定式压力容器是指有固定的安装和使用地点，压力容器经常采用管道与其他设备相连，工艺条件和操作人员也较固定的压力容器。按安装固定的方式分又有立式和卧式两种。如生产车间内的卧式储罐、球罐、塔器、反应釜等。

移动式压力容器也称经常搬运的压力容器，诸如汽车槽车、铁路罐车、槽船、工业气瓶、民用液化石油气瓶等。这类压力容器使用时不仅承受内压和外压载荷，搬运过程中还会受到由于内部介质晃动引起的冲击力以及运输过程带来的外部撞击和振动载荷，因而在结构、使用和安全方面均有其特殊的要求。

1.3.2 按压力容器形状分类

容器的形状主要是指容器主体形状，可分为圆筒形容器和球形容器两种。此外，还有椭圆形容器、矩(方)形容器和组合容器等。

1.3.3 按压力容器技术特性分类

1)按容器承受的压力等级分类

根据容器设计压力 p 可分为低压、中压、高压和超高压四个压力等级：

(1)低压(代号 L)：$0.1\text{MPa} \leqslant p < 1.6\text{MPa}$

(2)中压(代号 M)：$1.6\text{MPa} \leqslant p < 10\text{MPa}$

(3)高压(代号 H)：$10\text{MPa} \leqslant p < 100\text{MPa}$

(4)超高压(代号 U)：$p \geqslant 100\text{MPa}$

2)按容器的承压性质分类

(1)内压容器：指压力均匀地作用于容器内壁的容器。

(2)外压容器：指压力均匀地作用于容器的外壁，或虽内、外壁都承受压力，但外壁承受压力要比内壁大的容器。

(3)真空容器：需要在真空下操作，此时由于大气压的作用而承受外压力的容器。

3)按容器的设计温度分类

(1)低温容器：是指容器的工作温度等于或低于−20℃的容器。

(2)常温容器：是指在室温条件下操作的容器(−20℃<T<150℃)。

(3)中温容器：是指容器的工作温度(150℃≤T<450℃)。

(4)高温容器：是指操作温度高于室温的容器(T≥450℃)。

1.3.4 按压力容器结构、材料及制造方法分类

按压力容器壳壁结构分类，可分为单层容器、多层容器、绕带容器和夹套容器(图1-2)。

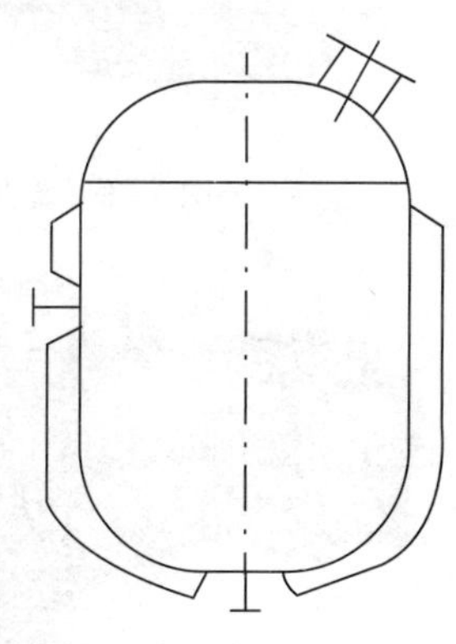

图1-2 夹套容器

按压力容器的制造方法分主要有铸造容器、锻造容器和焊制容器。其中焊制容器是压力容器中使用最广泛的一种。

按压力容器制造的材料分类又可分为金属容器和非金属容器。金属容器又可分为有色金属压力容器(含铜制容器、钛制容器、铝制容器等)和黑色金属压力容器(含铸造容器、钢制容器)。非金属中有石墨、陶瓷和塑料等材料制造的容器。我们最常见的是钢制焊接压力容器。

1.3.5 按压力容器在生产过程中的作用分类

按压力容器在生产过程中的作用原理可分为反应容器、换热容器、分离容器、储存容器四类。具体划分如下：

1)反应压力容器(代号R)

主要是用来完成介质的物理、化学反应的容器。如反应釜、聚合釜、高压釜、合成塔、变换炉、蒸煮锅、分解锅、分解塔等，如图1-3、图1-4所示。

图1-3 搪玻璃反应容器

图1-4 聚合釜

2)换热压力容器(代号 E)

主要是用来完成介质的热量交换过程的容器。如热交换器、冷凝器、冷却器、加热器、蒸发器等，如图 1-5～图 1-8 所示。

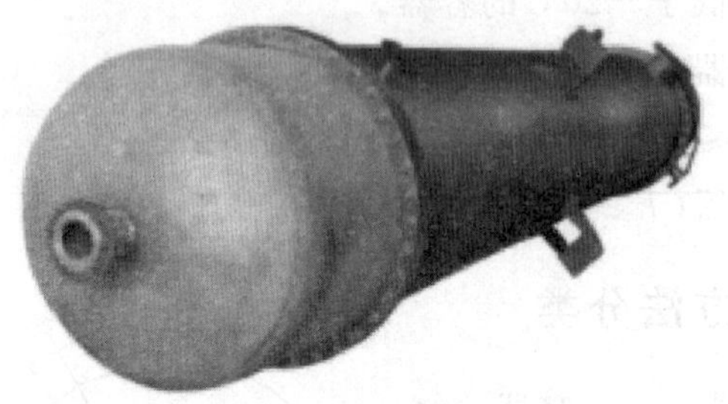

图 1-5 氯气冷却器

图 1-6 冷凝器

图 1-7 蒸发器

图 1-8 高温高压印染机

3)分离压力容器(代号 S)

主要是用来完成介质的流体压力平衡缓冲和气体净化分离的容器。例如各种分离器、过滤器、集油器、洗涤器、吸收塔、铜洗塔、干燥塔、汽提塔、分汽缸、除氧器等，如图 1-9、图 1-10 所示。

图 1-9 缓冲罐

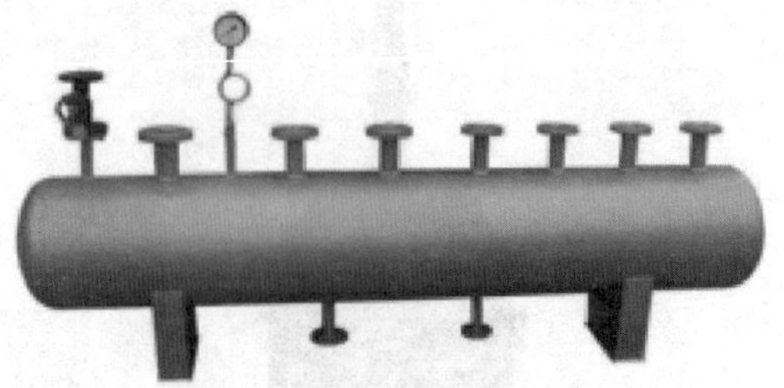

图 1-10 分汽缸

4)储存压力容器(代号 C，其中球罐代号 B)

主要是用来储存、盛装气体、液体、液化气体等介质的压力容器。例如各种形式的储罐，如图 1-11、图 1-12 所示。

图 1-11 球罐

图 1-12 氧气储罐

1.3.6 按国家安全技术管理有关规定分类

从以上几种分类方法都是按照容器的某一方面的特征来分类的，一台容器根据它的特性、结构、材料，可分属于几类容器。也就是说仅仅考虑了压力容器的某个设计参数或使用状况，还不能综合反映压力容器面临的整体危害水平。例如储存易挥发或毒性程度中度及以上危害介质的压力容器，其危害性要比相同几何尺寸、储存毒性程度轻度或非易燃介质的压力容器大得多。压力容器危害程度还与其设计压力 p 和全容积 V 的乘积有关，pV 值越大，则容器破裂时爆炸能量越大，危害性越大，对容器的设计、制造、检验、使用和管理的要求越高。

为此综合考虑压力、容积、介质特性等因素，《固定式压力容器安全技术监察规程》将安全监察范围的容器压力容器分为Ⅰ、Ⅱ、Ⅲ三个类别。相对而言，三个类别中，Ⅲ类危险性大，管理要求高，Ⅱ类次之，Ⅰ类最低。

《固定式压力容器安全技术监察规程》规定，为有利于安全技术管理和监督检查，将介质分成两个组，然后根据容器的设计压力高低、介质的危害程度以及容器容积，标出坐标点，确定压力容器类别：

(1)第一组介质，包括毒性程度为极度危害、高度危害的化学介质，易爆介质，液化气体。压力容器类别的划分见图 1-13；

(2)第二组介质，指除第一组以外的介质。压力容器类别的划分见图 1-14。

例如，一台低温液体储槽，设计压力为 0.3MPa，介质为液氧，容积为 200m^3，按《固定式压力容器安全技术监察规程》规定，介质为冷冻液化气体，属第一组，该容器的类别划分为Ⅱ类。

一台液体 CO_2 储槽，设计压力为 2.37MPa，介质为液体 CO_2，容积为 210m^3，按《固定式压力容器安全技术监察规程》规定，介质为液化气体，属第一组，该容器的类别为Ⅲ类。

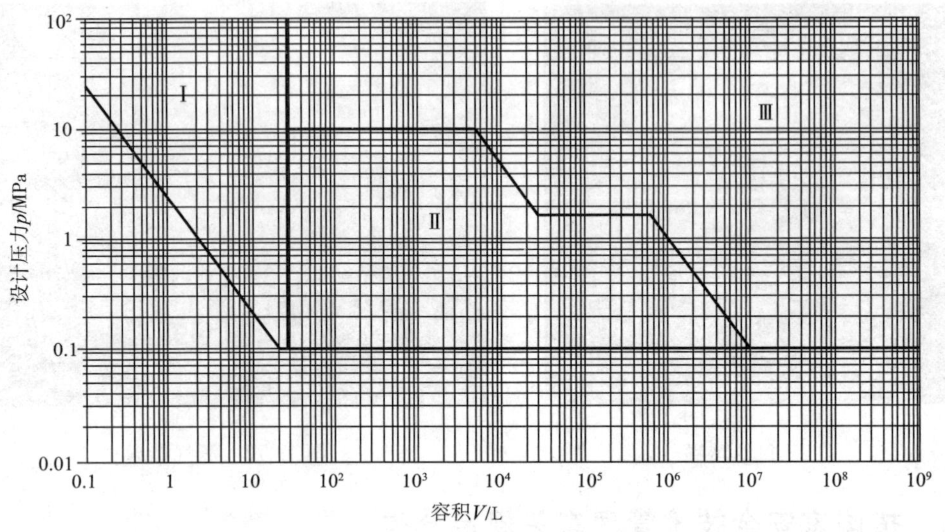

图 1-13 压力容器类别划分图——第一组介质

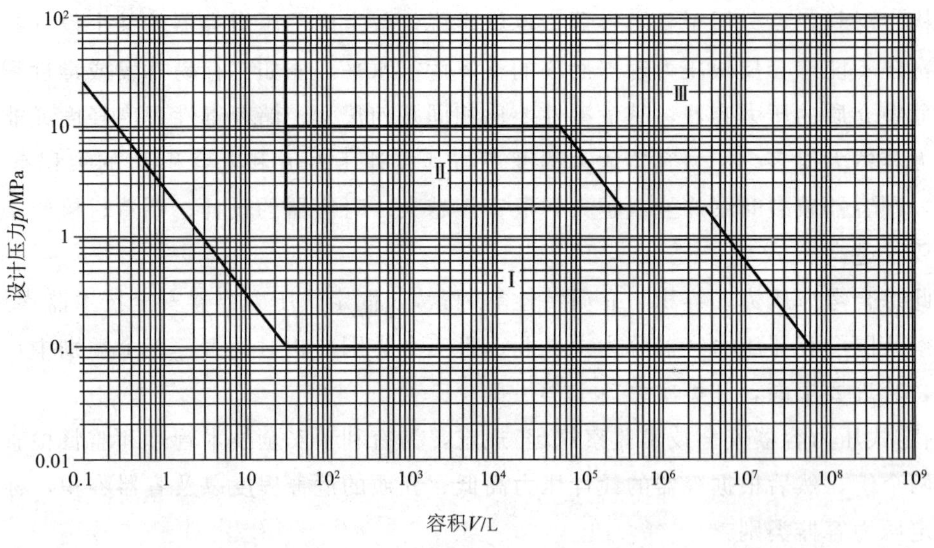

图 1-14 压力容器类别划分图——第二组介质

再如，一台氯气缓冲罐，设计压力为 0.4MPa，介质为氯气，容积为 0.42m³，按《固定式压力容器安全技术监察规程》规定，介质的毒性程度为高度危害，属第一组，则该容器类别为Ⅱ类。

储气罐，设计压力为 0.8MPa，介质为空气，容积为 1.0m³，按《固定式压力容器安全技术监察规程》规定，介质属第二组，该容器类别为Ⅰ类。

1.4 压力容器常用材料

制造压力容器的材料种类较多，有金属材料和非金属材料，金属材料又可分为黑色金属和有色金属，目前绝大多数的压力容器是金属材料制造的，其中又以碳素钢和合金钢材料居多。

压力容器是在承压状态下工作的，有些同时还要承受交变载荷、高温或腐蚀介质的作用，因此工作条件较差，容易发生疲劳、腐蚀等形式的损坏，这些破坏形式和材料及其与介质的相容性密切相关。此外，在制造压力容器时，为了获得所需的几何形状，钢材还需进行弯卷、冲压、焊接等冷热成形加工，这些加工过程的加工质量与材料密切相关。为了保证压力容器安全运行，正确选用材料是一个重要的因素。

1.4.1 对选用钢材的要求

用来制造压力容器的钢材应能适应容器的操作条件(如温度、压力、介质特性等)，并有利于容器的加工制造和质量保证。具体选用时，重点应考虑钢材的力学性能、工艺性能和耐腐蚀性能。

1)力学性能

用于压力容器的钢材主要强调其强度、塑性、韧性和硬度四个性能指标。

(1)强度

物体的原子间存在着的相互作用力称为内力，这是物体所固有的。当对物体施加外力时，在物体内部将引起附加的内力，这一附加内力会随着外力的加大而相应地增加。我们把物体单位面积上所承受的附加内力称为应力。

对于某一种材料来说，所能承受的应力有一定的限度，超过了这个限度，物体就会破坏，这一限度就称为强度。在此，我们也可以将物体的强度简单说成材料能承受外力和内力作用而不被破坏的能力。

强度指标是设计中决定许用应力的重要依据。常用的强度指标有屈服强度、抗拉强度。高温下工作时，还要考虑蠕变极限和持久强度，这些强度参数的数值都是通过试验得出的，它们的定义分别为：

①屈服强度

指试样在拉伸过程中，拉力不增加(甚至有所下降)，还继续显著变形时的最小应力。这个指标表示钢材抵抗塑性变形的能力，用 σ_s 表示，单位为 MPa。

有些钢材在拉伸试验时，无明显临界屈服点，则规定其发生 0.2%残余伸长的应力为“条件屈服强度”，以 $\sigma_{0.2}$ 表示，单位为 MPa。

②抗拉强度

指钢材试样在拉伸试验中，拉断前所能承受的最大应力。这个指标是钢材抵抗断裂的能力，是材料承载能力的极限，用 σ_b 表示。单位为 MPa。

③蠕变极限

什么是蠕变？常温条件下金属受外力作用时，如果应力小于屈服强度，仅会发生弹性变形(外力消除能恢复原状的原形)；如应力达到屈服强度时，除发生弹性变形外金属还会产生一定的塑性变形(外力消除不能恢复原状)，这些变形值只要受力不变就一直保持下去，不随时间而改变。但在高温条件下则不然，金属材料即使受到小于屈服强度的应力，也会随着时间的增长而缓慢地产生塑性变形，且时间愈长，累积的塑性变形量愈大，这种现象就称为“蠕变”。

蠕变极限，是指在一定温度和恒定拉力负荷下，试样在规定的时间间隔内的蠕变变形量或蠕变速度不超过某规定值时的最大应力。用 σ_n^t 表示，σ_n^t 是指在温度 t 条件下，经过 10 万小时后总变形量为 1% 的蠕变极限。

④持久强度

对于压力容器来讲，失效的形式主要是破坏而不是变形，所以要有一个能更好地反映高温元件失效特点的强度指标——持久强度：试样在给定温度下，经过规定时间发生断裂的应力。用“σ_D^t”表示。σ_D^t 指在温度 t 下，经 10 万小时发生断裂的应力。

对于压力容器用钢材的强度，以常温及工作温度下的屈服强度和抗拉强度表示其短时强度性能，而以蠕变极限和持久强度来表示其长时高温强度性能。当压力容器在室温和低于 50℃下工作时，钢材的短时强度以设计温度下的屈服强度和抗拉强度来控制；当压力容器的工作温度(或设计温度)超过某一界限(如碳钢和 Q345R 钢约为 400℃)，在高温下长期工作时，必须考虑钢材的高温持久强度和蠕变极限。

(2)塑性

系指金属材料在外力作用下产生不能恢复原状的永久变形而不破裂的能力。压力容器在制造过程中要经受弯卷、冲压等成形加工，要求用于制造压力容器的钢材具有较好的塑性，以防止压力容器在使用过程中因意外超载而导致破坏，也便于加工。这是因为塑性好的钢材在破坏以前一般都会产生较明显的塑性变形，不但易于发现，且可松弛局部超应力而避免断裂。

塑性指标包括伸长率(δ：试样拉断后的总伸长与原长比值的百分数)和断面收缩率(φ：试样拉断后，断口面积缩减值与原截面积比值的百分数)，可由拉伸试验获得：

即 $$\delta=\frac{L_1-L_0}{L_0}\times100\% \qquad \varphi=\frac{F_0-F_1}{F_0}\times100\%$$

式中 L_1——试样拉断后的长度，mm；

L_0——试样原始长度，mm；

F_1——试样拉断后断面面积，mm^2；

F_0——试样原始断面面积，mm^2。

δ 和 φ 的值愈大，则钢材的塑性愈好。

(3)韧性

为了防止或减少压力容器发生脆性破坏(在较低的应力状态下发生无显著塑性变形的破坏),要求压力容器用钢材在使用温度下有较好的韧性。

韧性是反映金属材料对外来冲击负荷的抵抗能力,一般由冲击韧性值(a_K)和冲击功(A_K)表示。冲击韧性或冲击功是用有缺口的冲击试样作冲击试验测得。

$$a_K = A_K / F$$

式中 a_K——一定尺寸和形状的试样在规定类型的试验机上受冲击负荷折断时,试样槽口处单位面积上所消耗的冲击功,J/cm^2;

A_K——冲击试验机的摆锤冲断试样时所做的功,J;

F——试样槽口处的初始截面积,cm^2。

A_K 值或 a_K 值除反映材料的抗冲击性能外,还对材料的一些缺陷很敏感,能灵敏地反映出材料品质、宏观缺陷和显微组织方面的微小变化。而且 A_K 对材料的脆性转化情况十分敏感,因此常用低温冲击试验来检验钢材的冷脆性。

一种新的表征材料韧性的参数 K_{Ic} 为平面应变断裂韧性,表征材料抵抗脆性断裂的能力,是根据断裂力学提出的一个性能指标。

(4)硬度

硬度是衡量材料软硬程度的一个性能指标。硬度试验的方法较多,原理也不相同,测得的硬度值和含义也不完全一样。最常用的静负荷压入法硬度试验,即布氏硬度(HB)、洛氏硬度(HRA、HRB、HRC)、维氏硬度(HV),其值表示材料表面抵抗坚硬物体压入的能力。而肖氏硬度(HS)则属于回跳法硬度试验,其值代表金属弹性变形功的大小。因此,硬度不是一个单纯的物理量,而是一种反映材料的弹性、塑性、强度和韧性的综合性能指标。

材料力学性能的各因素是相互联系又相互制约的。有些材料强度较高,但它的伸长率及冲击韧性却很低。因此,选材时不能只看其单一的性能指标,而应对材料力学性能的诸因素做全面分析。

2)工艺性能

工艺性能是材料的冷塑性与焊接性能的统称。压力容器大多数是用板材卷制或冲压后焊接制成的。所以,要求制造压力容器的材料具有良好的冷塑性与焊接性能。冷塑性可以通过控制力学性能中的塑性指标得到保证,焊接性能是工艺性能中的主要控制指标。钢的焊接性能也称可焊性,是指钢材是否具有在规定的焊接工艺条件下获得质量优良的焊接接头的性能。钢的可焊性主要取决于它的化学成分组成,其中含碳量的影响最大。含碳量增加,塑性会下降,焊接后内应力较大,直接导致材料焊接时容易产生裂纹,而裂纹是压力容器中不允许存在的、最危险的缺陷。

目前国际上采用碳当量作为工艺性能的主要参考指标。碳当量是通过一定的数学公式将钢中的碳含量与合金元素含量折算成相当的碳当量的总和。一般认为,碳当量不超过

0.45%的合金钢具有良好的可焊性。

3)耐腐蚀性能

指材料在使用条件下抵抗工作介质腐蚀的能力。压力容器在使用过程中接触腐蚀性介质时会受到腐蚀，其材料要求具有良好的耐蚀性能。耐蚀性是压力容器设计阶段应重点考虑的因素，结合使用工况，合理选材。如奥氏体不锈钢使用于工业醋酸、硝酸、草酸、盐酸、硫酸、氨基甲酸铵等电解质溶液中可能会引起晶间腐蚀；碳钢和低合金钢焊制容器在NaOH、湿 H_2S 应力腐蚀环境、高温高压氢腐蚀环境以及液氨等介质环境中使用时也应引起特别注意。金属的耐蚀性能(一般腐蚀，或称连续腐蚀)通常按腐蚀速率(mm/a)评定。有关各种腐蚀性介质对常用材料的腐蚀速率可查阅防腐手册。

为了保证压力容器安全运行，TSG 21《固定式压力容器安全技术监察规程》和GB150《压力容器》等法规标准对压力容器金属材料的选用作了明确的规定，在选用时应严格遵照执行。

1.4.2 压力容器常用钢材及其使用范围

1)钢材的种类

钢材的种类包括板、管、棒、锻件等。压力容器用钢主要是板、管材和锻件。

(1)钢板

主要用途：壳体、封头、板状构件等；

加工要求：下料、卷板、焊接、热处理；

性能要求：较高的强度，良好的塑性、韧性、冷弯性能和焊接性能。

(2)钢管

主要用途：接管、换热管等；

主要来源：无缝钢管；

加工要求：下料、焊接、热处理；

性能要求：较高的强度、塑性、韧性和焊接性能。

(3)锻件

主要用途：高压容器的平盖、端部法兰与接管法兰；

分级Ⅰ、Ⅱ、Ⅲ、Ⅳ四个级别。级别越高，要求的检验项目越多，检验数量越来越多，越严格，价格越高。

2)钢材的类型

钢材按化学成分分类，可分为碳素钢、低合金钢、高合金钢。按使用温度分类，可分为低温容器用钢、普通用钢及高温容器用钢。此外还有抗氢腐蚀用钢、复合钢板等。一般来说，碳素钢比低合金钢及高合金钢的强度级别要低一些。

(1)碳素钢

用于焊接结构压力容器主要受压元件的碳素钢其含碳量不宜大于0.25%。这类钢材具有适当的强度和塑性，工艺性能良好，价格低廉，因而被广泛用来制造中低压压力容器。常用的碳素钢钢板有Q235B，Q235C，Q245R。而Q235F、Q235A等材料不能用于压力容器的主要受压元件。在压力容器上有时会用到钢管，凡符合GB 8163、GB 3087、GB 5310等标准的10号、20号钢管都允许使用，但40号、45号等中碳钢材料是不能用于压力容器主要受压元件的。

①Q235

GB 150规定能用于压力容器的Q235系列中的钢号是Q235B和Q235C。牌号中Q是指钢材屈服强度"屈"字汉语拼音首位字母；235是指屈服强度数值；B、C是质量等级符号。C级质量优于B级。

Q235B、Q235C钢板不得用于设计压力p>1.6MPa的压力容器，不得用于毒性程度为高度或极度危害介质的压力容器，用于壳体时钢板厚度不大于16mm。Q235B钢板使用温度为20～300℃，Q235C钢板使用温度为0～300℃。

②Q245R

Q245R是列入GB 713—2008《锅炉和压力容器用钢板》中的唯一的碳素钢，其冶炼和检验严于一般碳素结构钢，钢中P、S含量较低，分别控制在不大于0.025%和0.015%。

Q245R的3～16mm厚度钢板，其σ_b为400～520MPa，σ_s≥245MPa，δ_s≥25%，同时焊接性能良好。但由于强度低，一般用于制造中低压的中小型容器。

(2)低合金钢

普通碳钢添加少量合金元素即成，其力学性能和工艺性能都较好。制造压力容器常用的普通低合金钢是Q345R。用这种钢板制造的容器比一般碳素钢(Q235)减轻重量30%～40%，使用温度为-20～475℃。此外，根据我国资源情况发展起来的低合金钢，如18MnMoNbR等常用于制造常温中、低压容器。

(3)高合金钢

常用的不锈钢钢板就属于高合金钢钢板，不锈钢可分奥氏体不锈钢和铁素体不锈钢。如06Cr19Ni10(S30408)、022Cr17Ni12Mo2(S31603)等为典型的奥氏体不锈钢，06Cr13(S11306)为典型的铁素体不锈钢。不锈钢具有强度级别高、耐腐蚀性相对较强、不易锈蚀，表面光洁光亮，常被用于食品行业、化工行业以及低温或高温工况下工作的场合。

(4)特殊条件下使用的容器用钢

碳素钢及低合金钢钢材的强度随着温度将呈现明显的变化，常温钢材随着温度上升，强度呈现下降趋势，在高温条件下还存在蠕变可能；而钢材随着温度下降，在低温条件下则存在脆性断裂的危险。因此，对不同使用温度的压力容器，应选择不同的钢材，以确保压力容器安全运行。

①低温(<-20℃)容器用钢

低温容器用钢要求在最低使用温度下仍具有较好的韧性，以防止容器在运行中产生脆性破裂。深冷容器常采用高合金钢制造，如铬镍奥氏体不锈钢06Cr19Ni10(S30408)，其使用温度下限为－196℃。一般低温容器常用锰钢制造，如16MnDR，其最低使用温度可达－40℃；09MnNiDR，其最低使用温度可达－70℃。

②高温容器用钢

因为钢材在高温条件下存在蠕变可能，普通碳钢一般只能用到350～400℃，而碳钢Q245R、Q345R等可以用到450℃左右。使用温度在400～500℃范围内的容器一般可选用锰钒钢、锰钼钢等低合金钢，如15MnVR；使用温度为500～600℃时，可选用铬钼低合金钢，如15CrMoR；使用温度为600～700℃时，则可选用镍铬高合金钢，如06Cr19Ni10、022Cr17Ni12Mo2等。

③抗氢腐蚀用钢

根据国内外的使用经验，工作压力为30MPa、介质含氢的压力容器，可以根据不同的使用温度选用下列一些钢材：低于350℃时可用低合金钢；低于450℃时可用铬钼合金钢，在更高温度下使用时可选用含钒量0.5%的铬钼合金钢。

④复合板

复合板由基层与复层组成。基层与介质不接触，主要起承载作用，通常为碳素钢与低合金钢；复层直接与介质接触，要求与介质有良好的相容性，通常为不锈钢、钛等耐腐蚀材料，其厚度一般为基层厚度的1/10～1/3。

用复合板制造耐腐蚀压力容器，可大量节省昂贵的耐腐蚀材料，从而降低压力容器的制造成本。但是，复合板的焊接比一般钢板复杂，焊接接头往往是耐腐蚀的薄弱环节，因此壁厚较薄、直径小的压力容器最好不用复合板。

压力容器常用的钢种很多，上面所列举的钢种仅是其中用得最多的一部分。

1.4.3 其他材料

目前，我国大多数的压力容器材料采用钢制的，但是由于压力容器某些工艺的需要，以及价格优势等特点，铸铁制压力容器、有色金属制压力容器和非金属制压力容器也有很多。

铸铁制压力容器常被用于造纸行业，如铸铁烘缸。铸铁材料总的来说价格便宜、强度级别极低，但是由于具有良好的保温性能，使其在造纸行业有一席之地。

常见的有色金属材料有铝及铝合金、铜及铜合金。其抗拉强度低于钢材。它们常被用于空气分离行业及特殊工况，允许工作温度为－268～200℃。

常用的非金属材料主要有石墨、纤维增强热固性树脂(简称玻璃钢)、塑料等。

石墨具有良好的化学稳定性，能耐酸、耐碱、耐有机溶剂的腐蚀。经过特殊加工的石墨，具有耐腐蚀、热导性好、渗透率低等特点，大量用于制作热交换器、反应槽、凝缩器、燃烧塔、吸引塔、冷却器、加热器、过滤器等设备，广泛应用于石油化工、湿法冶金、酸碱生产、合成纤维、造纸等工业部门，可节省大量的金属材料。

玻璃钢耐酸、碱，抗化学腐蚀，与同规格的钢制容器相比，具有同样强度质量轻的优点，目前大量应用于储罐、运输罐、反应罐、设备罐、换热器、蒸馏塔、吸收塔、提浓塔、分离器、离子交换器等。

塑料具有耐磨损、耐腐蚀、隔热及便于维修等特点，所以常用于一些反应釜、电解槽、储罐等。

第2章 压力容器中的介质

压力容器经常与酸、碱、盐等各种各样的介质接触，有些介质的危险特性为易燃、易爆、有毒、腐蚀以及可能发生的分解、氧化、聚合倾向等性质。液氨储罐中的液氨、煤加氢液化装置中的硫化氢和氢气、人造水晶釜中的氢氧化钠等介质有可能引起材料腐蚀和组织性能的改变，导致压力容器破坏。

2.1 压力容器中常见介质基础知识

2.1.1 状态与相

物质的聚集状态通常有气态、液态和固态三种，被称为物质的三态。例如，水就有水蒸气、水、冰这三态。气体没有固定的形状，在不受膨胀限制的情况下，具有无限膨胀的性质。液体的体积大致是一定的，但没有固定的形状，分子间的相对排列不断地变化着。液体还有一个重要特征，是在重力场中能够形成一个垂直于重力场的自由液面。固体在无外力影响时，有固定的形态体积，分子间的相互关系基本上保持一定。

在某种条件下，物质可有两种以上的状态共存。这时，各状态间能在较长时间内保持清晰的界面，界面以内自成均匀体系。这种以物理上的清晰界面跟其他部分相区别的均匀体系称为“相”。在多数情况下，物质的三态分别只以单相存在。有时把气体、液体、固体简称为气相、液相、固相。

2.1.2 状态的变化与相图

物质的三态中的任何一种聚集状态，都只能在一定的条件下(温度、压力等)存在。条件发生变化，物质分子间的相互位置就会发生相应的变化，即表现为相变。

在相变过程中有着不同的物理变化过程。

(1)汽化——液体变为气体的过程。汽化一般有两种方式。

①蒸发——在液体表面发生的汽化现象。这是由于同一时间内从液面逸出的分子数，多于由液面外进入液体的分子数。蒸发在任何温度下都能进行。蒸发时，液体从其周围吸收热量，温度越高，蒸发越快。此外，液体的表面积越大，液面上的气体排除越迅速，液面上的气体压力变小，也能使其蒸发速度加快。但在相同条件下，各种液体蒸发的速度不同。

②沸腾——在液体表面和内部同时汽化的现象。沸腾是剧烈的汽化过程，液体沸腾时

的温度叫沸点。沸点随外界压力变化而改变。

(2)液化——气体变为液体的过程。

(3)凝固(固化)——液体变为固体的过程。开始凝固时的温度叫凝固点。

(4)熔化——固体变为液体的过程。开始熔化时的温度叫熔点。

(5)升华——固体(结晶)不经过液态而直接转变为气体的现象。

例如，在常压下，水的温度上升到100℃时便沸腾。这时气液两相转化的分子数恰好均衡，两相间达到平衡。反之，温度下降到0℃时就开始结冰，因为温度到了凝固点。固体冰的温度如果上升到0℃，冰就开始熔化，因为0℃是冰的熔点。这些相(或称为状态)之间的转变情况如图2-1所示。

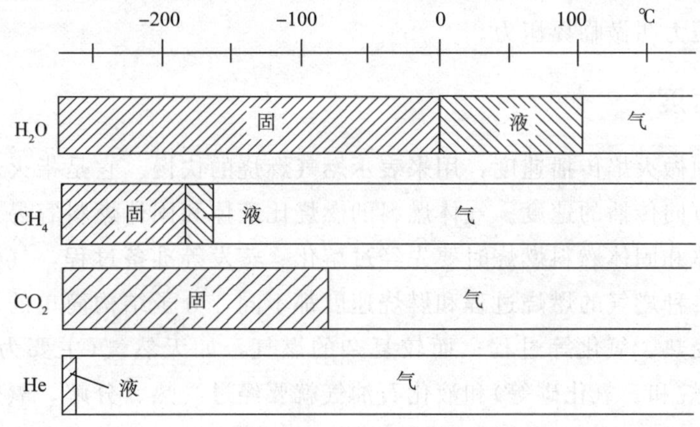

图2-1　几种物质相图(压力为101.325kPa)

甲烷在常温下是气体，提高温度只能使其不断膨胀，相不发生变化。若温度下降则变为液体，进而变为固体。气-液-固变化与水相同。

气态二氧化碳的温度降到－78.5℃时，就固化成为干冰，在气体与固体之间不存在液体状态，但在超过0.6MPa的压力下，二氧化碳也会液化。

在密闭的气瓶内，情况就不一样了。由于逸出液面的气体分子无法离开气瓶，只能聚留在液面上方的气相空间里，这些气体分子在其自由运动中碰撞到液面时，会发生凝结，其结果是返回液体里去。其返回的分子数随液面上方气相空间蒸气密度的增大而增多，而蒸气密度的逐渐加大，又会促使液体的蒸发速度减缓。当逸出液面的分子数与返回液体的分子数相等时，就达到了动态平衡。也就是说，气、液二相处于相对稳定的平衡共存状态，称之为饱和状态。在饱和状态下的液体叫饱和液体，其密度叫饱和液体密度，饱和液体液面上的蒸气叫饱和蒸气，其密度叫饱和蒸气密度，其压力叫饱和蒸气压。对充装液化气体的气瓶而言，不论气瓶的体积大小，只要瓶内存在气和液两相，瓶内的压力就是液化气体所处温度下的饱和蒸气压。温度越高，液面上的饱和蒸气密度或压力也就越大，这就说明了饱和蒸气压随温度升高而增大的实验事实。表2-1列举了二氧化碳的饱和蒸气压随温度上升时的变化情况。

表 2-1　二氧化碳的饱和蒸气压、饱和液体密度与温度的关系

温度/℃	0	5	10	15	20	25	30	$T_c=31$
饱和蒸气压/MPa	3.49	3.97	4.50	5.09	5.73	6.43	7.21	$p_c=7.39$
饱和液体密度/(kg/L)	0.925	0.893	0.858	0.818	0.771	0.706	0.596	$d_c=0.464$
饱和蒸气密度/(kg/L)	0.0963	0.113	0.133	0.158	0.190	0.240	0.334	$d_c=0.464$

2.1.3　临界温度与临界压力

当温度不超过某一数值时，对气体加压，可以使之液化。而当温度超过该数值时，无论加多大的压力都不能使之液化。这个温度就叫该气体的临界温度。在临界温度下，使气体液化所必需的压力叫做临界压力。

2.1.4　燃烧速度

燃烧速度也叫做火焰传播速度，用来表示燃气燃烧的快慢。它是指火焰从垂直于燃烧焰面向未燃气体方向传播的速度。气体燃料的燃烧比液体和固体燃料容易发生，燃烧速度也更快。因为液体和固体燃料燃烧时要先经过熔化、蒸发等准备过程，气体燃料就不需要经过这些过程。各种燃气的燃烧过程和燃烧速度都不同，分子结构简单的燃气，如氢气在燃烧时，只经过受热、氧化等过程；而较复杂的燃气，如天然气(主要为甲烷)、焦炉气(主要为氢气、甲烷和一氧化碳等)和液化石油气就要经过受热、分解、氧化等过程才能开始燃烧。因此简单燃气比复杂燃气的燃烧速度快。经测试燃气的最大燃烧速度分别为氢气2.80m/s，甲烷0.38m/s，液化石油气0.38～0.5m/s。但综合起来看，燃气的燃烧速度都很快，一旦发生漏气吹到有明火处引起燃烧，即使距离上百米，也能在极短时间内迅速燃烧到发生漏气的地方，而引起火灾。

2.1.5　闪点和燃点

在一定温度条件下，石油的轻质馏分产品会发生蒸发。其蒸气和空气混合就形成可燃的混合气体。当用火焰与这种混合气体接触而闪出火花时，在这一瞬间发生燃烧的过程就叫做闪燃，发生闪燃的最低温度就叫闪点。但在此温度下只能引起闪火而不会引起连续的燃烧。这是因为在闪火试验时，在闪点温度下产生的轻馏分蒸发量较少，闪火后就把产生的蒸气烧完了。闪点可用来区别各种轻质油品引起火灾的危险程度。液化石油气主要成分的闪点都很低，如丙烷为－104℃，丁烷为－82℃，丙烯为－67℃，丁烯类为－80℃，其中的残液戊烷的闪点也为－40℃。因此，液化石油气比车用汽油和煤油等轻质油品引起火灾的危险性更大些。

当轻质油品温度超过闪点，所产生的蒸气与空气混合后，与明火接触能发生连续燃烧的最低温度就称为燃点，又称为着火温度。在连续燃烧的最初阶段，火焰温度达到燃点，然后就不断上升，火势不断扩大而逐步形成连续性燃烧。在常压下液化石油气主要成分的

燃点 475～510℃，如丙烷为 510℃，丁烷为 490℃，丙烯为 475℃，丁烯类为 400～490℃，戊烷为 475℃。

2.2 介质的分类

按物质状态分，有气体、液体、液化气体等。

按化学特性分，有酸性、碱性和中性等三类。

按燃烧特性分，有可燃、易燃、惰性和助燃等四种。

按临界温度分，可分为永久气体、高压液化气体和低压液化气体，如表 2-2 所示。

按介质对人类危害程度分，可分为极度危害、高度危害、中度危害和轻度危害等，可按照 HG 20660—2000《压力容器中化学介质毒性危害和爆炸危险程度分类》确定。HG 20660 没有规定的，由压力容器设计单位参照我国国家标准 GBZ 230—2010《职业性接触毒物危害程度分级》规定，决定介质组别。

2.2.1 永久气体

永久气体是指临界温度在－10℃以下的气体。在此温度以上，气体在充装、储运及使用时，均为气态，例如空气、氧、氢、氮、甲烷等气体。

永久气体的临界温度低，因此在充装、运输、使用过程中均为气态，其压力高低取决于气体的压缩程度。

2.2.2 液化气体

液化气体是指临界温度大于或者等于－10℃，且在 60℃时的临界压力大于 0.1MPa 的气体。它又可为高压液化气体和低压液化气体。

高压液化气体是指临界温度在－10～70℃范围的液化气体。在规定最高工作温度下储运和使用时，物态随温度高低而变化，有时气、液二相并存。如一氧化碳、乙烯等。

低压液化气体是指临界温度在 70℃以上，且在 60℃时的饱和蒸气压＞0.1MPa 的气体，气体充装和在规定工作温度下储运和使用时均为液态。例如液氨、液氯、氯乙烯、二氧化碳等。

低压液化气体，由于其临界温度高于环境温度，这些气体装入容器后始终保持气、液两相平衡状态，其压力为所充装气体在相应温度下饱和蒸气压。一般来说，介质饱和蒸气压随着环境温度升高而升高，也就是温度越高则压力越高。高压液化气体，其临界温度处于环境温度变化范围之内，这些气体装入容器后，会随环境温度的变化而发生相变，它可以是气、液两相共存，也可以是单一的气相，环境温度高于临界温度时呈现出气态，而环境温度低于临界温度时呈现的是气液共存状态，其压力则取决于充装量和温度。

表 2-2 气体划分

名　称	临界温度	典型气体举例
永久气体	$T_c<-10℃$	空气、氧、氮、氢、氦、甲烷等
高压液化气体	$-10℃\leqslant T_c\leqslant 70℃$	乙烷、乙烯、一氧化碳等
低压液化气体	$T_c>70℃$，且在60℃时的饱和蒸气压>0.1MPa	氯、氨、二氧化碳、丙烷、丙烯等

2.2.3 冷冻液化气体

冷冻液化气体是指在运输和储存过程中由于温度低而部分呈液态的气体，其临界温度一般低于或者等于−50℃。在−50℃以下温度使用的气体，呈现出的状态为液态，譬如工业上常用到液氧、液氮、液氩、液态天然气等，广泛用于石油化工、空分行业等。深冷气体是沸点温度一般都较低，即使是在冬天，深冷气体的温度与周围环境的温差也非常大，因此保持深冷气体和周围环境隔离是很重要的，要求使用专门的储存设备。

2.3 气体特性

2.3.1 毒性

1)毒性的划分

在一定条件下，较小剂量就能对生物体产生损害作用或使生物体出现异常反应的外源化合物称为毒物。在工业生产过程中所使用或产生的毒物，都属于工业毒物。毒性气体是工业毒物的一种。毒物侵入人体后，与人体组织发生化学或物理化学作用，并在一定条件下，破坏人体的正常生理机能，或引起某些器官和系统发生暂时性或永久性病变的现象叫做中毒。通常所称毒物是指少量进入人体内易引起中毒的物质。当然物质只有在一定条件下作用于人体才具有毒性；而中毒现象的发生不仅与毒物的性质有关，还与毒物侵入人体的途径、数量、接触时间长短、身体状态等因素有关。

毒物的剂量与反应之间的关系，通常用“毒性”一词来表示。毒性计算所用单位，对于毒性气体，一般是以引起实验动物某种毒性反应时，空气中该毒物的浓度来表示。其值越小，表示毒性越大。

对于慢性中毒，目前国内颁布的有 GBZ 1—2010《工业企业设计卫生标准》。标准中，关于车间空气里有害物质的最高允许浓度，是预防化学物质所引起的中毒的中心环节，工人在此浓度下工作不会引起不良影响。最高允许浓度值不能通过动物实验测得。一般是在慢性中毒测定以后，还根据毒物的毒作用特点、动物敏感性的差别等情况，将慢性中毒浓度缩小若干倍，才作为最高允许浓度值，是在目前医学水平上，认为对人体不会发生危害作用的限量浓度。职业性接触毒物危害程度分级按标准 GBZ 230《职业性接触毒物危害程度分级》规定，其最高容许浓度分别为：

极度危害（Ⅰ级）<0.1mg/m³；

高度危害（Ⅱ级）0.1～<1.0mg/m³；

中度危害（Ⅲ级）1.0～10mg/m³；

轻度危害（Ⅳ级）≥10mg/m³。

举例：

Ⅰ、Ⅱ级—氟、氢氰酸、光气、氟化氢、氯等；

Ⅲ级—二氧化硫、氨、一氧化碳、氯乙烯、甲醇、乙炔、二硫化碳、硫化氢、氧化乙烯等；

Ⅳ级—氢氧化钠、四氟乙烯、丙酮等。

在工业生产中，我国对职业性接触毒物是以急性毒性、急性中毒发病状况、慢性中毒后果、致癌性和最高容许浓度等六项指标为基础进行分级，分为极度危害、高度危害、中度危害和轻度危害等四级。

压力容器中化学介质毒性程度的划分参照HG 20660—2000《压力容器中化学介质毒性危害和爆炸危险程度分类》的规定。

2）毒物侵入人体的途径

毒物可通过呼吸道、皮肤和消化道侵入人体。

（1）经呼吸道进入是生产性毒物进入人体最主要的途径，大多数职业中毒均由此而引起。这一途径有毒物质能很快地进入血液循环系统，从而分布到全身，且这一途径是不经过肝脏解毒的，因而具有较大的危险性。如人体吸进了大量的一氧化碳或苯等，在数分钟内就可以中毒昏倒。

（2）经皮肤进入是职业中毒较为常见的途径。毒物进入人体的这一途径也不经肝脏转化，直接进入血液系统而散布全身，危险性也较大。

（3）经消化道进入毒物由消化道进入人体的机会很少，多是由不良卫生习惯造成的误食。毒物进入消化道后，大多随粪便排出，一部分经肝脏解毒转化后排出，只有一小部分进入血液循环系统。

3）急性中毒的现场抢救

急性中毒是指在短时间内接触高浓度的毒物，引起机体功能或器质性改变，如果不及时抢救，容易造成死亡或留有后遗症。慢性中毒是指在长时间内经常接触某种较低浓度的毒物所引起的中毒，如果得不到及时诊断和治疗，将会发展成为严重慢性中毒。

急性中毒多在现场突然发生异常时，由于设备损坏或泄漏致使大量毒物外逸造成。若能及时、正确地抢救，对于挽救中毒者生命，减轻中毒程度，防止合并症具有重要意义。

抢救急性中毒患者，应迅速、沉着地做好下面几项工作：

（1）救护者应做好个人防护。救护者在进入毒区之前，首先要做好个人呼吸系统和皮肤的防护，佩戴好呼吸器，否则非但中毒者不能获救，救护者也会中毒，使中毒事故扩大。

(2)切断毒物来源。对中毒者抢救的同时，应采取果断措施切断毒源(如关闭阀门、停止加送物料等)，防止毒物继续外逸。如果是在厂房内中毒，应启动通、排风机。

(3)防止毒物继续侵入人体。将中毒者迅速移至新鲜空气处，并保持呼吸畅通。清除毒物，防止沾染皮肤和黏膜。

(4)促进生命器官功能恢复。中毒者若停止呼吸，则要立即进行人工呼吸，强制输氧。心跳停止应进行心肺复苏。

(5)尽早使用解毒剂。采用各种解毒措施，降低或消除毒物对机体的危害作用。

2.3.2 燃爆性

燃烧和爆炸，实质上都是指可燃物质在空气中的氧化反应。燃烧必须同时具备三个条件，一是可燃物质；二是助燃物质——空气或氧气；三是火源或着火温度。当三个条件同时具备时，氧化反应迅速进行，产出的热量使产生反应的物质和周围的空气温度显著增高，并发生光和火焰，这种现象通常称之为燃烧。

当可燃物和空气的混合物在一定条件下瞬间发生燃烧，并发出火光和高热，使混合物的温度因高热作用急剧上升，体积急剧膨胀，从而形成一种冲击波，同时发出巨响，这种瞬间燃烧的现象通称为爆炸。

1)燃烧种类

燃烧的种类燃烧现象按形成的条件和瞬间发生的特点，分为闪燃、着火、自燃、爆燃四种。

(1)闪燃是在一定的温度下，易燃、可燃液体表面上的蒸气和空气的混合气与火焰接触时，闪出火花但随即熄灭的瞬间燃烧过程。液体能发生闪燃的最低温度叫闪点，液体的闪点越低，它的火灾危险性越大。

(2)着火是可燃物受外界引火源直接作用而开始的持续燃烧现象。着火是日常生产、生活中最常见的燃烧现象。很多火灾是从着火开始逐步发展而成的。可燃物开始着火所需要的最低温度，叫燃点。可燃物质的燃点越低，越容易着火。

(3)自燃是可燃物质没有外界引火源的直接作用，因受热或自身发热使温度上升，当达到一定温度时发生的自行燃烧现象。可燃物质不需引火源的直接作用就能发生自行燃烧的最低温度叫做自燃点，也称自燃温度。

(4)爆燃是可燃物质和空气或氧气的混合物由引火源点燃，火焰立即从引火源处以不断扩大的同心球形式自动扩展到混合物的全部空间的燃烧现象。爆燃发生时，除产生热量外，燃烧空间的气体由于高温膨胀，还能产生很大的压力，使未燃烧区压缩升温，增加了单位空间的能量储藏密度，使燃烧速度加快，这种现象在密闭容器中尤为显著，极易造成爆炸事故。

2)爆炸分类

爆炸可分为物理性爆炸和化学性爆炸两种。

(1)物理性爆炸

这种爆炸是由物理因素引起的。物质因状态或压力发生突变而强力崩裂的爆炸称为物理爆炸。例如容器内液体过热汽化引起的爆炸，锅炉爆炸，压缩气体、液化气体超压引起的爆炸等，都属于物理性爆炸。物理性爆炸前后物质的性质及化学成分均不改变。

(2)化学性爆炸

由于物质发生极迅速的化学反应，产生高温高压而引起的爆炸称为化学性爆炸。化学性爆炸前后物质的性质和成分发生了根本的变化。化学性爆炸按所发生的化学变化，可分为三类。

①简单分解爆炸

引起简单分解爆炸的爆炸物在爆炸时并不一定发生燃烧反应，爆炸所需的热量，是由爆炸物质本身分解产生的。属于这一类的爆炸物质有乙炔银、氯化氮等。这类物质是非常危险的，受轻微震动即会引起爆炸。

②复分解爆炸

这类爆炸物质的危险性较简单，分解爆炸物质的危险性低，爆炸时伴有燃烧现象。燃烧所需的氧由分解时供给。

③爆炸性混合物爆炸

所有可燃气体、蒸气或粉尘与空气混合所形成的混合物的爆炸均属此类。这类物质爆炸需要一定条件，如爆炸性物质的含量、氧气含量及激发能源等。因此其危险性虽较前二类低，但极普遍，此外造成危害也较大。爆炸还可按引起爆炸反应的相分为气相爆炸、液相爆炸和固相爆炸三种。

液化石油气的爆炸一般属于气体混合物爆炸。液化石油气气体与空气混合，达到一定浓度时，遇引火源即能发生爆炸燃烧。爆炸分为两种类型，即敞露式混合爆炸和密闭容器内混合爆炸。前者多发生在室内，当液化石油气泄漏以后，经过较长时间的扩散挥发，与空气形成爆炸性混合物(进入爆炸极限范围)，遇到导爆因素(如明火等)，立即爆炸。室内突发火团，伴有巨响，门窗破裂，物品受强震破坏，甚至可掀翻屋顶。这都是使用不当或疏于检查而导致的事故。爆炸能掀翻容器，摧毁设备，折弯管道，还会导致火灾。而密闭容器内的爆炸则非常危险。爆炸时，容器可能裂成碎片四处飞射，伴有声光，有很强的破坏力，如同炸弹。这类事故往往是因为容器内存有液化石油气，空气进入，充分扩散混合而形成爆炸条件。容器置换违章，管道阀门不严，未经动火分析而进行焊接作业，均可能导致这种恶性事故。

3)爆炸极限

可燃性气体或蒸气与空气组成的混合物，并不是在任何比例下都可以燃烧或爆炸的，而是具有严格的数量比例，且因条件的变化而改变。由实验得知，当混合物中可燃气体含量接近于化学计量时(即理论上完全燃烧时该物质的量)，燃烧最快最剧烈。若含量减少或增加，火焰燃烧速度降低。当浓度低于或高于某一限度值时，却不再燃烧和爆炸。可燃气体或蒸气与空气的混合物遇引火源能够发生爆炸燃烧的浓度范围称爆炸浓度极限，爆炸燃烧的最低浓度称爆炸浓度下限，最高浓度称爆炸浓度上限。爆炸极限一般用可燃气体或蒸气在混合物中的体积分数来表示，有时也用单位体积气体中可燃物的含量来表示（g/m^3 或 mg/L）。部分可燃气体或蒸气的爆炸浓度极限见表 2-3。

表 2-3　部分可燃气体和蒸气的爆炸极限

分类	可燃气体或蒸气	分子式	相对分子质量	爆炸极限			
				%		mg/L	
				下限 L_1	上限 L_2	下限 Y_1	上限 Y_2
无机物	氢	H_2	2.0	4.0	75.6	3.3	63
	二硫化碳	CS_2	76.1	1.25	44	40	1400
	硫化氢	H_2S	34.1	4.3	45	61	640
	氰化氢	HCN	27.1	6.0	41	68	460
	氨	NH_3	17.0	15.0	28	106	200
	一氧化碳	CO	28.0	12.5	74	146	860
	硫氧化碳	COS	60.1	12.0	29	300	725

可燃物质在空气中的体积分数低于爆炸浓度下限时，由于可燃物质量不足，空气过剩，不发生爆炸燃烧。当可燃物质在空气中的体积分数高于爆炸上限，可燃物质过剩，空气不足，也不发生爆炸燃烧。

评定气体或液体火灾危险性大小时，可燃气体或液体蒸气的爆炸下限越低，爆炸范围越大，则火灾的危险性越大。如乙炔的爆炸极限为 2.5%～82%，液化石油气的爆炸极限为 1.5%～9.5%，氨气的爆炸极限为 15%～27%，火灾危险性顺序为乙炔大于液化石油气，液化石油气大于氨气。

4)易爆介质

从对压力容器的安全性考虑，在 TSG 21—2016《固定式压力容器安全技术监察规程》中对易爆介质的界限作出如下规定："指气体或者液体的蒸气、薄雾与空气混合形成的爆炸混合物，并且其爆炸下限＜10%，或爆炸上限和爆炸下限之差值≥20%的介质。"这里说的爆炸下限是指气体和空气的混合物遇火源即能发生爆炸的最低浓度。例如氢与空气的混合物的爆炸下限为 4.0%，则氢属易爆介质。

当易然介质在混合气体中的含量低于爆炸下限时，由于易燃介质与氧气发生反应所产生的热量很小、还不能足以把混合气体加热到着火温度，因而不会着火爆炸。一旦易燃介质的含量超过爆炸下限，其混合气体几乎一瞬间完成燃烧而发生爆炸。另一方面，当易燃介质在混合气体中的含量超过某一极限时，则由于混合气体中的氧含量相对减少，少量的氧气与易燃介质发生反应所产生的热量就较小，同样不能把混合物加热到着火温度，因而也不能着火燃烧，通常称这个极限为爆炸上限。

发生爆炸的必要条件，一是具有爆炸上下限之间的易燃介质，二是火源。因此，为了防止爆炸，只需消除其中条件之一。例如：保持压力容器周围的通风，预防易燃介质的漏气、跑气，一旦发生泄漏，在没有明火的情况下、迅速采取措施驱散易燃介质，将其在空气中的浓度迅速降低至爆炸下限之下，严格控制各种火源带入车间，严格执行动火制度等等。

常见的易燃介质有：一甲胺、乙烷、乙烯、氯甲烷、环氧乙烷、环丙烷、氢、丁烷、三甲胺、丁二烯、丁烯、丙烷、丙烯、甲烷等。

2.3.3 腐蚀性

由于压力容器内的介质的多样化，如水、空气、酸、碱、盐、溶剂等有一定的腐蚀性，长期与容器接触不仅会造成因穿孔而引起的油、气、水跑漏损失以及由于维修所带来的材料和人力的浪费，而且还可能因腐蚀穿孔而引起火灾。特别是，压力容器还可能因腐蚀而引起泄漏甚至爆炸，造成巨大的经济损失，污染环境，威胁人身安全。对于介质的腐蚀性不可轻视，它也是酿成压力容器事故的重要原因之一。

1)腐蚀的分类

腐蚀的分类方法很多，一般可按腐蚀的机理和腐蚀的部位来分类。按腐蚀机理，可分为化学腐蚀和电化学腐蚀；按腐蚀部位可以分为全面腐蚀和局部腐蚀。局部腐蚀包括孔蚀、缝隙腐蚀、脱层腐蚀、晶间腐蚀、磨损腐蚀、空泡腐蚀、氢腐蚀、应力腐蚀。

2)腐蚀的危险特性

当一种物质与另一物质接触时，会使其发生化学变化或电化学变化而受到破坏。这种性质就叫腐蚀性。这是腐蚀性介质的主要危险特性。其特点如下：

(1)对人体的伤害

腐蚀性介质的形态有液体和气体两种，当人们直接触及这些物品后，会引起灼伤或发生破坏性创伤以至溃疡等；当人们吸入这些挥发出来的蒸气或飞扬到空气中的粉尘时，呼吸道黏膜便会受到腐蚀，引起咳嗽、呕吐、头痛等症状；特别是接触氢氟酸时，能发生剧痛，使组织坏死，如不及时治疗，会导致严重后果；人体被腐蚀性物品灼伤后，伤口往往不容易愈合。故在储存、运输以及生产过程中，应特别注意防护。

(2)对金属的腐蚀

是指金属在腐蚀介质作用下，引起金属材料壁厚减薄或组织结构改变，力学性能降低，经常以裂纹的形式出现。常见的金属应力腐蚀有以下几种：液氨对碳钢和低合金钢材料的应力腐蚀、硫化氢对钢制容器的腐蚀、热碱溶液对钢制压力容器的腐蚀、含水的一氧化碳对钢的应力腐蚀等，由于应力腐蚀会破坏压力容器的结构和力学性能，故需在平时的使用过程中引起重视。

(3)腐蚀性介质的火灾危险性

在腐蚀性介质中，约有83%具有火灾危险性，有的还是相当易燃的液体，其火灾危险性主要表现在其氧化性、易燃性及遇水分解易燃性。

2.4 常见气体

2.4.1 永久气体

永久气体种类较多，这里只介绍几种常用的永久气体。

1)氧气(O_2)

无色无味，在标准状态下密度为1.429kg/m^3，对空气的相对密度为1.105，在－182.98℃时变为天蓝色透明液体，在－218.4℃时变为蓝色固体结晶。临界温度为－118.37℃，临界压力约为5.08MPa。氧微溶于水。

氧的化学性质活泼，易和其他物质生成氧化物，即发生氧化反应释放热量。氧气助燃，若与可燃气体的H_2、C_2H_2、CH_4、CO等按一定比例混合，即成为可爆性的混合气体，一旦有火源或引爆条件就能引起爆炸。各种油脂与压缩氧气接触也可自燃。

2)氢气(H_2)

氢是无色、无臭和无毒的可燃窒息性气体，可使肺缺氧。当空气中各种窒息性气体的体积分数达50%时，生物就会出现明显的症状，体积分数达到75%时，即可使人死亡。氢的相对分子质量为2.0158，是最轻的气体。它黏度最小，导热系数最高，化学性质极活泼，是一种强的还原剂，可与许多物质进行不同程度的化学反应，生成各种类型的氢化物。其渗透性和扩散性强(扩散系数为0.63cm^2/s，约为甲烷的3倍)。当钢暴露在一定温度和压力的氢气中时，其晶格中的原子氢在微观孔隙中与碳反应生成甲烷，随着甲烷生成量的增加，钢的微观孔隙就扩展成裂纹，使钢发生氢脆损坏。同时，在氢气的生产、储运和使用过程中都易造成泄漏。氢在空气、氧气中的爆炸极限很宽，在空气中为4.0%～75%，在氧气中为4.7%～94%。氢的燃烧性能好，氢氧焰可达3400K的高温。纯净氢气的火焰无色，氢气燃烧只生成水，不污染环境，所以被称为“清洁的氢能”。氢气在空气中的着火温度为585℃；在氧气中的着火温度为560℃。它的着火能级仅为0.019毫焦(mJ)，比烷烃要低一个数量级以上，甚至化纤织物摩擦产生的静电也比氢的着火能级大几倍，所以氢很易着火。因此，在氢的生产中应采取措施，尽量减少和消除静电的积聚以及产生火源的条件。在－252.6℃时成为无色、透明的低温液体，密度为0.07097kg/L，是水的1/14。1m^{3}的液氢全部汽化可得到788m^{3}的气态氢。

3)氮气(N_2)

氮气在自然界中分布很广，在空气中占78%，是一种窒息性气体。常温下氮气是无色无臭的气体，标准状况下密度为1.251kg/m^3，对空气的相对密度为0.967，在－165.30℃时为无色液体，在－210.1℃时凝结为雪状固体。常温下化学性质不活泼。在工业上，常用氮气作为安全防火防爆置换或气密性试验气体。

4)惰性气体

元素周期表中的氦(He)、氖(Ne)、氩(Ar)、氪(Kr)、氙(Xe)、氡(Rn)统称为惰性气体。其化学性质极不活泼，很难和其他元素发生反应，在空气中总含量约1%。

5)一氧化碳(CO)

一氧化碳是含碳物质在燃烧不完全时的产物，无色无臭，比空气略轻。它是工业生产中一种广泛存在的无色有毒可燃气体。在标准状态下密度为1.25kg/m^3，一氧化碳的毒性作用在于对血红蛋白有很强的结合能力，使人因缺氧中毒。在工业生产中，常以急性中毒方式出现，吸入高浓度一氧化碳时，抢救不及时则有生命危险。

一氧化碳的爆炸极限：在空气中为12.5%～75%，在氧气中为15.5%～93.9%。在日光作用下，一氧化碳与氯气能化合成光气。

一氧化碳的毒性作用在于对血红蛋白有很强的结合能力，比氧与血红蛋白的结合能力大200～300倍。所以若一氧化碳经肺泡进入血液，便很快与血红蛋白结合生成碳氧血红蛋白，使血液失去载氧作用，使人因缺氧中毒，在工业生产中，常以急性中毒方武出现。重度中毒者迅速进入昏迷状态，出现阵发性抽搐，血压下降，体温升高，并引发肺炎、脑水肿及心肌损害，抢救不及时有生命危险。车间空气中一氧化碳的最高容许含量为30mg/m^3。

6)甲烷(CH_4)

甲烷是碳氢化合物的一种。呈气态，无色无臭，密度为0.7167kg/m^3，对空气的相对密度为0.55，熔点为－182.5℃，沸点为－161.5℃，在空气中的爆炸极限为5.3%～14%，在氧气中的爆炸极限为5.1%～61%。

2.4.2 液化气体

1. 二氧化碳(CO_2)

又称碳酸气或碳酸酐，是一种无色无臭，有酸味的无毒性的窒息性气体。在标准状况下，其密度为1.977kg/m^3，对空气的相对密度为1.529，溶于水则生成碳酸。CO_2能压缩液化成液体，液态时密度为1.101kg/L(－37℃)，沸点为－78.5℃。液态CO_2凝成固体称为干冰，其密度为1.56kg/L，熔点－56.6℃(约0.53MPa)。CO_2是合成氨工业的副产品，又是合成尿素的原料。大气中CO_2的正常含量约为0.04%。人体呼出气中CO_2含量约为4.2%。燃料燃烧时可产生大量CO_2气体。由于它比空气重，故CO_2气体常存在于空气不流动的地方，且多沉积于底层，如不通风的储藏蔬菜的地窖、矿井等。低浓度的CO_2无毒，但高浓度的CO_2对有机体有毒性，有刺激和麻醉作用。空气中CO_2含量超过6%时，对人有致命的危险。浓度更高时，人若吸入可于数秒至数分钟内迅速倒下，若不及时抢救就会死亡。

2. 氯(Cl_2)

氯是一种草绿色带有刺激性气味的剧毒气体。在标准状态下，其密度为3.214kg/m^3。对空气的相对密度为2.49，沸点－34.6℃，熔点－102℃。常温下20～25℃，在0.61～0.81MPa或在－40～35℃时的常压下可液化为黄绿色透明的液体(常温下对水的相对密度是1.4)。液氯密度和温度变化有关。在一定温度下，容器内同时存在液态和气态，氯蒸气压随温度变化而变化。在0℃时，1L液氯可汽化成450L以上气态氯并吸收大量热，因此在储液罐中常因液氯汽化而降温，储罐表面出现结霜现象。

氯是活泼的化学元素，容易和其他化学元素结合，如遇水生成盐酸及次氯酸。盐酸对钢制容器有很强的腐蚀性，直接影响容器的使用寿命。

氯的用途十分广泛，如自来水、游泳池用水的消毒；用于造纸工业及纺织业(如棉织物的漂白)；制造无机氯化物，如漂白粉、氯化亚锡(还原剂)、氯化银(照相用)、合成盐酸等；制造有机物，如聚氯乙烯塑料、农药、溶剂(如橡胶、四氯化碳等)、冷冻剂(氯甲烷、氯乙烷、二氯甲烷等)，但毒性很大。它对人的呼吸道和皮肤以及人体其他器官伤害很大(见表2-4)。氯气被吸入后与呼吸道黏膜接触，部分与水作用最终形成盐酸和新生态氧。盐酸对黏膜有刺激和烧灼作用，引起炎性水肿、充血与坏死；新生态氧对组织有强烈的氧化作用，在氧化过程中可能生成臭氧，对组织细胞原浆产生毒害作用。呼吸黏膜末梢感受器受刺激，还可造成平滑肌痉挛，加剧呼吸障碍，导致缺氧。当吸入高浓度氯气时，会引起迷走神经反射性心跳停止而出现“电击样”死亡。车间空气中氯气的最高容许浓度为$1mg/m^3$。

表2-4　不同浓度的氯对人的危害

液氯/(mg/L)	氯气/(mg/m^3)	症　状
2.5	900	可立即致人死亡
0.1～0.15	35～50	0.5～1h死亡或一定时间内死亡
0.04～0.06	14～21	0.5～1h内有生命危险
0.01	3.5	可忍耐0.5～1h
0.001	0.35	可长期停留其中，但能引起中毒
0.003～0.006	0.1～0.2	可忍耐6h而无显著症状

3. 氨(NH_3)

氨是一种无色有刺激性气味的气体，在标准状态下，密度为$0.77kg/m^3$，对空气的相对密度为0.5971，沸点为－33.4℃，熔点为－77.7℃。氨在空气中的爆炸极限为15%～28%，在氧气中的爆炸极限为13.5%～79%。氨和氯接触能发生低温自燃，并生成不稳定极易爆炸的氯化氮(NCl_3)，这就是氨和氯接触引起爆炸的原因。

氨广泛用于合成氨、尿素、硝胺和染料工业。使用氨水、冷藏库的冷冻剂等时有接触氨的机会。氨极易溶于水，呈碱性，1%水溶液的pH值为11.7左右。氨属有毒类介质，对人的危害主要是上呼吸道的刺激和腐蚀作用。直接接触高浓度氨时，接触部位可引起碱性化学灼伤，组织呈溶解性坏死。氨还可引起呼吸道深部及肺泡的损伤，发生化学性支气管炎、肺炎和肺水肿。吸入高浓度氨后，可使中枢神经系统兴奋增强，引起痉挛，并可通过三叉神经末梢的反射作用导致心脏停搏和呼吸停止。眼内溅入浓氨可使眼结膜充血水肿、角膜溃疡、晶体混浊，甚至角膜穿孔。车间空气中氨的最高容许浓度为30mg/m^3。

4. 氟利昂(氟氯烷-烯类)

氟氯烷-烯类氟利昂有许多种，如R-21、R-22、R-12、R-133a等，氟利昂在大气压力下的沸点为50～80℃(与其种类有关)，相对分子质量大，绝热指数低，压缩终点温度和凝固点低，故用做制冷剂。氟利昂与水接触即分解，本身无毒、无臭，不易着火，与空气混合不爆炸，对金属无腐蚀，能溶于水，与油脂可互相溶解。

5. 氟化氢(HF)

氟化氢常为二分子状态(H_2F_2)存在，无色气体或液体。气体相对密度为1.27；液体相对密度为0.987，沸点19.4℃，熔点－83.7℃。呈弱酸性，在空气中发出烟雾，其蒸气具有十分强烈的腐蚀性和毒性。氟化氢溶于水，其水溶液在－30℃时也不冻结，能腐蚀玻璃，须用铅制、蜡制或塑料制容器存放，无水物质储存于冷却的银器中。常用于蚀刻玻璃，是制氟化物、氟硼酸和氟硅酸等化合物的原料，也用做有机合成的催化剂和氟化剂。

6. 氯甲烷(CH_3Cl)

这是一种无色液体，在4～20℃时相对密度为2.304，熔点－97.8℃，沸点－24.3℃。有毒，不溶于水。氯甲烷与乙醇、乙醚以任何比例混合也不燃烧，常用做溶剂、有机物的氯化剂、香料的浸出剂、纤维以及制氧工业的脱脂剂、灭火剂、分析试剂等，并用于制氯仿和药物等。在HG 20660中被列入高度危害介质。

7. 氮的氧化物

常见的有NO、NO_2、N_2O_4、N_2O_5等。氮的氧化物是在硝胺和硝化纤维的制造中产生的。其中以NO_2比较稳定，其他遇光、湿或热时易变成NO和NO_2，而NO很快又变为NO_2。所以在生产中接触的氮的氧化物主要是NO_2。NO_2的毒性约为NO的4～5倍。

在常温下，氮的氧化物混合气体呈棕黄色，温度越高，颜色越深，可呈红棕色甚至深棕色，人们俗称之为“黄龙”或“红烟”。若被人吸入，肺泡与水反应将形成硝酸与亚硝酸，对肺组织产生刺激和腐蚀作用，引起肺水肿，还可使血红蛋白变为高铁血红蛋白，使组织缺氧而中毒。规定车间空气中二氧化氮的最高容许质量浓度为5mg/m^3。

8. 硫化氢(H_2S)

硫化氢是一种具有恶臭气味的有害气体。大气中含有硫化氢的体积分数为10×10^{-6}时即可察觉。硫化氢气体主要产生于天然气净化、炼焦、人造纤维、石油精炼、煤气制造和造纸等生产过程中。空气中硫化氢含量大于等于mg/L时，可使人立即中毒，继而痉挛、失去知觉而迅速死亡。急性中毒的后遗症是头痛、智力降低；慢性中毒症状是眼球酸痛、有灼烧感、肿胀畏光等，并引起气管炎和头痛。此外，硫化氢进入大气后，有可能与空气中氧作用生成二氧化硫，增大了大气中二氧化硫的浓度。车间空气中硫化氢气体的最高容许质量浓度为10mg/m^3。

9. 氯化氢(HCl)

一种无色且有剧烈刺激性气味的气体。在空气中呈白色烟雾，易溶于水成为盐酸。

HCl 是石油化工生产的原料之一。聚氯乙烯就是乙炔(C_2H_2)与 HCl 反应而生成的。

HCl 对眼和呼吸道黏膜有强烈的刺激作用，被人吸入后能引起呼吸道炎性水肿、充血和坏死，并对皮肤有刺激作用，可出现丘疹、水泡和烧伤。长期接触高浓度 HCl 烟雾，可造成慢性气管炎、胃肠道功能障碍以及牙齿损坏。当空气中 HCl 的质量浓度在 7.5～15mg/m^3 时，会使人感到不快。车间空气中 HCl 的最高容许质量浓度为 15mg/m^3。

10. 二氧化硫(SO_2)

又称硫酸酐，是无色有刺激性气味的气体，密度 2.927kg/m^3，在常温下加压到约 0.4MPa 即能液化成无色液体，液体相对密度为 1.434(0℃时)，熔点－76.1℃，沸点－10℃，溶于水，且部分变成亚硫酸，也溶于乙醇和乙醚。气态 SO_2 是制造三氧化硫、硫酸和保险粉等的原料；液态 SO_2 是良好的有机溶剂，用于精制各种润滑油和用做冷冻剂等。SO_2 属有毒介质，高浓度 SO_2 可作用于呼吸道深部而引起肺水肿，严重时可突然发生反射性声门痉挛而窒息。车间空气中 SO_2 的最高容许质量浓度是 15mg/m^3。

11. 液化石油气

液化石油气是多种烃类气体，如丙烷、丁烷、丙烯、丁烯等组成的混合物，具有以下性质：

(1)挥发性。液化石油气如果以液体状态流出时，易挥发成气体，其体积会骤然膨胀约 250 倍而急剧扩散漫延。

(2)易燃性。液化石油气和空气混合后，一旦遇到火种，甚至是石头与金属撞击的火花或摩擦静电火花，都能迅速引起燃烧。

(3)易爆性。液化石油气和空气混合并达到爆炸极限比例，如丙烯气与空气混合的比例达到 2.1%～9.5%时，一旦遇到火源即发生爆炸。因此，存放钢瓶的场所要保持良好的通风，防止液化石油气渗漏后起火爆炸。

(4)微毒性。液化石油气没有使人体血液中毒的危险，因此，在空气中的体积分数低于 1%时，对人体健康没有危害。但是，如果长期接触浓度较高的液化石油气，对于神经系统也是有影响的，尤其是高碳烃气体，当其在空气中的体积分数超过 10%时，会使人窒息。

(5)腐蚀性。液化石油气一般无腐蚀性，只有在残液中含有较多的硫化物时，才会对钢瓶产生一定的腐蚀作用。液化石油气会使橡胶软化，也会使石油产品熔化。因此，输气软管要用耐油胶管，同时在软管上不得涂抹润滑油和白漆等。

(6)气态相对密度大。液化石油气在气态时比空气重，其对空气的相对密度为 1.5～2。在生产和使用过程中，渗漏出来的液化石油气会流向并积存在通风不好、不易扩散的低洼处。达到一定浓度且遇明火时即爆炸。所以，钢瓶库严禁设在地下室，钢瓶的残液严禁倒入下水道。值得注意的是，液态的液化石油气的密度却又比水的密度小，当液态液化石油气与水接触时，如油一样浮在水上。因此当液化石油气燃烧时不能用水来灭火。

(7)热值高。液化石油气燃烧时的发热量很高。1m^3 气态液化石油气的低发热量不小于 8.37×10^7J，相当于每立方米发热量为 1.68×10^7J 的炉煤气(CO)的 5 倍；1kg 液化石油气低发热量为4.61×10^7J，相当于每千克发热量为2.51×10^7J烟煤的2倍。液化石油气不但热值高且燃烧完全，所发出的热量能被充分利用。烧煤的民用炉的热效率(全部热量中被有效利用的部分)一般只有10%～15%；而液化石油气民用灶的热效率通常达到55%以上。液化石油气使用既经济方便，又不污染环境，是理想的民用燃料。

(8)蒸发潜热高。液化石油气由液相变为气相，需要吸收很多热量，这种热量称为“蒸发潜热(又称汽化潜热)”。如丙烷的蒸发潜热为4.22×10^5J/kg，丁烷的蒸发潜热为3.85×10^5J/kg。液化石油气在燃烧时，钢瓶内的液化石油气要不断蒸发补充，必须通过钢瓶的四壁向周围大气吸收所需的蒸发潜热。如果汽化量过大，而所需的潜热补给跟不上，液体本身的温度就会下降，同时造成蒸气压下降，气体的流出量就相应减小，从而影响正常燃烧。此外，还应特别防止液化石油气与人体皮肤接触，否则会由于液化石油气向人体吸收大量蒸发潜热而引起严重的冻伤。

2.4.3 冷冻液化气体

1. 液氧

液态的氧气，常用缩写LOX或LO_2表示。在温度低于－183℃时，是透明的淡蓝色液体，比水稍重一些。液氧具有广泛的工业和医学用途。工业上制造液氧的方法是对液态空气进行分馏。液氧的总膨胀比高达860∶1，因为这个优点它在现代被广泛应用于工业生产和军事方面。

由于它的低温特性，液氧会使其接触的物质变得非常脆。液氧也是非常强的氧化剂，有机物在液氧中剧烈燃烧。一些物质若被长时间浸入液氧可能会发生爆炸。液态氧能刺激皮肤和组织，引起冷烧伤。从液态氧蒸发的氧气易被衣服吸收，而且遇到任何一种火源均可引起急剧燃烧。当皮肤接触液氧时，应立即用水冲洗，伤重者应就医诊治。

2. 液氮

液氮是液态的氮气，低温液体。窒息性气体，液态氮为无色、无味，不易燃烧，不会爆炸。沸点是－195.8℃。是空气分离行业的产品。液氮接触皮肤能引起冷烧伤。皮肤接触液氮时应即用水冲洗，如果产生冻疮，须就医诊治。在医院利用液氮给手术刀降温，就成为“冷刀”。医生用“冷刀”做手术，可以减少出血或不出血，手术后病人能更快康复。也用来治疗表浅的皮肤病，常常很容易使病变处的皮肤坏死、脱落。

3. 液氩

无色惰性气体、与任何元素不起化合反应。沸点－185.9℃；临界温度－122.4℃；临界压力4.68MPa，用于冶炼、切割、焊接、电子及原电子工业等。和氮气一样使人窒息，液氩为低温会造成冻伤、不可与皮肤接触。

4. 液化天然气(LNG)

天然气通过脱水、脱硫、去除杂质及重烃类，在常压下，冷却至约－162℃时，则由气态转变成液态，称为液化天然气，简称LNG。主要成分是甲烷(CH_4含量75%～99%)，其中还有少量的乙烷、丙烷、丁烷及 N_2 等惰性组分。无色、无味、无毒且无腐蚀性，其体积为同量气态天然气体积的 1/625，其质量仅为同体积水的 45%左右。LNG 的燃点为 650℃，着火点较高，所以更难点燃；LNG 的爆炸极限为 5%～15%，且气化后密度很低，只有空气的一半左右，即使稍有泄漏，也会立即挥发扩散，在非受限空间内不存在燃烧、爆炸的可能，安全性好。常压沸点为－162.15℃。天然气是一种清洁、高效的能源，液化后可以大大节约储运空间和成本，而且具有热值大、性能高等特点，是全球增长最迅猛的能源行业之一。

常见介质特性汇总见表 2-5。

表 2-5 常见介质特性表

介质名称	分子式或常用代号	介质特性
水蒸气		不燃；无毒
空气		不燃；无毒
氧气	O_2	助燃；无毒
氢气	H_2	易燃；无毒
氮气	N_2	不燃；无毒
氩、氦、氖、氪、氙、氡	Ar、He、Ne、Kr、Xe、Rn	惰性气体；不燃；无毒
一氧化碳	CO	易燃；有毒
甲烷	CH_4	易燃；无毒
二氧化碳	CO_2	不燃；无毒
氯	Cl_2	助燃；剧毒；酸性腐蚀
氨	NH_3	可燃；有毒；碱性腐蚀
氟利昂		不燃；无毒
氟化氢	HF	不燃；有毒；酸性腐蚀
氯甲烷	CH_3Cl	易燃；有毒
硫化氢	H_2S	易燃；剧毒；酸性腐蚀
氯化氢	HCl	有毒；酸性腐蚀
二氧化硫	SO_2	有毒；酸性腐蚀
液化石油气	LPG	易燃
压缩天然气/液化天然气	CNG/LNG	易燃

第3章　焊接基本知识

压力容器焊接方法主要采用熔化焊，它具有强度高、致密性好、工艺成熟可靠，对结构、材质、厚度适用范围大，尤其是制造高参数大型压力容器时，更显优越。焊接在压力容器制造中占有重要地位，焊接工作量占整个压力容器制造工作量的30%以上。因此，对承压类特种设备使用和管理人员来说，掌握焊接知识是非常必要的。

3.1　焊接的定义与特点

3.1.1　焊接的定义

根据GB/T 3375—1994《焊接术语》，焊接定义为“通过加热或加压，或二者并用，并且用或不用填充材料，使工件达到结合的一种方法。”也就是通过适当的物理化学过程使将两种或两种以上的同种或异种材料，产生原子(分子)间结合力而接合成一体的工艺过程。

3.1.2　熔化焊的特点

熔化焊的焊接过程是利用热源先把工件局部加热到熔化状态，形成熔池，然后随着热源向前移去，熔池液体金属冷却结晶形成焊缝。其焊接过程包括冶金过程和结晶过程。其本质是小熔池熔炼与铸造，是金属熔化与结晶的过程。特点是：熔池存在时间短，温度高；冶金过程进行不充分，氧化严重；热影响区大；冷却速度快，结晶后易生成粗大的柱状晶。对焊接的热源能量要集中，温度要高，以保证金属快速熔化，减小热影响区。满足要求的热源有电弧、等离子弧、电渣热、电子束和激光。最常用的熔化焊是电弧焊，是利用电弧热加热并熔化金属进行焊接的方法。

3.1.3　焊接的优点

(1)节省材料，减轻结构重量，生产成本低；

(2)简化复杂零件和大型零件的加工工艺，生产效率高；

(3)适应性强；可实现特殊结构的生产及不同材料间的连接成型；

(4)结构强度高整体性好，接头具有良好的气密性、水密性；

(5)降低劳动强度，改善劳动条件。

(6)焊接工艺过程容易实现机械化和自动化。

3.1.4 焊接的局限性

(1)结构无可拆性。

(2)焊接时局部加热，焊接接头的组织和性能与母材相比发生变化，产生焊接残余应力和焊接变形，从而影响结构的承载能力、加工精度和尺寸稳定性，同时在焊缝与焊件交界处还会产生应力集中，对结构的疲劳断裂影响较大。

(3)焊接接头中存在着一定数量的缺陷，如裂纹、气孔、夹渣、未焊透、未熔合等。这些缺陷的存在会降低强度，引起应力集中，损坏焊缝的致密性，这是导致焊接结构的意外破坏主要原因之一。

(4)焊接接头具有较大的性能不均匀性，由于焊缝的成分及金相组织与母材不同，接头各部位经历的热循环不同，使接头不同区域的性能不同。

(5)焊接生产过程中产生高温、强光及一些有毒气体，对人身体有一定的损害，因此要加强焊接操作人员的劳动保护。

3.2 焊接方法的分类

对焊接进行分类的方法有多种，图 3-1 是按工艺特点对焊接进行分类的，据此可将焊接分为三大类，即熔化焊、压力焊和钎焊。

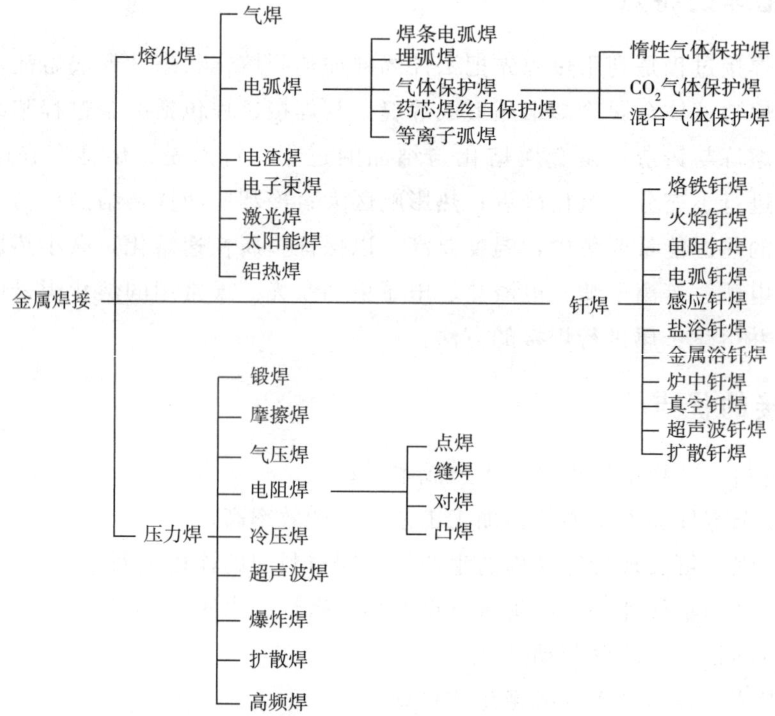

图 3-1 焊接方法按工艺过程特点分类

(1)熔化焊　将待焊处母材金属熔化以形成焊缝的焊接方法称为熔化焊。

(2)压力焊　焊接过程中，必须对焊件施加压力(加热或不加热)，以完成焊接的方法称为压力焊。

(3)钎焊　钎焊是硬钎焊和软钎焊的总称。采用比母材金属熔点低的金属材料作钎料，将焊件和钎料加热到高于钎料熔点、低于母材溶化温度，利用液态钎料润湿母材，填充接头间隙并与母材相互扩散实现连接焊件的方法。

焊接在承压类特种设备制造中也占有重要的地位。化工装置焊接的构件量约占75%左右，而焊接工作量占整个压力容器制造工作量30%以上。许多承压类特种设备事故源于焊接缺陷，焊接质量对承压类特种设备的产品质量和使用安全可靠性有直接影响。

3.3　焊接电源设备

焊条电弧焊电源应具有适当的空载电压和较高的引弧电压，以利于引弧，保证安全；当电弧稳定燃烧时，焊接电流增大，电弧电压应急剧下降；还应保证焊条与焊件短路时，短路电流不应太大；同时焊接电流应能灵活调节，以适应不同的焊件及焊条的要求。

常用的焊条弧焊电源根据输出电流类型分为直流电焊机和交流电焊机。电弧焊的电源是恒流电源，它具有“陡降”的特性。

1)交流弧焊机(图3-2)

它是一种特殊的降压变压器，具有结构简单、噪声小、成本低，效率高，使用和维护方便等优点，是焊条电弧焊中应用最广泛的一种供电设备。但是需注意：交流弧焊机电弧稳定性较差。

2)直流弧焊机(图3-3)

图3-2　交流弧焊机

图3-3　直流弧焊机

旋转式直流电焊机由一台三相感应电动机和一台直流弧焊发电机组成。焊接电流可在较大范围内均匀调节以满足焊接工艺的要求。

硅整流式直流电焊机多采用硅整流元件，与旋转式直流电焊机相比具有噪声小，效率高，用料少，成本低等优点，正逐步代替旋转式直流电焊机

直流电焊机的特点是直流电弧燃烧稳定，所以用小电流焊接时常选用。在焊接合金钢、不锈钢等材质工件时，也常选用直流电源。

直流电源根据接工件电极的不同，分为正接和反接两种接法，见图 3-4。直流正接是指工件接正极，焊条接负极(厚板、酸性焊条)。直流反接是指工件接负极，焊条接正极(薄板、碱性低氢焊条、低合金钢和铝合金)。交流焊接电源由于正、负极在不断地交替，所以不存在极性问题。

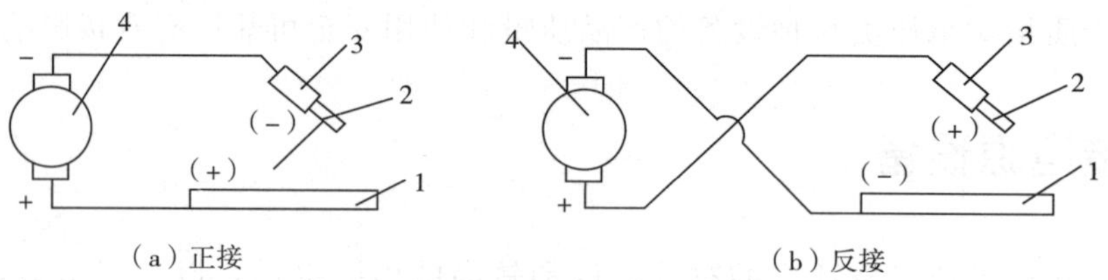

图 3-4　直流电焊接线方式

1—工件；2—焊条；3—焊钳；4—直流电焊机

正接和反接时，焊接电弧的形状不一样。显然，只有采用直流焊接电源时，才有正接和反接两种接线法。

焊件极性的选择有如下原则：

(1)焊条电弧焊使用碱性低氢焊条时，一律采用反接。若采用正接，则电弧燃烧不稳定，电弧声音很暴燥，发出强烈的嘶嘶声，飞溅很大，并且极容易产生气孔。使用酸性焊条时，极性对电弧的稳定燃烧影响不大。

同样道理，埋弧焊若使用直流电源施焊时，一般也采用反接。

(2)钨极氩弧焊焊接钢、黄铜时，一律采用正接。因为阴极的发热量远小于阳极，所以用直流正接电源时，钨极接负极，发热量小，不易过热，钨极寿命长，同样直径的钨极可以采用较大的焊接电流。同时正接时，焊件为阳极发热量大，因此熔深大，生产率高。

3.4　焊接材料

3.4.1　焊条

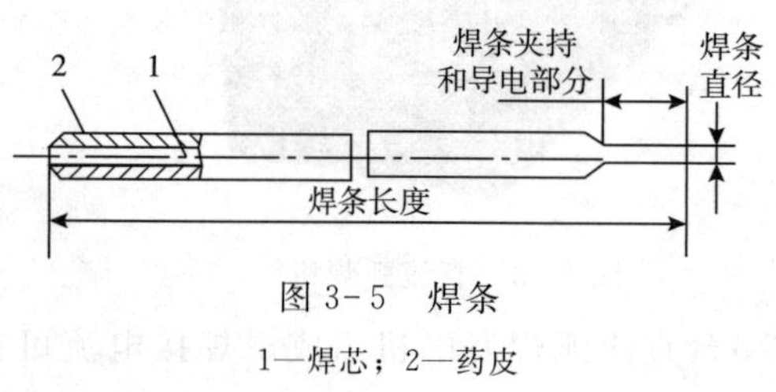

图 3-5　焊条

1—焊芯；2—药皮

1)焊条的组成

焊条是焊条电弧焊中最主要的要素，它是由金属芯外覆一层粒状粉剂和某种粘接剂制作而成，见图 3-5。

焊芯作为电极，传导焊接电流，产生电弧；作为填充金属，与熔化的母材金属共同组

成焊缝金属；并添加合金元素。

药皮改善焊接工艺性能：易于引弧和再引弧，稳弧性好，减少飞溅，使焊缝成形美观；机械保护作用造气和造渣保护熔池；参与冶金处理作用，去除有害杂质(如O、H、S、P等)，添加有益元素。

2)焊条药皮的作用与类型

(1)焊条药皮的基本功能

保护电弧与熔池。药皮比焊芯熔化慢，形成一个套筒，保护金属熔滴顺利地向熔池过渡；同时药皮放出气体和形成熔渣，保护电弧及熔池免受空气的有害作用。熔渣覆盖于熔敷金属表面，也降低了焊缝金属的冷却速度，有利于改善接头性能。

冶金处理。通过冶金反应直到脱氧、脱硫、脱磷等去除杂质作用，同时还对焊缝金属起合金化作用。

赋予焊条良好的焊接工艺性能。使电弧容易引燃，燃烧稳定，减少飞溅，增大熔深，保证焊缝成形等。

满足某些专用焊条的特殊功能。如铁粉焊条药皮内含较多的铁粉，增加了焊条的熔敷系数，提高了焊接生产率。

(2)焊条药皮的类型与焊条型号、牌号的对照(表3-1)

表3-1 焊条药皮的类型与焊条型号、牌号对照表

序号	药皮类型	对应牌号	对应型号	焊接电源
1	特殊型	×××0	E××00	
2	钛 型	×××1	E××13	直流或交流
3	钛钙型	×××2	E××03	直流或交流
4	钛铁矿型	×××3	E××01	直流或交流
5	氧化铁型	×××4	E××20	直流或交流
6	纤维素型	×××5	E××10、11	直流或交流
7	低氢钾型	×××6	E××16	直流或交流
8	低氢钠型	×××7	E××15	直流
9	石墨型	×××8	E××13	直流或交流
10	盐基型	×××9	E××13	直流

3)焊条的分类

(1)按照焊条药皮的主要化学成分来分类，可以将电焊条分为：氧化钛型焊条、氧化钛钙型焊条、钛铁矿型焊条、氧化铁型焊条、纤维素型焊条[分为高纤维素钠型(采用直流反接)、高纤维素钾型两类]、低氢型焊条(分为低氢钠型、低氢钾型和铁粉低氢型等)、石墨型焊条及盐基型焊条。

(2)按药皮在焊接时熔化形成熔渣的化学性质分类，可以将电焊条分为：酸性焊条与碱性焊条。焊后熔渣为酸性的焊条称为酸性焊条，反之为碱性焊条。

①酸性焊条。熔渣呈酸性(熔渣碱度<1.5)，药皮中含大量SiO_2、TiO_2、FeO、MnO等酸性氧化物。

优点：酸性焊条用交流或直流电源均可焊接。工艺性能良好，成形美观，特别是对锈、油、水分等的敏感度不大，抗气孔能力强。

缺点：酸性焊条的熔渣组成物以酸性氧化物为主，对焊缝金属有较强的氧化性，致使焊缝金属中合金元素的烧损量较大。同时焊缝金属中氢和氧的含量较高，焊缝金属的力学性能，特别是塑性和韧性较低，抗裂性较差。

②碱性焊条。熔渣呈碱性(熔渣碱度>1.5)，药皮的主要成分为$CaCO_3$、CaF_2、$CaSiO_3$和$MgCO_3$等碱性氧化物。

优点：碱性焊条的熔渣组成物以碱性氧化物为主，对焊缝金属的氧化性很小，冶金处理效果好。碱性焊条焊接时，药皮分解出CO_2作保护气体，保护气体中氢含量很低，因此用碱性焊条焊成的焊缝金属含氢量低，综合力学性能好，特别是塑性、韧性较高，抗裂性能好。压力容器制造中广泛使用碱性焊条。

缺点：对锈、油、水分较敏感，容易产生气孔缺陷，电弧稳定性差，脱渣性不好，发尘量大。

(3)按性能分类，根据其特殊使用性能而制造的专用焊条，有超低氢焊条、低尘低毒焊条、立向下焊条、打底层焊条、高效铁粉焊条、防潮焊条、水下焊条、重力焊条等。

4)焊条型号

焊条型号按熔敷金属力学性能、药皮类型、焊接位置、电流类型、熔敷金属化学成分等进行分类。由国家标准分别规定各类焊条的型号编制方法。

(1)GB/T 5118—2012《热强钢焊条》规定焊条型号由四部分组成。

第一部分用字母“E”表示焊条；

第二部分为字母“E”后面的紧邻两位数字，表示熔敷金属的最小抗拉强度代号；

第三部分为字母“E”后面的第三和第四两位数字，表示药皮类型、焊接位置和电流类型；

第四部分为短划“－”后的字母、数字或字母和数字的组合，表示熔敷金属的化学成分代号。

除以上强制分类代号外，根据供需双方协商，可在型号后附加扩散氢代号“HX”，其中X代表15，10或5，分别表示每100g熔敷金属中扩散氢含量的最大值(mL)。

(2)完整焊条型号示例如图3-6所示。

3.4.2 焊丝和焊剂

(1)根据GB/T 5293—1999《埋弧焊用碳钢焊丝和焊剂》和GB/T 12470—2003《埋弧焊用低合金钢焊丝和焊剂》，型号分类根据焊丝-焊剂组合的熔敷金属力学性能、热处理状态

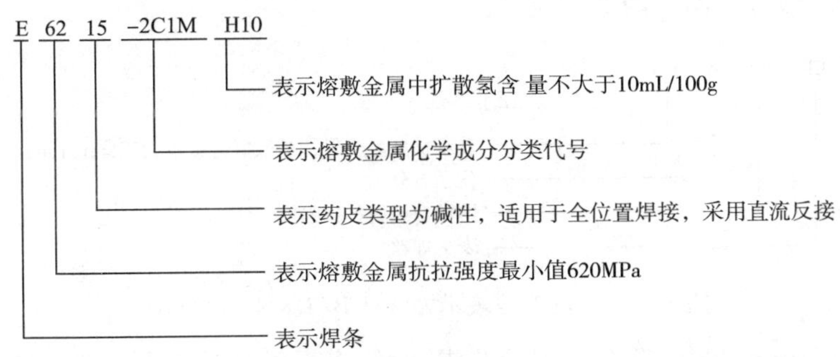

图 3-6 焊条型号表示方法(GB/T 5118—2012)

进行划分，焊丝-焊剂组合的型号由五部分组成：

①第一部分用字母“F”表示焊剂；

②第二部分为字母“F”后面的紧邻两位数字，表示焊丝—焊剂组合的熔敷金属抗拉强度的最小值；

③第三部分为字母表示试件的热处理状态，A 表示焊态，P 表示焊后热处理状态；

④第四部分为数字表示熔敷金属冲击吸收功不小于 27J 时的最低试验温度；

⑤第五部分“-”后面表示焊丝的牌号；

根据供需双方协商，可在型号后附加熔敷金属中扩散氢含量时，可用后缀“HX”表示。

(2)焊丝-焊剂组合的型号示例如图 3-7 所示。

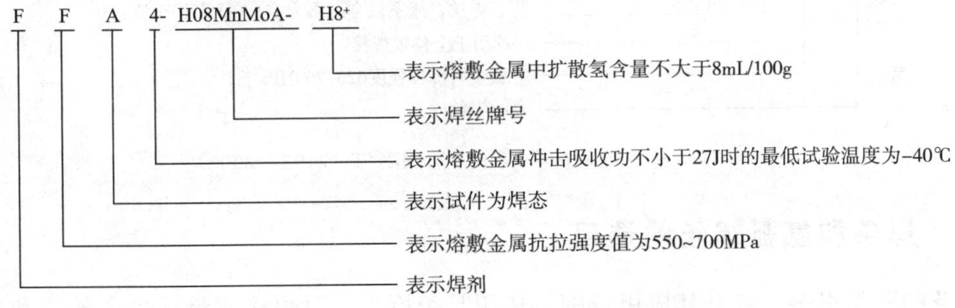

图 3-7 焊丝-焊剂组合的型号编制方法(GB/T 5293—1999)

(3)熔化极气体保护电弧焊用的是实芯焊丝，实芯焊丝缠绕成不同规格尺寸盘或卷。GB/T 8110—2008《气体保护电弧焊用碳钢、低合金钢焊丝》给出焊丝型号编制方法。焊丝型号由三部分组成：

①第一部分用字母 ER 代表焊丝；

②第二部分为字母“ER”后面的紧邻两位数字，表示焊丝的熔敷金属抗拉强度的最小值；

③第三部分为短划“－”后的数字或字母，表示焊丝焊丝的化学成分代号；

根据供需双方协商，可在型号后附加扩散氢代号“HX”，其中 X 代表 15，10 或 5，分别表示每 100g 熔敷金属中扩散氢含量的最大值(mL)。

(4)实芯焊丝型号示例如图 3-8 所示。

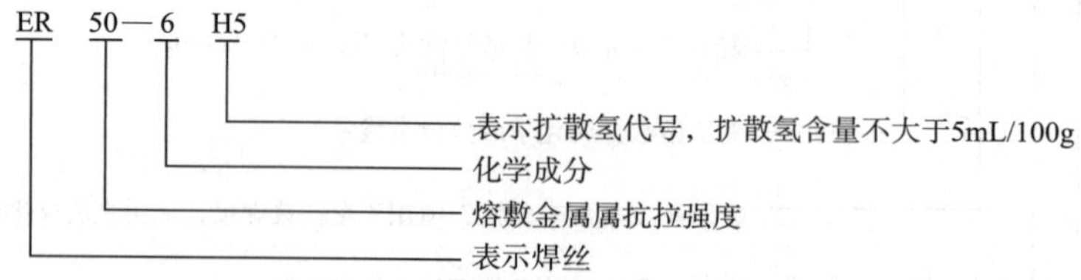

图 3-8 焊丝型号表示方法(GB/T 8110—2008)

(5)GB/T 17493—2008《低合金钢药芯焊丝》给出焊丝型号编制方法。焊丝型号的表示方法为：E×××T×－×，由五部分组成：

①第一部分用字母 E 表示焊丝；

②第二部分为字母“E”后面的紧邻两位数字，表示焊丝的熔敷金属抗拉强度的最小值；

③第三部分为数字×表示焊接位置，“0”表示用于平焊和横焊，“1”表示全位置焊；

④第四部分为字母和数字，“T”表示药芯焊丝，“T”后面的×表示焊丝在渣系、保护类型及电流类型等；

⑤第五部分短划“－”后的字母和数字，表示焊丝焊丝的化学成分分类代号。

(6)药芯焊丝型号示例如图 3-9 所示。

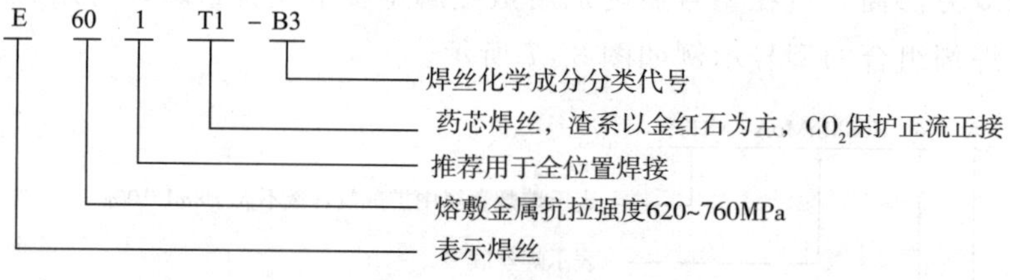

图 3-9 药芯焊丝型号表示方法(GB/T 17493—2008)

3.4.3 焊条和氩弧焊丝的选用

焊条的种类很多，各有其应用范围，选用是否恰当，对焊接质量、生产效率和产品成本有直接影响。下面介绍焊条选用的基本原则。

(1)考虑母材金属的力学性能和化学成分：

①等强度的原则，选择满足接头力学性能要求的焊条；

例如，Q345R，按等强度的原则应选用 E50×× 焊条。焊接异种结构钢时，根据母材的焊接性，选用不等强度(高强度匹配或低强度匹配)、而韧性好的焊条，但需通过改变焊缝结构形式，以满足设计强度和刚度的要求。

②使熔敷金属的合金成分符合或接近母材；

例如，15CrMo 必须选用 E5015-B2 焊条(1Cr-0.5Mo)，而不能选用 E5015-B1 焊条(0.5Cr-0.5Mo)。

③当母材化学成分中碳或硫、磷等有害杂质较高时，应选择抗裂性和抗气孔能力较强

的焊条。如低氢型焊条等。

(2)考虑焊件焊件的工作条件和使用性能：

①焊件在承受动载荷和冲击载荷情况下，除了要求保证抗拉强度、屈服强度外，对冲击韧性、塑性均有较高的要求。此时应选用低氢型、钛钙型或氧化铁型焊条；

例如，Q345 钢用于非重要结构时可选用 E5011 等酸性焊条；而当用于重要结构时，则应选用 E5015 等碱性焊条。

②焊件在腐蚀介质中工作时，必须分清介质种类、浓度、工作温度以及腐蚀类型(一般腐蚀、晶间腐蚀、应力腐蚀等)，从而选择合适的不锈钢焊条；

例如，焊接 1Cr18Ni9 不锈钢时，为了满足焊缝与母材金属成分相同的要求，对于在腐蚀要求不高的条件下工作的焊件，可选用 E308-16、E308-15 焊条；而对于工作温度低于 300℃而耐腐蚀要求较高的焊件，则应选用 E347-16、E347-15 焊条。

③焊件在受磨损条件下工作时，须区分是一般磨损还是冲击磨损，是金属间磨损还是磨料磨损，是在常温下磨损还是在高温下磨损等。还应考虑是否在腐蚀介质中工作，以选择合适的堆焊焊条；

④处在低温或高温下工作的焊件，应选择能保证低温或高温力学性能的焊条。

(3)考虑焊件的复杂程度和结构特点、焊接接头型式等：

①形状复杂或大厚度的焊件，由于其焊缝金属在冷却收缩时产生的内应力大，容易产生裂纹。因此，必须采用抗裂性好的焊条，如低氢型焊条、和高韧性焊条焊条；

②对于某些坡口较小的接头，或对根部焊透控制严格的接头，应选用具有较大熔深或熔透能力的焊条；

例如 X42 焊接，为保证根部焊透又不至于有过大的焊瘤，常采用纤维素型焊条 E6010 进行向下立焊操作；

③因受条件限制而使某些焊接部位难以清理干净时，就应考虑选用氧化性强，容易脱渣，对铁锈、氧化皮和油污反应不敏感的酸性焊条，以免产生气孔等缺陷。

(4)考虑焊缝的空间位置：

有的焊条只适用于某一位置的焊接，其他位置焊接时效果较差，有的焊条则是各种位置均能焊接的全位置焊条，选用时要考虑焊接位置的特点：

①对于仰焊、立焊缝较多的焊件，应选用钛钙型、钛型、低氢型或钛铁矿型的全位置焊条；

②焊接部位所处的位置不能翻转时，必须选择能进行全位置焊接的焊条。

(5)考虑施焊工作条件：

①没有直流焊机的场合，应选用交直流两用的焊条；

②某些钢材(如珠光体耐热钢)需进行焊后消除应力热处理，但受设备条件限制或本身结构限制而不能进行时，应选用与母材金属化学成分不同的焊条(如奥氏体不锈钢焊条)，可以免进行焊后热处理；

③应根据施工现场条件，如野外操作、焊接工作环境等来合理选用焊条。

(6)考虑改善焊接操作环境和保证工人身体健康：

①尽量选用发尘量小、产生有害气体少的焊条；

②在酸性焊条和碱性焊条都可以满足的地方，鉴于碱性焊条对操作技术及施工准备要求高，故应尽量采用酸性焊条；

③对于在密闭容器内或通风不良场所焊接时，应尽量采用低尘低毒焊条或酸性焊条。

(7)考虑焊接的经济性：

①在保证使用性能的前提下，尽量选用价格低廉的焊条。根据我国的矿藏资源，应大力推广钛铁矿型焊条(×××3 型)；

②对性能有不同要求的主次焊缝，可采用不同焊条，不要片面追求焊条的全面性能；

③根据结构的工作条件，合理选用焊条的合金系统。如对在常温下工作，用于一般腐蚀条件的不锈钢，就不必选用含铌的不锈钢焊条。

(8)考虑焊接效率：

①对焊接工作量大的结构，有条件时应尽量采用高效率焊条，如铁粉焊条、高效率不锈钢焊条、重力焊条、底层焊条、立向下焊条之类的专用焊条；

②水平位置焊接时采用铁粉焊条，垂直位置焊接时采用下向焊条等，均可大大提高生产率和降低成本。

(9)考虑焊条的工艺性能：

焊条工艺性能的好坏是焊条使用的前提。工艺性能不好的焊条会产生各种焊接缺陷。

①对于同一牌号(型号)的焊条，不同的生产厂家，其工艺性能差别很大，需要我们在采购时认真分析；

②采购不同厂家同一牌号的焊条时，还应考虑焊工的习惯问题和对该焊条工艺性能的适用性。

(10)氩弧焊丝选用的基本原则：

①应满足接头的化学成分、力学性能和其他特殊性能要求；

②焊接工艺性能要好，具有抗裂、防止气孔的能力；

③焊丝含有害杂质 S、P 等要少；

④焊丝应清洁、光滑、干燥、无油渍、污物和锈蚀。

此外，前述的焊条选用原则基本适合于焊丝。

3.5 压力容器常用的焊接方法

3.5.1 焊条电弧焊

焊条电弧焊是利用手工操纵焊条进行焊接的电弧焊方法，简称手弧焊。是通过带药皮的焊条和被焊金属间的电弧将被焊金属加热，从而达到焊接的目的。

图 3-10 是常用的焊条电弧焊示意图。焊接时首先引弧，瞬时接触短路使接触点上电流密度极度增大，氧化皮电阻大产生热，使金属熔化蒸发。焊条提起拉开，空间内充满了金属蒸气和空气，其中某些原子可能已被电离。拉开瞬间，阴极发射电子，气体介质被撞击电离，电弧温度进一步升高，开始引燃。然后维持一定电压，连续放电，电弧连续燃烧。随着电弧连续燃烧，因电弧的高温和吹力作用使焊件局部熔化，在被焊金属上形成一个椭圆形充满液体金属的凹坑，产生了熔池。为了使冶金反应和结晶过程中不受影响，以防止氧化，并进行脱氧、脱硫和脱磷，给熔池过渡合金元素，可用渣保护、气保护和渣-气联合保护熔池。焊条药皮为电弧周围的熔化金属提供气-渣双重保护，通过高温下熔化金属与熔渣间的冶金反应，还原并净化焊缝金属，随着焊条的移动熔池冷却凝固后形成焊缝。

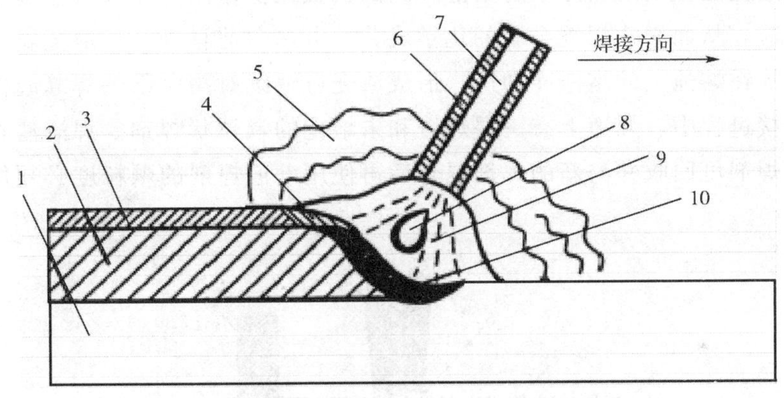

图 3-10　焊条电弧焊

1—焊件；2—焊缝；3—渣壳；4—溶渣；5—气体；
6—药皮；7—焊芯；8—熔滴；9—电弧；10—溶池

填充金属保证焊缝填满及给焊缝带入有益的合金元素，并达到力学性能和其他性能的要求，主要有焊芯和焊丝。

焊条电弧焊设备简单而便宜，有的新型电焊机体积小，重量轻，焊工方便携带，便于操作。适用于室内外各种位置的焊接，可以焊接碳钢、低合金钢、耐热钢、不锈钢等各种材料，由于焊条种类的多样化，使这种焊接方法广泛应用，随着设备和焊条的不断改进，这种焊接方法始终能保持很高的焊接质量。

缺点：

(1)焊接速度慢，生产效率低，由于焊工要更换焊条，这种周期性的停顿限制了焊接速度。因此，焊条电弧焊在许多场合被半自动、机械化和自动化的焊接工艺所取代。

(2)焊后焊渣的清理，影响效率。

(3)当使用低氢焊条时，还需要有适当的储存设施，如烘箱，以保持其较低的潮湿度，对焊接技术水平要求高。

3.5.2 埋弧自动焊

埋弧自动焊简称埋弧焊，是用机械自动引燃电弧并进行控制，自动完成焊丝的送进和电弧移动，电弧在焊剂层下燃烧，熔化母材金属和焊丝从而达到结合的一种电弧焊方法。

埋弧自动焊焊缝形成过程如图 3-11 所示。在一定大小颗粒的焊剂层下面，焊丝与焊件之间放电而产生的电弧热，将焊丝端部及电弧直接作用的母材和焊剂熔化并使部分蒸发，金属和焊剂所蒸发的气体在电弧周围形成一个封闭空腔，电弧在这个空腔中燃烧。空腔被一层由熔渣所构成的渣膜所包围，这层渣膜不仅很好的隔绝了空气和电弧与熔池的接触，而且使弧光不能辐射出来，电弧完全被颗粒状的焊剂层所覆盖，因而被命名成“埋弧焊”。被电弧加热熔化的焊丝以熔滴的形式落下，与熔融母材金属混合形成熔池。密度较小的熔渣浮在熔池之上，熔渣除了对熔池金属的机械保护作用外，焊接过程中还与熔池金属发生冶金反应，从而影响焊缝金属的化学成分。电弧向前移动，熔池金属逐渐冷却后结晶形成焊缝。浮在熔池上的熔渣冷却后，形成渣壳可继续对高温下的焊缝起保护作用，避免被氧化。焊接过程中，焊道上有一层焊渣和未熔化的颗粒状焊剂。焊渣清除后通常被丢弃。未熔化的焊剂可回收并与新的焊剂混合后再使用，但焊剂的颗粒度必须保持在原来的范围内。

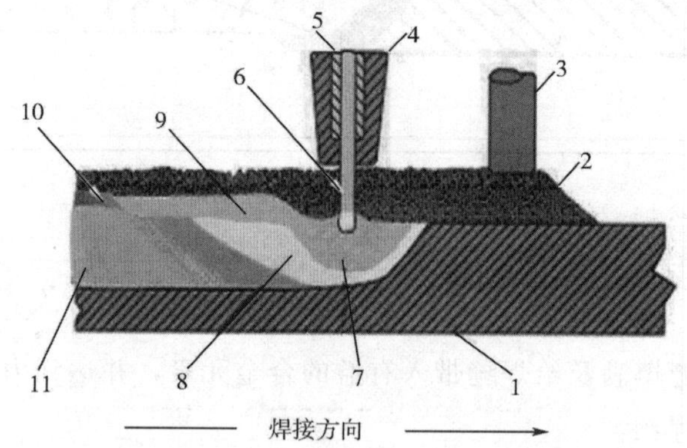

图 3-11 埋弧自动焊焊缝形成过程示意图

1—母材；2—颗粒焊剂；3—焊剂漏斗；4—喷嘴；5—导电嘴；6—焊丝；
7—电弧；8—熔化的金属；9—熔化的焊剂；10—渣；11—凝固的焊缝金属

1)埋弧焊的焊丝和焊剂

埋弧焊的填充材料，包括了焊丝和焊剂，根据焊接工艺组合选用。对于碳钢和低合金钢的焊丝和焊剂标准有 GB/T 5293《埋弧焊用碳钢焊丝和焊剂》和 GB/T 12470《埋弧焊用低合金钢焊丝和焊剂》。

2)埋弧焊设备

埋弧焊设备由自动焊机和电源组成，由于该工艺能够实现自动化或半自动化。二者的设备略有不同。埋弧焊电源外形见图 3-12。大部分埋弧焊使用平特性电源，也有相当数量的应用选择陡降特性电源。

半自动埋弧焊，焊丝和焊剂通过焊枪给送，靠焊工使焊枪沿接头方向移动，这叫“手持埋弧焊”。焊剂采用压缩空气强制送到焊枪，压缩空气使颗粒状焊剂产生“焊剂流”送到焊接区域。

自动焊机外形见图3-13。自动焊机一般由送丝机构、焊剂料斗、控制器及焊嘴(电极)组成。送丝机构强迫焊丝通过软管送到焊嘴；焊剂一般放置在机头上部的焊剂料斗中，靠重力送料，通过送料嘴把焊剂送至电弧前面焊接区域周围。通过操作控制器上的按钮，实现启动，焊接、跟踪和停止等完成自运焊接。

图3-12 埋弧焊电源外形

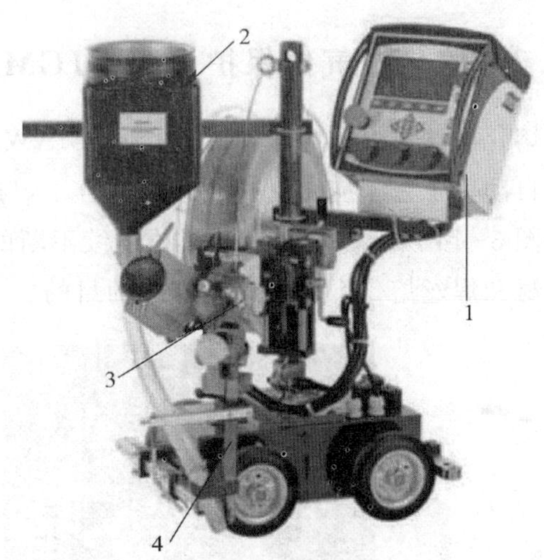

图3-13 自动焊机

1—控制器；2—焊剂料斗；3—送丝机构；4—焊嘴

3)埋弧焊的局限

(1)只能在平焊或横焊焊剂可以被支撑在焊接接头的位置进行焊接。当焊接不是在常规的平焊或横焊位置进行时，就需要一些装置来保持焊剂在适当的位置，使焊接可以进行；

(2)它可能需要很多工具工装和变位设备；

(3)完工焊缝上有一层必须去掉的焊渣。如果焊接参数不恰当，会使清渣困难；

(4)保护了焊工免受电弧伤害，但也阻挡了焊工地准确观察电弧在接头中的位置。需采用导向装置在没有电弧和焊剂的一点进行跟踪，防止电弧偏离，产生未熔合的问题；

(5)埋弧焊的焊剂需要保护起来免遭潮气。在使用前，可能需要将焊剂存储在加热的容器中。如果焊剂受潮，可能会产生气孔和焊道下裂纹；

(6)埋弧焊的另一个问题是凝固裂纹。这是焊道宽度和深度之比过大时产生的。也就是说焊道的宽度远大于深度，反之亦然，会在凝固过程中产生中心收缩裂纹。

4)埋弧自动焊的优点

(1)与其他常用方法相比，它有着很高的焊缝金属熔敷效率；

(2)没有可见的弧光，允许操作工在没有佩带防护镜和其他厚重保护服的情况下对焊接进行控制；

(3)比其他一些焊接方法产生更少的烟；

(4)它在许多应用中具有获得满意熔深的能力；

(5)与焊条电弧焊相比：

焊缝外观光滑美观、焊接质量良好稳定；

节省材料和电能；

焊接烟雾小，劳动强度低。

3.5.3 熔化极气体保护电弧焊(GMAW)

熔化极气体保护电弧焊(简写为 GMAW)最常见的用作半自动工艺，但也可作为机械化和自动化工艺来应用，因此它很适合于焊接机器人来操作。熔化极气体保护电弧焊示意图如图 3-14 所示。它是通过焊枪连续不断的送丝，由焊丝和工件之间产生的电弧的热量将母材和焊丝熔化，从而达到焊接的目的。

(a)实物图

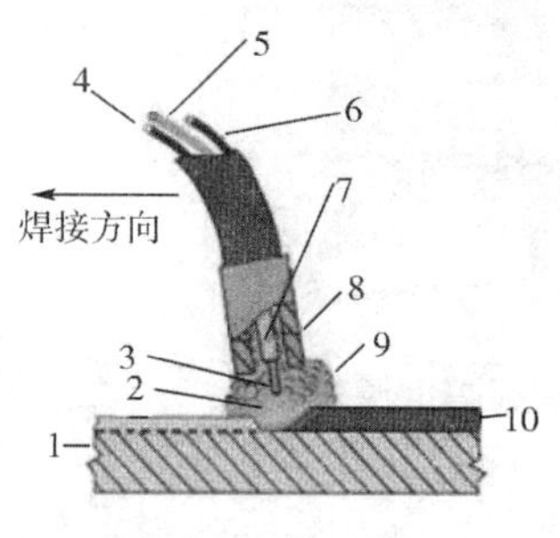

(b)示意图

图 3-14 熔化极气体保护电弧焊示意图

1—母材；2—电弧；3—焊丝；4—保护气体进口；5—实芯焊丝；

6—导线；7—导电嘴；8—喷嘴；9—保护气；10—焊缝金属

1)熔化极气体保护电弧焊的特点

GMAW 特点是焊接过程的保护气体也是由焊枪输送的，气体有惰性的，也有活性的。惰性气体如氩、氦，它们可单独使用，也可混合使用，或与其他活性气体如氮气、氧气或二氧化碳混合使用，多数熔化极气体保护电弧焊使用二氧化碳作为保护气体。

焊丝需妥善保管，要确保焊丝干净。如果把焊丝随便堆放，它将会受到灰尘、油、湿气、打磨飞灰以及其他存在于焊接车间介质的污染。因此，在不用时，焊丝必须储存在原塑料包装或原运输包装内。

熔化极气体保护电弧焊的电源与焊条电弧焊的电源不同，它不是恒流电源，而是恒压电源、平特性电源。也就是说，熔化极气体保护电弧焊的焊接是在设定的电压下，通过焊接过程中电流的变化来完成的熔化极气体保护电弧焊，通常采用直流反接(DCEP)，当用这种类型的电源和送丝机构配合时，就可以组成半自动、机械或全自动的焊接方法。

熔化极气体保护电弧焊四种过渡方式是射流过渡、熔滴过渡、脉冲过渡和短路过渡。每种过渡方式都有特定的优点和局限，因此有不同的适用范围。熔滴过渡的方式取决于保护气体、电流、电压以及电源特性等若干因素。四种不同的过渡方式向工件传送不等的热量。射流过渡被认为热量最高，接下来是脉冲过渡、熔滴过渡，最后是短路过渡。在平焊位置，射流过渡最适合厚板以及全焊透接头。粗滴过渡能产生大量的热量以及熔敷金属，但操作稳定性略有下降，容易产生飞溅。

脉冲弧熔化极气体保护电弧焊，要求焊接电源能够产生直流脉冲输出，焊工能够准确地对脉冲进行程控，增加对热输入和工艺稳定性的控制，能够对峰值脉冲电流的值和宽度进行设置，焊接电流能够在峰值脉冲电流和基值脉冲电流之间变换。

短路过渡向母材传送的热量最少，薄板焊接和由于装配导致的间隙过宽的接头焊接的首选。短路过渡方式的特性就是焊丝实际上与母材接触，在焊接循环中产生部分短路。这样电弧是间歇地产生和消失。在电弧消失的这段期间，会发生冷却现象从而减小薄板材料烧穿的倾向。短路过渡用于厚板焊接时必须特别小心，因为热量不足容易产生未熔合。

保护气体对熔滴过渡方式有着重要的影响作用。在混合气体中，只有在至少80%氩气含量的情况下，射流过渡才能产生。而Ar-CO_2混合气广泛用于碳钢的气体保护焊。

2)熔化极气体保护电弧焊局限性

母材过分脏时，单靠保护气体不足以避免气孔的产生。GMAW还对气流和风特别敏感，它们会将保护气体吹开，留下未保护的金属。过大的气体流量反而导致气体紊乱，并增大气孔产生的可能性，因为过分增大气体流量实际上可能将空气带入焊接区，设备要求比焊条电弧焊的设备复杂。这增加了由于机械故障而导致焊接质量问题的可能性。诸如送丝软管和导电嘴的磨损会改变送丝性能和电弧特性导致焊缝产生缺陷。

3)注意事项

减少气孔产生的措施，焊前应对部件进行清理，用围栏或屏风保护焊接区域避免过强的风。检查所用的气体，以保证不存在过量的潮气。由于没有了焊剂对电弧热量的保护，所以容易使焊工认为母材中有大量的热量。这是一种错觉，所以，焊工必须明白这种情况并确保电弧能熔化母材，避免产生未熔合问题。

设备应得到良好的保养，以减轻诸如送丝不稳定所造成的问题。每次更换送丝轮时，应当用干净的压缩空气吹扫送丝软管，清除可能产生阻塞的微粒。如果送丝仍有问题，就应当更换送丝软管。导电嘴应定期更换。导电嘴磨损后，接触点发生了变化，使焊丝干伸长增加，焊丝干伸长是导电嘴到焊丝端部的距离。

3.5.4 药芯焊丝电弧焊(FCAW)

药芯焊丝电弧焊(FCAW)示意图如图3-15所示。它是用中间包着粒状焊剂的管状焊丝；而 GMAW 用的是实心焊丝。根据使用的焊丝类型的不同，FCAW 可以附带或不附带额外的保护气体。有些焊丝被设计成靠内部焊剂提供所有需要的保护，它们被称为自保护焊。有的焊丝要求附加的保护气体提供附加的保护。

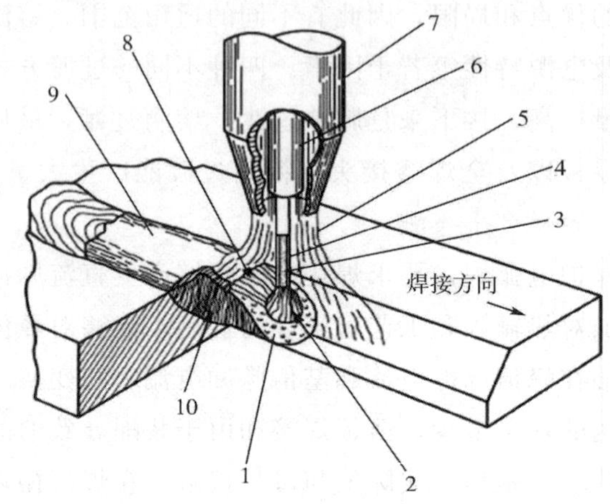

图 3-15　药芯焊丝电弧焊示意图

1—熔池；2—电弧和金属过渡；3—金属粉焊剂造渣剂；4—药芯焊丝；5—保护气体；6—导电嘴；7—喷嘴；8—熔化的渣；9—凝固的渣；10—凝固的焊缝

FCAW 使用的药芯焊丝，不同类别的钢材各有其型号，参见 GB/T 17493—2008《低合金钢药芯焊丝》。

2)优点

能提供很高的生产效率，即单位时间内所熔敷的焊缝金属量高。它是焊条焊接工艺中效率最高的。这是由于焊丝盘提供连续不断的焊丝，同 GMAW 一样增加了燃弧时间。有较大的熔深，这有助于减少未熔合缺陷的可能性。由于该方法主要用于半自动工艺，其操作技能要求远低于焊条方法的要求。无论有无保护气体的辅助，FCAW 因有粉剂，它比 GMAW 对母材污染要求要低。正是这个原因，使得 FCAW 适合工地焊接，在现场风使得保护气体流失，从而使得 GMAW 会受到极大的影响。

3)局限

由于有粉剂，所以在后续焊道焊接前和外观检查前必须去除这层固体焊渣。由于存在粉剂，在焊接过程中会产生大量的烟。长时间暴露在没有通风条件的地方会危害焊工的健康。在焊接过程中，这些烟还会降低焊工对电弧的能见度，给正确操作带来困难。虽然可以采用排烟系统。但要在焊枪上加附件，这会增加其重量并阻碍焊工的视线。当采用附加保护气体时，它还会扰乱保护气氛。

3.5.5　钨极氩弧焊(GTAW)

钨极氩弧焊是采用不熔化的钨极作为电极，使用氩气作为保护气体的一种焊接方法。简称为“GTAW”焊，见图 3-16。它利用钨极与工件之间产生的电弧热量来熔化母材和填充焊丝，利用从焊枪喷嘴喷出的氩气在电弧周围形成保护气氛。该方法可焊接易氧化的有色金属及合金、不锈钢、高温合金、难熔活性金属等。此焊接方法电弧稳定，适宜薄板焊接，可以进行全位置焊接，容易实现单面焊双面成形，焊缝成形好，无飞溅。

(a) 实物图

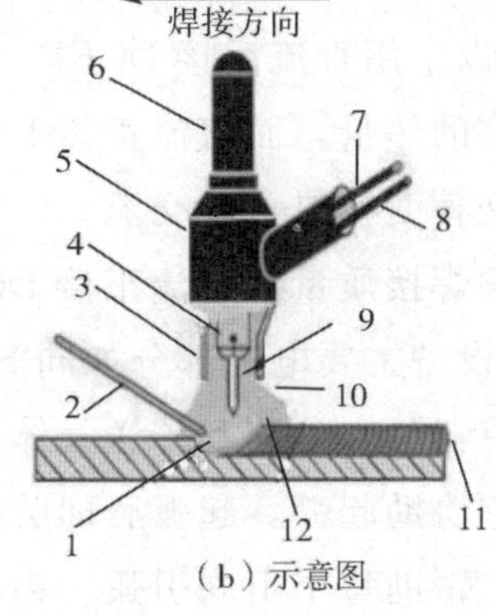

(b) 示意图

图 3-16 钨极氩弧焊示意图

1—熔化金属；2—填充金属；3—喷嘴；4—钨极夹痞；5—枪体；6—后盖；7—钨极导线；8—保护气体进口；9—不熔化钨极；10—保护气体；11—凝固的焊缝金属；12—电弧

有一个系统使各种类型的钨极容易辩识。这个标识系统由一系列的字符组成，它以字符“E”开头表示电极。接下来的字母“W”是钨的化学符号。然后是字符和数字，它们表示合金类型。由于只有5种不同的类型，它们通常使用颜色系统来区分，见表3-2。

表 3-2 钨极合金类型与颜色系统表

类别	合金	颜色
EWP	纯钨	绿
EWCe-2	1.8%～2.2%氧化铈	橙
EWLa-1	1%氧化镧	黑
EWLa-1.5	1.5%氧化镧	金
EWLa-2	2%氧化镧	蓝
EWTh-1	0.8%～1.2%氧化钍	黄
EWTh-2	1.7%～2.2%氧化钍	红
EWZr	0.15%～0.40%氧化锆	褐

氧化钍或氧化锆的加入可帮助电极改善电特性，其结果是使钨极的发射能力得到轻微的提高。简单地说，就是氧化钍或氧化锆型的钨极比纯钨更容易起弧。纯钨电极端部在加热时形成“球”状，所以经常用于铝焊接。和尖形钨极相比，球形钨极具有较低的电流密度，从而减小了钨极烧损的可能性。EWTh-2钨极是黑色金属焊接中最常用的电极。

用于GTAW的填充材料标识与GMAW的填充材料(ER70s-3，ER70s-3等)相同。外购实心光焊丝的长度一般是36in，并在两端作有标识。

GTAW使用惰性气体作为保护。所谓惰性，是指这种气体不会和金属发生反应，但可以保护金属免受污染。氩气和氦气是两种用于GTAW的惰性气体。一些机械化的不锈钢焊接生产，使用由氩气和少量的氢气组成的保护气体，但这在钨极氩弧焊应用中只占极少的一部分。

GTAW可以采用直流反接DCEP，直流正接DCEN或交流AC。直流反接DCEP将在电极上产生较多的热量，而直流正接DCEN则在工件上产生更多的热量。交流AC则在电极和工件之间交替变换热量。交流AC主要用于铝焊接，这是因为电流的变换会提高清洁作用，从而提高焊接质量。直流正接DCEN通常用于钢的焊接。

GTAW的设备主要电源部分如同SMAW的设备一样，采用陡降特性的电源。由于使用气体，需要有器具来控制和传送气体。该焊接系统新增的特征，是配备了一个直流反接高频发生器，它协助起弧，起弧后即关闭。当使用交流电时，则全部时间保持高频，在电流反向过程中，帮助每个半周引弧。为了在焊接过程中改变热输入，可能还需要附加电流遥控装置，这个控制器可以是脚控或是通过安装在手把上的其他装置。它特别适用于需要进行即时控制的运用场合。如薄板焊接和带有根部间隙的管子接头。

GTAW在许多工业领域有着广泛的应用。它能焊接几乎所有的材料，因为电极在焊接过程没有熔化。它具有以极低电流情况下焊接的能力，使得钨极氩弧焊可用于极薄材料的焊接(薄至0.005in)。电弧清洁且容易控制，使它成为苛刻条件下应用的首选。这些应用如太空、食品和药品加工、石化和动力管道工业。

GTAW的主要优势在于它能焊出有高质量的焊缝和优异的焊缝外观。同样，由于没有焊剂，所以焊缝非常干净，不需要焊后清理焊渣。如前所说，能焊接极薄的材料。由于它的特性，它适合焊接几乎所有的金属，而许多材料采用其他的焊接方法会是很难焊的。如果接头设计允许，这些材料的焊接可以不用填充材料。根据需要，大部分金属都可做成丝状填充材料。万一某种特定的合金材料，市场上又没有可选用的焊丝，那么可以简单地从这种母材上剪一块，作成窄条状当作焊丝，用焊条送丝方法送入焊接区。

除优点外，它还是有一些缺点。首先，GTAW是所有可选用的焊接方法中最慢的。在它产生干净的焊缝熔敷时，它却对污染很敏感。所以，焊前必须对母材和填充材料进行认真的清理。当采用焊条方法时，GTAW要求很高的技能水平；焊工必须协调一只手控制电弧而另一只手随之送进填充材料。GTAW通常被选择用于需要高质量保证的地方，以弥补由于这些缺点所增加的成本。其次，该方法对污染很敏感。如果遇到污染或潮气，无论来自母材、填充材料或是保护气体，都将可能在熔敷焊缝中引起气孔，当发现气孔，就意味着工艺失控，需要检查保护措施，以确定污染的来源，从而消除污染。另一个GTAW特有的内在缺点是夹钨。顾名思义，这些缺陷是由钨极上的小块熔入焊缝金属所造成。

氩弧焊优点：

(1)适用焊接各种钢材、有色金属及合金，焊接质量优良；

(2)便于实现全位置自动化焊接；

(3)焊接速度快，热影响区小，工件变形小；

(4)电弧稳定，飞溅少，焊缝致密，成型美观。

氩弧焊缺点：

成本高，设备控制系统复杂，生产效率低，只能用于薄工件。

3.5.6 电渣焊

利用电流通过熔渣时产生的电阻热加热和熔化焊丝和母材来进行焊接的一种熔化焊方法。分为丝极、板极、熔嘴和熔管电渣焊等。常规丝极电渣焊焊接过程如图 3-17 所示。

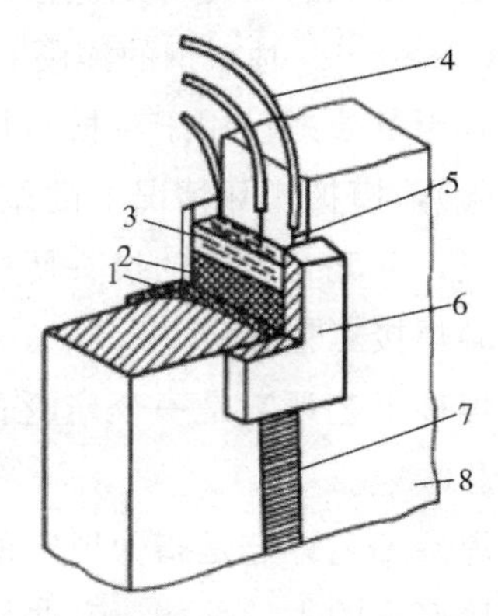

图 3-17 常规丝极电渣焊过程示意图

1—凝固的焊缝金属；2—金属熔池；3—溶渣池；4—导电嘴；5—焊丝；6—水冷滑块；7—焊缝；8—终材

电渣焊特点：宜在垂直位置焊接；适于大厚度件焊接，生产率高，焊接材料消耗少；渣池对被焊件有较好预热作用，不易出现淬硬组织；高温停留时间长，组织粗大，焊后必须进行正火和回火热处理；焊缝成形系数调节范围大，有利于防止热裂纹的产生；电渣焊适用于板厚 40mm 以上结构的焊接。一般用于直焊缝焊接。目前电渣焊已在我国水轮机、水压机、轧钢机、重型机械、锅炉制造、石油化工等大型设备制造中得到广泛使用。

电渣焊除焊接碳钢、低合金、中合金钢和高合金钢以及铸铁外，也可用来焊接铝及铝合金、镁合金、钛及钛合金和铜。

3.6 焊接工艺与规范

3.6.1 焊接工艺及其评定

1)焊接性的含义

钢材的焊接性，是指被焊钢材在采用一定的焊接方法、焊接材料、焊接规范参数及焊接结构形式的条件下，获得优质焊接接头的难易程度。

焊接性是金属的工艺性能在焊接过程中的反映，了解及评价金属材料的焊接性，是焊接结构设计、确定焊接方法、制定焊接工艺的重要依据。

2)钢的焊接性评定方法

钢是焊接结构中最常用的金属材料，因而评定钢的焊接性显得尤为重要。由于钢的裂纹倾向与其化学成分有密切关系，因此，可以根据钢的化学成分评定其焊接性的好坏。

通常将影响最大的碳作为基础元素，把其他合金元素的质量分数对焊接性的影响折合成碳的相当质量分数，碳的质量分数和其他合金元素的相当质量分数之和称为碳当量，它是评定钢的焊接性的一个参考指标。碳当量(Carbon Equivalent)公式：

$$C_{\mathrm{eq}}=C+\frac{\mathrm{Mn}}{6}+\frac{\mathrm{CO}+\mathrm{Ni}}{15}+\frac{\mathrm{Cr}+\mathrm{Mo}+V}{5}$$

碳当量越高，裂纹倾向越大，钢的焊接性越差。一般认为：

$C_{\mathrm{eq}}<0.4\%$时，钢的淬硬和冷裂倾向不大，焊接性良好；

$C_{\mathrm{eq}}=0.4\%\sim0.6\%$时，钢的淬硬和冷裂倾向逐渐增加，焊接性较差，焊接时需要采取一定的预热、缓冷等工艺措施，以防止产生裂纹；

$C_{\mathrm{eq}}>0.6\%$时，钢的淬硬和冷裂倾向严重，焊接性很差，一般不用于生产焊接结构。

碳当量公式仅用于对材料焊接性的粗略估算，在实际生产中，应通过直接试验(焊接性试验)，模拟实际情况下的结构、应力状况和施焊条件，在试件上焊接，观察试件的开裂情况，并配合必要的接头使用性能试验进行评定(焊接工艺评定)。

3)焊接工艺评定

焊接工艺评定是一个广泛的概念，因为它是对焊接工艺的正确性进行试验及结果的评价。

焊接工艺评定是指为拟定的焊件焊接工艺的正确性而进行的试验过程及结果评价。为使焊接接头的力学性能、弯曲性能或堆焊层的化学成分符合规定，对预焊接工艺规程进行验证性试验和结果评价的过程。

何为工艺正确性，必须明确实施工艺的目的，目的有各式各样，如接头的尺寸、形状、表面成形、力学性能、硬度、化学成分、耐腐蚀性能、高温性能、抗氧化性能、抗回火脆化性能、焊透性能、堆焊隔离层、回火焊道性能等。针对不同的工艺目的，就有不同工艺，也就有不同的评定方式。

我国现行 NB/T 47014—2011《承压设备用焊接工艺评定》是一个基础性的标准，它是对焊接接头性能最基本的要求，只是对焊接接头的力学性能、弯曲性能或堆焊层的化学成分符合规定，对预焊接工艺规程进行验证性试验和结果评价的过程。

焊接工艺评定的主要目的在于评定及验证针对焊接生产所需要的焊接工艺，最终归纳并确定为焊接工艺规程 WPS。对施工单位采用的钢材、焊接材料，选用的焊接方法、初步制定的焊接工艺、焊后热处理工艺等，进行验证，进而确定所定方案的正确性；特别对首次应用的钢材、焊接材料、焊接工艺的应用性进行考核、验证；在焊接工艺评定试验的基础上，针对焊接工艺评定试验所代表的所有规格、条件，制定详细的焊接工艺规程，指导实际生产。

焊接工艺评定同时又是对焊接生产单位实际焊接生产能力、焊制焊接接头的使用性能符合设计要求的能力的评估。因此，焊接工艺评定试验不允许袭用外单位试验结果，一般由本单位，或在其他机构的指导下，独立完成。

此外，由于工程中的焊接接头不可能现场实物取样，进行破坏性检验，构件制作前进行的焊接工艺评定，也是对不需要制作焊接见证试板的接头性能的旁证。

综上，焊接工艺评定，既是对企业焊接工艺，乃至焊接生产和管理体系的考核，又是焊接产品质量的保证。

(1)焊接工艺评定及使用管理程序：

①焊接工艺评定立项；

②焊接工艺评定委托；

③编制焊接工艺指导书(WPI)并批准；

④评定试板的焊接；

⑤评定试板的检验；若评定失败，重新修改焊接工艺指导书，重复进行上述程序；

⑥编写焊接工艺评定报告(PQR)并批准

(2)焊接工艺评定文件的使用与管理：

①焊接工艺评定文件的受控登记；

②焊接工艺评定的有效版本及换版转换；

③每季度编制焊接工艺评定文件的有效版本目录；

④保证现场工程和产品的焊接工艺评定的覆盖率为100%；

⑤焊接工艺评定文件作为公司的一项焊接技术储备，属于公司重要技术机密文件，应妥善保管；

⑥压力容器产品施焊前，焊接和返修焊接，都应进行焊接工艺评定试验，或具有经过评定合格的焊接工艺规程(WPS)支持；压力容器的焊接工艺评定试验，应当符合NB/T 47014—2011《承压设备焊接工艺评定》的要求；压力容器的焊接工艺评定试验的过程，由监检人员进行监督；焊接工艺评定试验完成后，焊接工艺评定试验报告(PQR)和焊接工艺规程(WPS)由制造单位焊接责任工程师审核，技术负责人批准，经监检人员签字确认；焊接工艺评定试验报告长期保存，至失效为止。

3.6.2 电弧焊的焊接规程

焊接规范是影响焊接质量和焊接生产率的各个焊接工艺参数的总和。焊条电弧焊的焊接规范包括：焊接电流、电弧电压、焊条种类和直径、焊接种类和极性、焊接速度、焊接参数等。

(1)焊接电流　焊接电流是影响焊接质量和生产率的主要因素之一。焊接电流过大会造成咬边、烧穿、焊瘤等缺陷，过小则容易产生未焊透、夹渣等缺陷。决定焊接电流的主要因素是焊条直径和焊接位置。

(2)电弧电压　电弧电压主要影响焊缝的宽度，电压越高熔化宽度越大。

(3)焊条直径　应根据工件的厚度来选择焊条的直径。

(4)焊接速度　焊接速度应由焊工根据焊缝尺寸和焊条特性自行掌握，但焊接的速度不应超过10m/h。

(5)焊接层数　对同一厚度工件而言适当地增加焊接层数可以提高焊接接头的塑性。

3.6.3 焊条电弧焊位置及其特点

焊条电弧焊可在不同的位置进行操作。熔焊时，焊接接头所处的空间位置称为焊接位置，GB/T 3375—1994《焊接术语》中用倾角和转角两个参数来划分不同的焊接位置。其中平焊位置、立焊位置、横焊位置、仰焊位置是四种基本焊接位置。对管子环焊缝来说焊接的基本位置有水平转动、垂直固定、水平固定、45°位置。

对于不同的焊接位置，采用的焊接方法，选择的焊接规范以及焊工的操作手法都有所不同，焊缝外观成形与内部缺陷的发生了也有各自规律。

(1)平焊　平焊时，由于焊缝处于水平面位置，熔滴主要靠自重过渡，所以操作技术比较容易掌握，可以选用较大直径焊条和较大焊接电流，生产效率较高。

(2)立焊　垂直平面，垂直方向上的焊接。V形坡口的立焊，根部焊接是一个关键，要求熔深均匀，保证焊透并没有其他缺陷。因此，应选择小直径焊条和较小的焊接电流。焊接时，要注意焊条角度和运条方式，施焊过程中，要严格保持短弧，运条速度要均匀，焊条在坡口两侧要稍有停顿，以保持熔合良好，运条间距不易过大，焊缝表面要求平整，避免呈凸形，否则在焊第二层焊缝时，易产生夹渣和熔合不良等缺陷。

(3)横焊　垂直平面，水平方向上的焊接。由于熔化金属受重力作用，容易下淌而产生咬边、焊瘤及未焊透等缺陷，因此采用短弧焊接，并选用较小直径焊条和较小的焊接电流以及适当的运条方法。

(4)仰焊　倒悬平面，水平方向上的焊接。仰焊时焊缝位于燃烧电弧上方。焊工在仰视位置进行焊接，是最难焊的一种焊接位置。由于仰焊时熔化金属在重力作用下，较易下淌，熔池大小和形状不易控制，易产生夹渣、未焊透、凹陷等缺陷，运条困难，焊缝表面不易焊得平整，因此，焊接时必须正确地选择焊条直径和焊接电流，尽量使用厚药皮焊条和维持最短的电弧，这样有利于熔滴过渡，促使焊缝成形。

3.6.4 焊接接头的形式

焊接接头的形式一般由被焊接金属件的相互结构和位置来决定的，通常的接头形式有：对接接头、搭接接头、角接接头、T形接头四种。按每种接头的形式不同又有不同形式的坡口，焊接坡口形式指两金属连接处预先被加工成的结构形式，一般由焊接工艺决定。

坡口的形式的选择要考虑以下因素：

(1)保证焊透；

(2)充填焊缝部位的金属要尽量少；

(3)便于施焊，改善劳动条件，对圆筒形构件尽量减少内焊接；

(4)应尽量减少焊接变形量。

3.6.5 焊接接头的组织和性能

焊接接头由焊缝区、熔合区和热影响区组成。由于焊接热循环的作用，各区中的组织和性能会有很大的差异。

1)焊接热循环

在焊接热作用下接头中各点温度随时间变化的过程。焊接热循环曲线如图3-18所示。其特点：

(1)加热、冷却速度快(＞100℃/s)，各区的温度不均匀；

(2)对焊接质量起重要影响的参数是：

最高加热温度和过热温度(＞1100℃)的停留时间以及冷却速度($t_{8/5}$)。

(3)调节焊接热循环的措施：

改变焊接线能量大小，可改变焊接热循环的曲线形状；改善材料焊接前的初始温度(预热)；采用后热等措施使冷却速度改善。

2)焊缝区

在焊接接头横截面上测得的焊缝金属的区域，即焊缝表面和熔合线所包围的区域。结晶过程特点：过热，冷却速度快，运动状态下结晶，非均质成核。

结晶从熔池底部许多半个晶粒开始垂直底部向中心生长或从熔池壁向中心推进，呈树状枝晶，见图3-19。与基体金属性能接近，但熔池中心易出现杂质、疏松等。

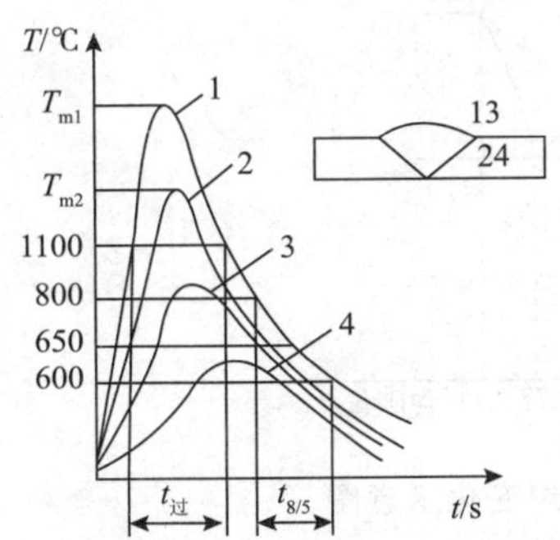

图3-18 焊接热循环曲线

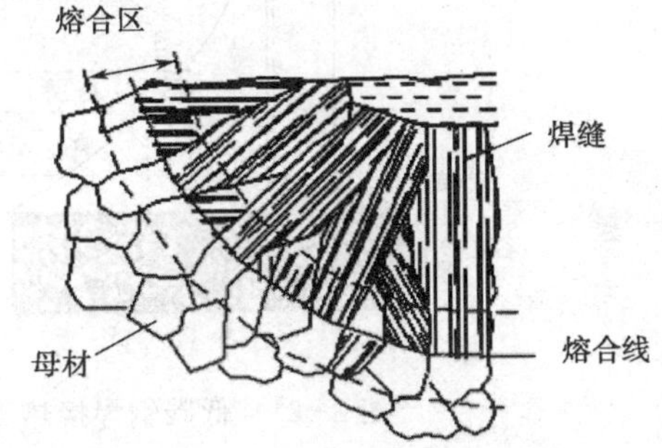

图3-19 焊缝的柱状树枝晶

焊缝区组织是从液态结晶冷凝后形成的铸态组织，因此，可能存在着各种铸造缺陷。但由于冷却快，且通过渗入某些合金等可以满足使用要求。

焊缝结晶过程要产生偏析，宏观偏析与焊缝成形系数(即焊道的宽度与厚度之比)有关。成形系数小，易形成中心偏析，见图3-20。

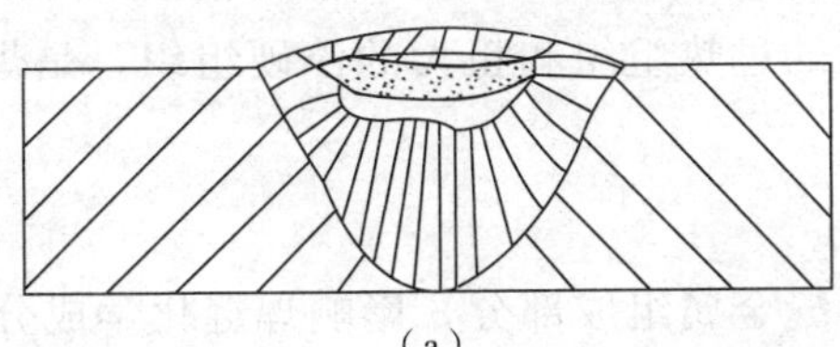

(a)

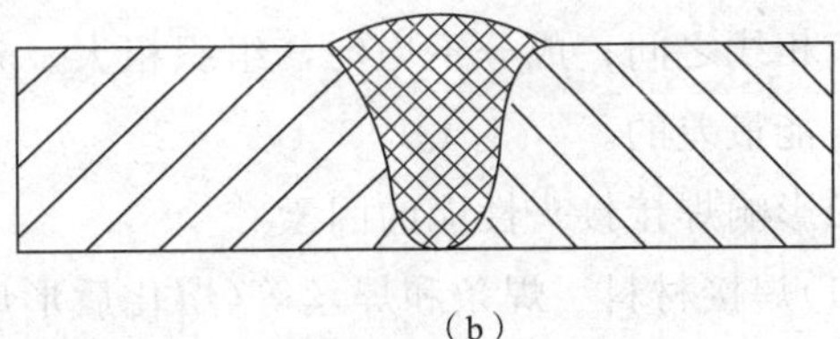

(b)

图3-20 宏观偏析与焊缝成形系数关系

焊接接头中，焊缝金属是高温液态冷却到常温固态，在这期间经历了两次结晶过程。

第一次是由液相转变成固相，叫一次结晶过程，在固相发生组织转变叫做二次结晶。

在一次结晶过程中，由于冷却速度快，焊缝金属元素来不及扩散，会产生化学成分分布不均匀的现象，这种现象称为偏析。偏析可能使焊缝力学性能和耐腐蚀性能不均匀，还有可能产生缺陷。热裂纹的产生与偏析有关。

焊缝金属的二次结晶的组织和性能与焊缝的化学成分、冷却速度及焊后热处理有关。另外必须指出的是焊缝的余高不能增加整个焊接接头的强度，因为余高仅仅使焊缝截面增大，由于余高的存在焊缝和热影响区部位造成结构的不连续性，从而导致应力集中，使焊接接头的疲劳强度下降。

3)热影响区

焊接过程中，材料因受焊接热循环的影响，焊缝附近的母材组织或性能发生变化的区域为焊接热影响区，如图 3-21 所示。热影响区的宽度与焊接方法、线能量、板厚及焊接工艺有关。

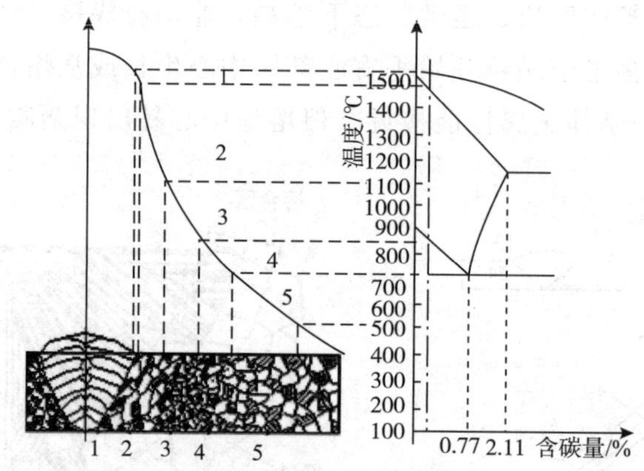

图 3-21 低碳钢焊接热影响区组织变化示意图

1—熔合区；2—过热区；3—正火区；4—部分相变区；5—再结晶区

(1)过热区 1100℃～固相线，魏氏组织，为热影响区中力学性能最差的部位。

(2)正火区 A_{c3}～1100℃，正火组织，冷却后晶粒细小，力学性能较好。

(3)部分相变区 A_{c1}～A_{c3}之间，晶粒大小不一，组织不均匀，性能较差。

4)熔合区

焊缝与热影响区的过渡区，位于熔合线两侧，也叫半熔化区。其特点：温度处于固相线和液相线之间；成分不均匀，组织粗大。粗大的过热组织和粗大的淬硬组织，是焊接接头中性能最差的。

5)影响焊接接头性能的因素

(1)焊接材料 焊条和焊丝等(熔化后形成焊缝金属组成部分，影响焊缝化学成分)。

(2)焊接方法 不同焊接方法的热源温度高低不同且机械保护也不同。

(3)焊接工艺 焊接电流、电弧电压、焊接速度和线能量等的总称为工艺参数。

3.7 焊接应力与变形

焊接应力与变形往往使焊接产品质量下降，焊缝中裂纹的产生与焊接应力有着密切的关系，残余应力大的部位会发生应力腐蚀和疲劳裂纹。

3.7.1 焊接应力及变形的概念

焊接应力和变形就是指焊接的残余内应力和焊接的残余变形。焊接应力分为热应力、组织应力、瞬时应力和残余应力。焊接变形为由于焊接接头型式不同，工件的厚度、焊缝的长度不同，焊缝会出现不同形式的变形，大体可以分为：纵向变形、横向变形、弯曲变形、角变形等多种形式。

3.7.2 焊接变形和应力的形成

焊接变形和应力是由于多种因素同时作用造成的，其中最主要的因素有：焊件上的温度分布不均匀、熔敷金属的收缩、焊接接头金属组织的转变及工件刚性约束等。

3.7.3 焊接应力的控制措施

焊接件内应力是不可避免的，可据其产生机理和规律找出一些措施加以控制，使危害减少到最小。控制内应力的主要工艺措施，是合理的装配与焊接顺序，以及焊前预热。对于焊接残余应力消除的方法有热处理和机械法或振动法。

3.8 压力容器常用钢材的焊接

3.8.1 碳钢的焊接

Q235、10、15、20 等低碳钢是应用最广泛的焊接结构材料，由于其含碳量低于 0.25%，塑性很好，淬硬倾向小，不易产生裂纹，所以焊接性最好。焊接时，任何焊接方法和最普通的焊接工艺即可获得优质的焊接接头。

1)低碳钢的焊接特点

(1)焊接性能优良，一般不会因焊接而引起淬硬组织；

(2)冶炼方法落后或非正规小型钢厂生产，造成碳钢含 N、O 高，焊接裂纹倾向大；

(3)母材成分不合格(如 C、S 过高)时，焊接裂纹倾向大；

(4)焊条质量不好时造成焊缝中 C、S 偏高，焊接裂纹倾向大；

(5)厚度大、刚性大的结构件在低温条件下焊接可能出现裂纹。

2)低碳钢在低温环境下的焊接措施

(1)焊前预热，焊时保持道间温度；

(2)采用低氢或超低氢型焊条；

(3)整条焊缝连续焊完，尽量避免中断；

(4)不在坡口以外的母材上打弧；

(5)弯板、矫正和装配时尽可能不在低温下进行；

(6)尽可能改善严寒下劳动生产条件。

3)低碳钢的焊条选用要点

(1)按照等强度匹配的原则，通常选用E43××系列的焊条。有时也可选用E50××系列焊条代用，但不应作为首选，否则违背了等强的原则；

(2)一般结构选用酸性焊条或碱性焊条；

(3)焊接动载荷、复杂和厚板结构和重要受压容器，以及低温下焊接时，应选用碱性、低氢型焊条，如E4316(J426)、E4315(J427)。

4)中碳钢的焊接特点

(1)随着含C量的增加，焊接性逐渐变差，焊接接头的硬化倾向、裂纹倾向和气孔敏感性均增大，杂质S控制不严时裂纹倾向更加明显；

(2)若对已经热处理(正火或调质)的中碳钢部件进行焊接，裂纹倾向较大，且热处理后的焊接会使母材热影响区软化。

5)中碳钢的焊接工艺要点

(1)正确选择焊接材料；

(2)大多数情况下，需要焊前预热和保持一定的层间温度；

(3)焊后立即进行消除应力热处理，热处理温度一般为600～650℃；

(4)不能立即进行热处理的，则应立即后热；

(5)对已经热处理的中碳钢部件进行焊接，应采取防裂纹的措施。

6)中碳钢的焊条选用要点

(1)在要求焊缝与母材等强度的情况下，应选用相应强度等级而塑性、韧性较高的低氢或超低氢焊条。例如：35钢选用E50××系列J506、J507；45钢选用E55××系列J556、J557；55钢选用E60××系列J606、J607焊条；

(2)个别情况下也可采用钛铁矿型或钛钙型焊条，但一定要有严格的工艺措施配合，如控制预热温度和尽量减少母材熔深以减少焊缝含C量；

(3)在仅要求实现完整连接而不要求强度，或不要求焊缝与母材等强度的场合，或者焊件结构复杂对采取防裂纹措施有困难时，可采用强度等级较母材低一档的焊条，但须满足设计要求的各项力学性能指标。

3.8.2 低合金钢的焊接

承压类特种设备使用最多的是低合金高强钢。低合金高强钢的焊接最重要的原则是避免淬硬组织和控制冷裂纹。低合金钢焊接主要根据不同钢号的屈服点等级选择焊接材料，应遵守等强度(某些钢号应考虑成分相同或相近)原则。对于厚度大、刚度大的构件或在低温下焊接时应考虑使用低氢型焊条，焊前进行预热等，严格按照焊接工艺规范施焊。

1)低合金结构钢的焊接特点

(1)热影响区的淬硬倾向(硬化)：

①强度等级和含碳量低的钢，热影响区淬硬倾向小。

屈服强度 450MPa 以上的低合金高强钢，热影响区可能出现硬而脆的马氏体组织，冲击韧性下降，冷裂敏感性增大，可焊性变差。

②防止硬化的措施：采用适中的线能量配合以适当的预热，以获得适当小的焊接冷却速度。因为线能量增大可使硬化倾向降低，但易使晶粒长大。

(2)焊接接头的冷裂纹倾向：

①产生冷裂纹的三要素：

a)热影响区或焊缝金属的淬硬倾向(组织硬化)；

b)焊接接头的拉应力存在(拘束度大)；

c)焊缝金属内的高含氢量(扩散氢的影响)。

②焊接冷裂纹的控制措施：

a)控制组织硬化：预热；通过较大线能量降低接头冷却速度；

b)冬季和厚板多道焊时采取缓冷等措施；

c)限制扩散氢：焊件坡口表面清理；采用低氢或超低氢焊材，并防止吸潮；预热或"紧急"后热以减少扩散氢；采用奥氏体焊条来固溶氢，限制氢的扩散，但带来其他问题(如热裂纹、熔合区冷裂纹、不经济等)，非特殊情况不采用；

d)控制拘束应力：通过结构设计减少刚度或拘束度；预热；采取合理焊接顺序，使焊缝有收缩余地；坡口设计以减少焊缝金属填充量；焊后消除应力热处理。

(3)焊缝金属的热裂纹倾向：

①产生热裂纹的两要素：

a)焊缝中 S、P 杂质偏析，易形成低熔点共晶体偏析于晶界处；

b)焊接接头的内应力存在：在低合金结构钢及其常用的配套焊接材料中，由于能增大热裂倾向的元素含量较少，故产生热裂纹的敏感性不大。

②焊缝热裂纹的控制措施：

a)控制焊缝成分：关键是选择适用的焊接材料，控制 C、S、P 含量。C 含量最好小于 0.12%；

b)调整焊接工艺：

限制过热，降低线能量，并采用小的焊接电流和小的焊接速度。因为熔池过热易促使热裂。特别强调，不能通过提高焊接速度来降低线能量。因为焊接速度增大会改变熔池形状，影响到偏析；

控制成形系数(焊缝宽度与焊缝厚度之比)，焊缝系数影响枝晶成长方向及其会合面的偏析情况。焊缝系数小，则使偏析集中于焊缝中心，形成焊缝中心薄弱面，热裂倾向大；一般希望避免出现焊缝系数小于1的情况，即焊缝实际厚度不要超过焊缝宽度；

减小熔合比，通过开大坡口，或减小熔深，或采取隔离层堆焊法，采用镍基合金焊材等，来减小熔合比，防止母材向焊缝转移某些有害杂质；

降低拘束度。如合理布置焊缝，合理安排施焊顺序等；

其他，如控制装配间隙、改善接头设计、改进装配质量等。

2)低合金结构钢的焊条选择要点

总体原则，一般根据母材的化学成分、力学性能、接头的裂纹敏感性、焊后是否热处理、焊件的使用条件(耐蚀、耐高温、耐低温等)、结构形式及受力情况、焊接施工条件等因素进行综合考虑。必要时还应通过焊接性试验最终确定。

(1)首先考虑等强度原则。

要求焊缝的强度等于或略高于母材金属的强度，而不希望焊缝强度太高。经验证明，如果焊缝强度超过母材过多且塑性差时，可能造成冷弯角小，甚至出现横向裂纹。JB/T 4709规定：碳素钢、低合金钢的焊缝金属应保证力学性能，且其抗拉强度不应超过母材标准规定的上限值加30MPa。

(2)应考虑化学成分的要求。

一般情况选用焊条熔敷金属的S、P含量应与母材一致。压力容器焊接的焊接材料熔敷金属硫、磷含量应符合JB/T 4747—2002《压力容器用钢焊条订货技术条件》的规定。压力容器制造和现场组焊时，应注意所采购的焊条其质量证明书标注的S、P量是否符合JB/T 4747—2002的规定。

(3)满足所要求的常温或低温冲击韧性指标要求。

对于有冲击韧性要求的焊件，一般情况选用的焊条其焊缝金属冲击值应不低于相应母材标准规定下限值。用于压力容器焊接的焊条应符合JB/T 4747—2002《压力容器用钢焊条订货技术条件》的规定。

(4)对于一些在腐蚀介质中工作的低合金钢，则主要根据焊缝金属耐腐蚀性能来选择焊条。例如：10MoWVNb抗氢钢应采用J507MoW焊条，而不能用J507。

(5)对于同一强度等级的酸性焊条和碱性焊条的选用，主要取决于焊接件的结构形状(简单或复杂)、钢板厚度、工作条件(静载荷或动载荷)和钢材的抗裂性能等方面。

对于重要结构及要求抗裂性好、塑性好、冲击韧性好、低温性能好的焊接结构，应选用碱性焊条(低氢型或超低氢型)。低氢型焊条的含氢量标准是5～10mL/100g；超低氢型焊条为≤5mL/100g。

对于非重要结构或坡口表面有油、锈、氧化皮等脏物而又很难清理时，在结构性能要求允许的前提下，可选用酸性焊条。

(6)在某些特殊情况下，例如钢材冷裂纹倾向较大、结构刚性大、板材较厚和接头冷却速度较快时，为防止裂纹，以及考虑母材金属成分的过渡，有效的办法是选用强度级别比母材金属略低、塑性和韧性高、抗裂性好的焊条。

3.8.3 奥氏体不锈钢的焊接

不锈钢中都含有不少于12%的铬，还含有镍、锰、钼等合金元素，以保证其耐热性和耐腐蚀性。

按组织状态，不锈钢可分为奥氏体不锈钢、铁素体不锈钢和马氏体不锈钢等，其中以奥氏体不锈钢的焊接性最好，广泛用于石油、化工、动力、航空、医药、仪表等部门的焊接结构中，常见牌号有1Cr18Ni9、1Cr18Ni9Ti、0Cr18Ni9等。

1)奥氏体不锈钢的焊接性

(1)奥氏体不锈钢焊接件容易在焊接接头处发生晶间腐蚀，其原因是焊接时，在450℃～850℃温度范围停留一定时间的接头部位，在晶界处析出高铬碳化物($Cr_{23}C_6$)，引起晶粒表层含铬量降低，形成贫铬区，在腐蚀介质的作用下，晶粒表层的贫铬区受到腐蚀而形成晶间腐蚀。这时被腐蚀的焊接接头表面无明显变化，受力时则会沿晶界断裂，几乎完全失去强度。

为防止和减少焊接接头处的晶间腐蚀，应严格控制焊缝金属的含碳量，采用超低碳的焊接材料和母材。采用含有能优先与碳形成稳定化合物的元素如Ti、Nb等，也可防止贫铬现象的产生。

(2)奥氏体不锈钢焊接的另一个问题是热裂纹。

产生的主要原因是焊缝中的树枝晶方向性强，有利于S、P等元素的低熔点共晶产物的形成和聚集。另外，此类钢的导热系数小(约为低碳钢的1/3)，线胀系数大(比低碳钢大50%)，所以焊接应力也大。

防止的办法是选用含碳量很低的母材和焊接材料，采用含适量Mo、Si等铁素体形成元素的焊接材料，使焊缝形成奥氏体加铁素体的双相组织，减少偏析。

2)奥氏体不锈钢的焊接工艺

一般熔焊方法均能用于奥氏体不锈钢的焊接，目前生产上常用的方法是焊条电弧焊、氩弧焊和埋弧焊。在焊接工艺上，主要应注意以下问题：

(1)采用小电流、快速焊，可有效地防止晶间腐蚀和热裂纹等缺陷的产生。一般焊接电流应比焊接低碳钢时低20%。

(2)焊接电弧要短，且不作横向摆动，以减少加热范围。避免随处引弧，焊缝尽量一次焊完，以保证耐腐蚀性。

(3)多层焊时，应等前面一层冷至60℃以下，再焊后一层。双面焊时先焊非工作面，后焊与腐蚀介质接触的工作面。

(4)对于晶间腐蚀，在条件许可时，可采用强制冷却。必要时可进行稳定化处理，消除产生晶间腐蚀的可能性。

3.9 焊接缺陷

1)裂纹(焊接裂纹)

在焊接应力及其他致脆因素共同作用下，焊接接头中局部区域的金属原子结合力遭到破坏而形成的新界面而产生缝隙，称为焊接裂纹。裂纹是焊接缺陷中危害性最大的一种，焊接结构的破坏大部分是由于裂纹造成。裂纹是一种面积型缺陷，裂纹的端部形成尖锐缺口，使应力高度集中，很容易扩展导致破坏。

(1)产生机理：

由于焊缝产生不同程度的物理与化学状态的不均匀，如低熔共晶组成元素 S、P、Si 等发生偏析、富集导致的热裂纹。此外，在热影响区金属中，快速加热和冷却使金属中的空位浓度增加，同时由于材料的淬硬倾向，降低材料的抗裂性能，在一定的力学因素下，这些都是生成裂纹的冶金因素。

由于快热快冷产生了不均匀的组织区域，由于热应变不均匀而导致不同区域产生不同的应力，造成焊接接头金属处于复杂的应力-应变状态。内在的热应力、组织应力和外加的拘束应力，以及应力集中相叠加构成了导致接头金属开裂的力学条件。

(2)裂纹分类：

按其方向可分为纵向裂纹、横向裂纹、辐射状(星状)裂纹。

按发生的部位可分为根部裂纹、弧坑裂纹、熔合区裂纹、焊趾裂纹及热响区裂纹。

按产生的温度可分为热裂纹(如结晶裂纹、液化裂纹等)、冷裂纹(如氢致裂纹、层状撕裂等)以及再热裂纹。

①冷裂纹

a)冷裂纹产生原因：

焊接接头存在淬硬组织，性能脆化；扩散氢含量较高，使接头性能脆化，并聚集在焊接缺陷处形成大量氢分子，造成非常大的局部压力；存在较大的焊接拉应力。

b)冷裂纹的预防措施：

用碱性焊条，减少焊缝金属中氢含量、提高焊缝金属塑性；减少氢来源，焊材要烘干，接头要清洁(无油、锈、水)；避免产生淬硬组织，焊前预热、焊后缓冷；降低焊接应力，采用合理的工艺规范，焊后热处理等；焊后立即进行消氢处理(即加热到 250℃左右，保温，使焊缝金属中的扩散氢逸出金属表面)。

②热裂纹

a)纹焊接过程中，焊缝和热影响区金属冷却到固相线附近的高温区产生的裂纹。

按裂纹产生的机理、形态和温度区间不同，焊接热裂纹可分为凝固裂纹、液化裂纹、多边化裂纹和失塑裂纹 4 种。

b)热裂纹产生的部位　焊接热裂纹通常产生于焊缝金属内，也可能在焊接熔合线邻近的热影响区组织内(母材金属)，发生在弧坑中的热裂纹往往是星状的。

c)热裂纹产生的原因　焊缝中低熔点共晶组成元素 S、P、Si 等发生偏析、富集，导致大量低熔点的共晶物聚集于晶界上，在冷却结晶过程中，焊缝收缩而产生拉力，使焊缝在高温时沿晶界开裂，从而产生热裂纹。

d)热裂纹的预防措施：

冶金方面：控制焊缝化学成分，严格控制会形成低熔点共晶的杂质元素含量；改变焊缝组织状态，细化晶粒。

工艺方面：控制焊缝形状，从焊接构件设计和焊接工艺上设法尽量减少在脆性温度区间的拉伸应变；合理选用焊接材料(一般选用具有较强脱硫能力的碱性焊条和焊剂)；制定合理的焊接工艺规范，选择合理的焊接方向和焊接顺序；使用引弧板，尽量减少焊接热作用。

③再热裂纹

a)再热裂纹在焊接之后再次处于高温(如焊后热处理)下产生的裂纹。容易发生在钼钢、铬钼钢及铬钼钒钢等珠光体耐热钢的焊接接头上(多数在粗晶区，少数在焊缝金属中)。

b)再热裂纹机理　焊接时，熔合线附近的热影响区金属被加热到 1300℃以上的高温，此时碳化物相继分解，碳化物形成元素 Cr、Mo、V 等溶于奥氏体中。在快冷过程中，上述元素来不及析出而以过饱和的形式保留在奥氏体中。焊后再次加热时，在温度作用下碳化物从固溶体中析出，在原奥氏体晶粒内呈弥散分布，使晶粒明显强化，即晶粒强度升高，变形困难。由于应力松弛而产生的塑性变形就会集中在强度较低的晶界，使之产生滑移，晶界移滑往往显示出很低的抗变形能力，从而导致晶界开裂。

c)再热裂纹的主要影响因素：

化学成分 Cr、Mo、V 是碳化物的形成元素，会有析出强化作用，增加钢的再热裂纹敏感性；在高焊接残余应力的部位易发生再热裂纹，焊接接头中的咬边、根部未焊透等处是产生再热裂纹的裂源；焊后热处理条件如加热温度是该钢种的再热裂纹最敏感温度，此时保温时间越长越不利。加热速度较慢时容易发生再热裂纹。

d)防止产生再热裂纹的方法：

合理设计接头形式，降低接头的拘束度。

选用焊接材料，必须服从设计强度允许的范围。采用强度较低的焊缝金属，以提高其塑性变形能力，可减轻近缝区塑性应变集中程度；

控制焊接工艺方面，预热温度为 200～450℃。若焊后能及时后热，可适当降低预热温度。例如，18MnMoNb 钢焊后在 180℃热处理 2h，预热温度可降低至 180℃。控制适宜的焊接线能量。一般来说，增大线能量可以降低拘束力，能使再热裂纹倾向有所减小；若线能量大得使奥氏体晶粒粗化严重，则促使再热裂纹倾向增大。调整施焊方式减少焊接应力，合理地安排焊接顺序、减少余高、避免咬边及根部未焊透等缺陷以减少焊接应力。

正确选择热处理工艺，采用低温焊后热处理及高加热速度(如 CrMoV 钢可提高 500～

720℃区间最终回火的加热速度为400～460℃/h)；尽量缩短在敏感温度区间的保温时间；采用中间分段消除应力热处理(如CrMoV钢480～500℃×1h)；完全正火处理；锤击焊缝表层。

2)未熔合

是指熔焊时，焊道与母材之间或焊道与焊道之间，未完全熔化结合的部分。点焊时母材与母材之间未完全熔化结合的部分。未熔合可分为坡口未熔合、焊道之间未熔合(包括层间未熔合)、焊缝根部未熔合等几种。

(1)产生机理：

a)电流太小或焊速过快(线能量不够)；

b)电流太大，使焊条大半根发红而熔化太快，母材还未到熔化温度便覆盖上去；

c)坡口有油污、锈蚀；

d)焊件散热速度太快，或起焊处温度低；

e)操作不当或磁偏吹，焊条偏弧等。

(2)未熔合的危害性：

未熔合是一种类似于裂纹的极其危险的缺陷。未熔合本身就是一种虚焊，在交变载荷工作状态下，应力集中，极易开裂，是最危险缺陷之一。

3)未焊透

焊接时接头根部未完全熔透的现象，也就是焊件的间隙或钝边未被熔化而留下的间隙，或是母材金属之间没有熔化，焊缝熔敷金属没有进入接头的根部造成的缺陷。

(1)产生未焊透缺陷的主要原因：

焊接电流过小，焊接速度过快；坡口角度太小；根部钝边太厚；间隙太小；焊条角度不当；电弧太长或偏吹(偏弧)等。

(2)未焊透的危害性：

未焊透也是一种比较危险的缺陷，其危害性取决于缺陷的形状、深度和长度。未焊透的存在除降低焊缝的强度外，也容易在其区域延伸成裂纹，导致材料断裂，尤其连续未焊透更是一种危险缺陷。

4)夹渣

(1)夹渣是指焊缝金属中残留有外来固体物质所形成的缺陷，以及焊后残留在焊缝中的金属颗粒。

夹渣是焊接过程中比较容易产生的缺陷，通常尤以残留在焊缝金属中的熔剂形成的夹渣最为常见。熔剂夹渣是指焊条药皮或焊剂不溶物而产生的夹渣物。金属夹渣是指焊缝金属中残留的金属颗粒，如钨金属。夹渣在焊缝中的形状有单个点状夹渣、条状夹渣、链状夹渣和密集夹渣等。

(2)产生非金属夹渣的主要原因：

焊接电流太小，焊接速度太快：熔池金属凝固过快；运条不正确；铁水与熔渣分离不好；层间清渣不彻底等。

(3)产生金属夹渣的主要原因：

焊接电流过大或钨极直径太小，氩气保护不良引起钨极烧损，钨极触及熔池或焊丝而剥落。

(4)夹渣的危害性：

夹渣是一种体积型缺陷，会减少焊缝受力截面；夹渣的棱角容易引起应力集中，成为交变载荷下的疲劳源。

5)气孔

气孔是指焊接时，熔池中的气泡在凝固时未能逸出，而残留下来所形成的空穴。可分为条虫状气孔、针孔、柱孔，按分布可分为密集气孔、链孔等。气孔分内气孔和外气孔两种：小的很小，在显微镜下才能看到，大的可达 ϕ6mm 以上。气孔是由于气体溶解于液态金属内，在冷却中金属溶解度降低，部分气体企图进入大气，但遇到金属结晶的阻力，使它不能顺利的逸出而残留于金属内，形成了内气孔，或逸在表面形成外气孔。

产生气孔的主要原因是基本金属或填充材料表面有锈、油等未清干净；焊条及熔剂没有充分烘干；电弧能量过小或焊速度过快；焊缝金属脱氧不足等。

气孔的危害主要是焊缝中由于气孔的残留，必然减少焊缝金属的有效截面，从而使焊接接头的强度降低。特别是密集气孔会使焊缝不致密，降低接头塑性和引起构件的焊缝处泄漏。

6)形状缺陷

表面缺陷，属于外观检查的范围。

形状缺陷是指焊缝金属表面成形不良或其他原因造成的缺陷，包括咬边、烧穿、根部内凹、收缩沟、弧坑、焊瘤、未焊满、搭接不良等。

第4章　压力容器的基本结构

4.1　压力容器基本要求

对压力容器最基本的要求是在确保安全的前提下有效运行，保证生产的长期稳定。这就需要压力容器必须具备生产工艺要求的特定使用性能：安全可靠、容易制造安装、结构先进、维修方便、经济合理等等。

从大的方面说，压力容器至少应保证以下性能：

1)强度

强度是指容器在限定的压力条件下抵抗破裂或过量塑性变形的能力。如容器设计时强度不足，筒体在压力作用下会产生塑性变形，直径增大，壁厚变薄，最后导致容器失效。

2)刚度

刚度是指容器或容器的受压部件在限定的载荷条件下抵抗弹性变形的能力。与强度不同，容器或容器的受压部件刚度不足不会发生破裂和过量的塑性变形，但却会由于弹性变形过大丧失正常的工作能力。如容器法兰和接管法兰由于刚度不足而变形可能导致密封垫片发生泄漏，使密封结构失效。

3)稳定性

稳定性是容器在外载荷的作用下保持其几何形状不发生突然改变的性能。常见的例子是薄壁圆筒在外压作用下，可能会突然被压瘪，使容器丧失工作能力。

4)耐久性

耐久性是指容器的使用寿命。压力容器的设计使用年限由设计确定，一般为8～15年，对重要的容器可以按20年设计。容器的设计使用年限与容器的实际使用年限是不同的，如果检验维护和保养得好，实际使用年限可以比设计使用年限长得多。压力容器的实际使用年限取决于容器的疲劳、腐蚀或磨蚀速率等。

5)密封性

压力容器的密封不但指可拆连接处，如反应釜搅拌轴密封处的密封，而且也包括各种母材和焊缝的致密程度。对易燃、毒性程度为高度危害和极度危害介质的容器，其密封性能要求更加严格。对盛装这类介质的容器不但要求采用可靠的密封结构，要求进行整体气密性试验，而且对制造和检验有更多、更高的要求。

4.2 压力容器的类别

压力容器一般是指在工业生产中用来完成反应、传热、传质、分离、储存等工艺过程的密闭容器。《固定式压力容器安全技术监察规程》中根据危险程度，按设计压力、容积和介质危害性三个因素决定压力容器类别，划分为Ⅰ类、Ⅱ类和Ⅲ类，以利于进行分类监督管理，简化分类方法，强化危险性原则，从风险控制的理念上对压力容器进行分类监管。

4.2.1 容器品种

压力容器按照在生产工艺过程中的工艺作用原理，划分为反应压力容器、换热压力容器、分离压力容器、储存压力容器。

(1)反应压力容器(代号 R)，主要是用于完成介质的物理、化学反应的压 力容器，例如各种反应器、反应釜、聚合釜、合成塔、变换炉、煤气发生炉等；

(2)换热压力容器（代号 E)，主要是用于完成介质的热量交换的压力容器，例如各种热交换器、冷却器、冷凝器、蒸发器等；

(3)分离压力容器(代号 S)，主要是用于完成介质的流体压力平衡缓冲和气体净化分离的压力容器，例如各种分离器、过滤器、集油器、洗涤器、吸收塔、铜洗塔、干燥塔、汽提塔、分汽缸、除氧器等；

(4)储存压力容器(代号 C，其中球罐代号 B)，主要是用于储存、盛装气体、液体、液化气体等介质的压力容器，例如各种型式的储罐、缓冲罐、消毒锅、印染机、烘缸、蒸锅等。在一种压力容器中，如同时具备两个以上的工艺作用原理时，应当按照工艺过程中的主要作用来划分品种。

4.2.2 压力容器的形式

按制造方法分为焊接容器、锻造容器、热套容器、多层包扎式容器、绕带式容器、组合容器等。压力容器制造方法包括焊接(最为普通)、锻焊、锻造(主要用于超高压)、铸造等。

按制造材料分为钢制容器、有色金属容器、非金属容器等。其中有色金属与合金主要用于接触腐蚀性介质等特殊工况，在生产条件、生产装备、原材料验收与堆放、吊装、运输包装，尤其是焊接等环节有一系列特殊要求。钢制压力容器中以其钢材的化学成分不同又分为碳素钢压力容器、低合金钢压力容器(前两者主要是强度钢)及高合金钢压力容器(主要用于腐蚀、低温、高温等特殊工况)。我国以标准抗拉强度下限＞540MPa 作为高强度钢分界。

按几何形状分为圆筒形容器、球形容器、矩形容器、组合式容器等。

4.2.3 按设计压力分

(1)低压容器(代号 L)0.1MPa≤p＜1.6MPa。

(2)中压容器(代号 M)1.6MPa≤p<10MPa。

(3)高压容器(代号 H)10MPa≤p<100MPa。

(4)超高压容器(代号 U)p≥100MPa。

4.2.4 压力容器结构形式

1)按制造方式分

压力容器的结构形式是根据压力容器的作用、工艺要求、加工设备和制造方法等因素确定的。按制造方法又可分为单层卷板焊接容器、锻造容器、铸造容器、热套容器、多层包扎式容器、绕带式容器、组合容器等。

(1)单层卷板焊接容器理论完善，工艺成熟，流程简单，便于热处理方法发挥提高材料的性能、适应条件宽，开孔、接管及内件的装设容易处理；缺点：壁厚受钢材轧制和卷制能力的限制，目前我国可卷最大壁厚一般≤120mm；厚钢板各项性能差异大，产生脆性破坏的危险性增大；壁厚方向上应力分布不均匀，材料利用不够合理。

(2)整体锻造容器，在胚上钻孔，然后穿轴，再锻压成形，筒体的顶/底部可和筒体一起锻出，也可分别锻出后用螺纹连接在筒体上，是没有焊缝的全锻制结构。常用于超高压等场合，它具有质量好、使用温度无限制的优点。但其制造时需要有锻压、切削加工和起重设备等一整套大型设备；材料利用率低；一般用于内径为300～500mm的小型容器。

(3)锻焊容器分筒节锻造，由若干个锻制的筒节和端部法兰组焊而成，只有环焊缝没有纵焊缝。与整体锻造式相比，无需大型锻造设备，故容器规格可增大，保持了整体锻造式筒体材质密实、质量好、使用温度没有限制等优点。

(4)多层式容器，多层包扎、多层热套、多层绕板、螺旋包扎等制造，由多层板厚壁筒体与锻造的端部法兰或封头的连接焊缝，常因两连接件的热传导情况差别较大而产生焊接缺陷，有时还会因此而发生脆断。

(5)绕制式筒体结构，包括型槽绕带式和扁平钢带式两种。这种筒体是由一个用钢板卷焊而成的内筒和在其外面缠绕的多层钢带构成。它具有多层板式筒体的一些优点，而且可以直接缠绕成所需长度的筒体，避免多层板筒体那样深而窄的环焊缝。

2)按压力容器几何形状分

压力容器按外形可分为球形容器、圆筒(柱)形容器、矩形容器和组合容器等。

(1)球形容器　球形容器本体是一个球壳，由数块球瓣板拼焊成，几何形状呈中心对称，故受力均匀。承压能力很好，在相同壁厚、相同直径的条件下，球形容器能承受的压力极限最高，是压力容器中最理想的结构形式。如储存液化石油气的球罐、造纸工业上用的蒸球等。

球形容器一般是由许多块按一定尺寸预先压制成形的球面板组焊而成。但制造较困难，成本高，不便于内部安装工艺附件装置及介质的流动。因此使用场合一般用作大容量的储存容器。图4-1、图4-2是1000m^{3}的液化石油气球罐。

图 4-1　球形储罐实物图

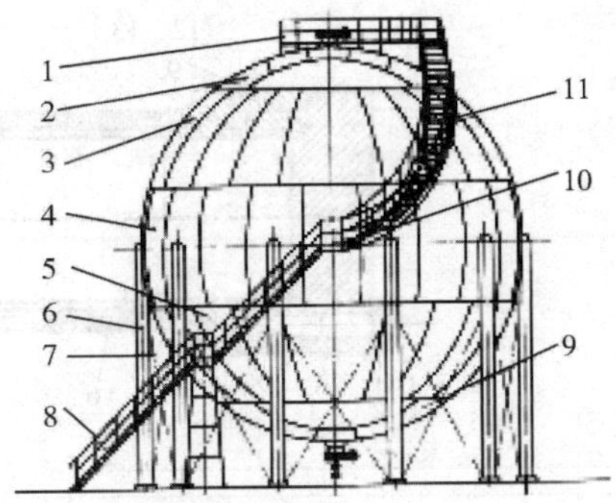

图 4-2　球形储罐示意图

1—顶部操作平台；2—上极带；3—上温带；4—赤道带；
5—下温带；6—支柱；7—拉杆；8—下部斜梯；
9—下极带；10—中间平台；11—上部盘梯

(2)圆筒(柱)形容器　圆筒形容器是由圆柱形筒体和各种成型封头(半球形、椭圆形、碟形、锥形)所组成，是最为常见的一类压力容器，如图 4-3、图 4-4 所示，由一个圆柱形筒体加上下两端的各一只封头。它的几何形状属于轴对称，外形圆滑过渡，没有形状的突变。

图 4-3　圆筒(柱)形容器

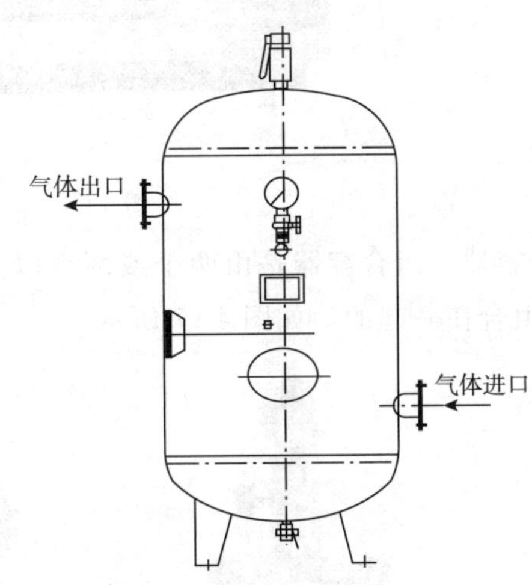

图 4-4　圆筒(柱)形容器结构图

图 4-5 是一台典型的承受高压的圆筒(柱)形容器的结构图，它是由中间的圆柱形筒体、左端的端盖和右端的半球形封头组成。

(3)矩形容器　矩形容器是因有特殊使用需要而采用的一种正方形或长方形结构，它的壳体均以平钢板焊制而成，几何形状突变，应力分布不均匀，转角处局部应力较高，受力状况非常恶劣，所以这类结构较少使用，一般仅用于操作压力较低的容器，如医院用于器械消毒的灭菌器(图 4-6)等。

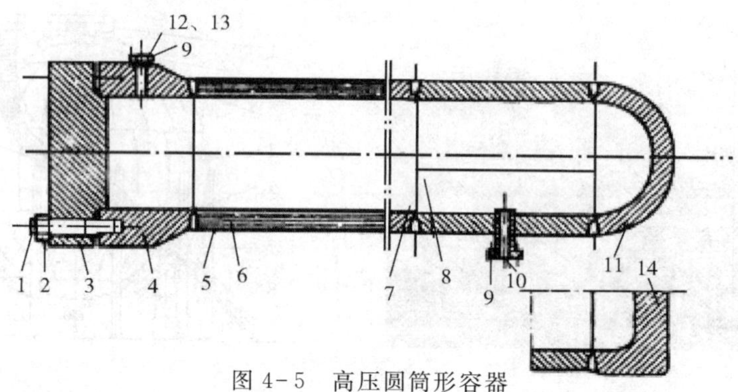

图 4-5 高压圆筒形容器

1—主螺栓；2—主螺母；3—端盖；4—筒体端部；5—内筒；6—层板层；7—环焊缝；8—纵焊缝；9—管法兰；10—接管；11—球形封头；12—管道螺栓；13—管道螺母；14—平封头

图 4-6 灭菌器

(4)组合容器 组合容器是由两个或两个以上容器组合而成。如夹套容器就是由两个圆柱形容器组合在一起的，如图 4-7 所示。

图 4-7 组合容器

图4-8为一典型的固定管板式换热器。主体部分呈圆筒(柱)形形状，具有内芯，即管束。管束将容器自然分割成两个腔体，管程与壳程。圆筒(柱)形内管束外的腔体为壳程，管束内形成的腔体为管程。管程与壳程可分别盛装不同种类的介质用于热量传递。

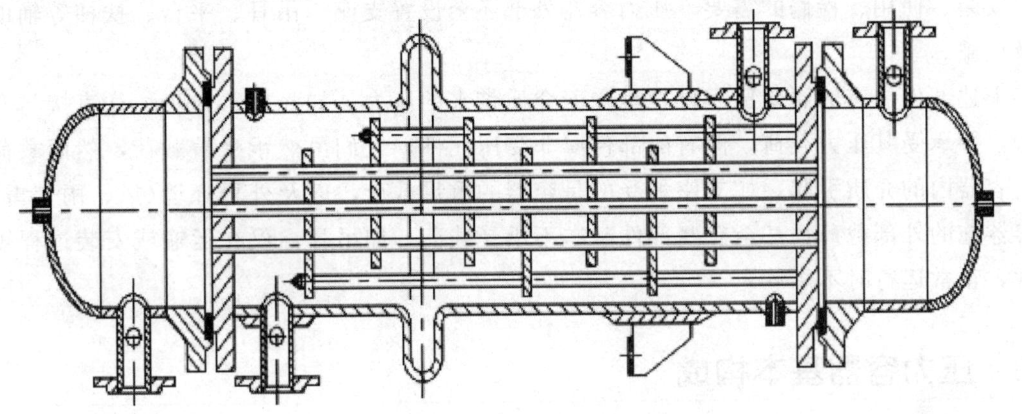

图4-8　固定管板式换热器

(5)塔式容器　垂直安装的圆形的容器称为直立设备，见图4-9。常见的有塔器、反应器、立式罐等。塔式容器是直立设备中的一种，是化工、炼油生产中最重要的设备之一。塔式容器属于高耸结构，为$H/D>5$，且$H>10\text{m}$的裙座自支承式钢制塔器。它可使气液或液液两相之间进行紧密接触，达到传质及传热的目的。塔式容器的主要特点是：体型高，长宽比大，荷载重，塔身除了承受压力载荷、温度载荷外，还承受风载荷、地震载荷和重量载荷。塔式容器的支座通常为裙式支座，整个重量都是由裙座支撑。地脚螺栓又将裙座固定在基础上。

图4-9　直立容器

从受力大小角度分析，球形容器的受力状态最佳，各向受力均匀，圆筒(柱)形容器的受力状态不如球形容器。如果直径、壁厚相同，在承受同样压力的情况下，圆筒(柱)形容器壳体截面上产生的最大应力是球形容器截面上产生应力的两倍。但圆筒(柱)形容器比球形容器更易于制造，便于在内部装设工艺附件装置，也便于相互作用的工作介质在内部流动，因此，圆筒(柱)形容器被广泛用作各类反应容器、换热容器、分离容器和储存容器，如储气罐、各类储槽、烘筒、烘缸、管壳式换热器、分离器、合成塔等。

由于压力容器在系统中承担不同的工艺作用，如化学反应、热量交换、净化分离、介质储存等。对于仅为介质储存用的容器，这一外壳即为容器本身。对用于化学反应、热量交换、净化分离等工艺过程的容器，则须在外壳内装入工艺所要求的内件，才能构成一台独立而完整的产品。如换热容器可能会装有管束，分离容器可能会装有过滤网或吸附剂，加热器内装有蛇形盘管，蒸压釜装有蒸汽导管及蒸养车用导轨等。在成套装置中，出于运输、安装、使用、检修的需要，压力容器外部还会设置支座、吊耳、平台、扶梯等辅助部件及设施。

上述部件中有的属受压元件，承受着介质带来的压力，如壳体、封头往往直接与介质接触，并承受其压力载荷。但有的部件属非受压元件，它们虽然承受着载荷，然而载荷并非由容器内的介质引起，如支座承受的是容器的重量载荷，以及外界环境(风、雨、雪等)对容器施的外部载荷；甚至有些部件基本不承受载荷，如吊耳，仅在运输或安装过程短时受载，正常运行时不承载。

4.3 压力容器基本构成

压力容器虽然种类繁多，外形千变万化，但其基本结构不外乎都能形成一个封闭的壳体，壳体可承受大小不等的压力。

压力容器的结构形状主要有圆筒形、球形和组合形。圆筒形容器是由圆柱形筒体和各种成型封头(半球形、椭圆形、碟形、锥形)所组成。球形容器由数块球瓣板拼焊成。压力容器主要由筒体、封头(端盖)、人孔盖、人孔法兰、人孔接管、膨胀节、开孔补强圈、设备法兰、球罐的球壳板、换热器的管板和换热管、$M36$ 以上的主螺栓及公称直径大于250mm 的接管和管法兰、密封元件、支座所组成。

4.3.1 壳体

壳体(俗称筒体)，是压力容器最主要的组成部分，是储存物料或完成化学反应及净化分离等生产工艺所需要的压力空间，它承受了盛装介质的压力、温度和腐蚀等工况。其形状有圆筒(柱)形、球形、锥形和组合形等多种，但最常用的是圆筒(柱)形和球形两种。圆筒形容器又可以分为立式容器和卧式容器。

1)圆筒(柱)形筒体

其形状特点是圆柱形轴对称。圆筒体是一个平滑的曲面，应力分布比较均匀，承载能力较高，且易于制造，便于内件的设置和装拆，因而获得广泛的应用。

由于容器的筒体不但存在与容器封头、法兰相配的问题，而且卧式容器的支座标准也是按照容器的公称直径系列制定的，所以不仅管子有公称直径，筒体也制定了公称直径系列。可按表 4-1、表 4-2 中所示的公称直径选用(带括号的尺寸应尽量不采用)。对焊接筒体，表中公称直径(DN)指它的内径；而用无缝钢管制作的筒体，筒体的公称直径则是指无缝钢管的外径。

表 4-1 筒体的公称直径 mm

300	(350)	400	(450)	500	(550)	600	(650)	700	800
900	1000	(1100)	1200	(1300)	1400	(1500)	1600	(1700)	1800
(1900)	2000	(2100)	2200	(2300)	2400	2600	2800	3000	3200
3400	3600	3800	4000						

表 4-2 用无缝钢管作筒体的公称直径 mm

筒体公称直径	159	219	273	325	377	425
所用无缝钢管的公称直径	150	200	250	300	350	400

当压力容器所需承受的压力值较高，或设备特殊时，可采取其他的制造工艺，如整体锻造、锻焊、拉拔、铸造、铸-锻-焊以及电渣重熔筒体等单层整体式筒体结构。

从筒体的器壁在厚度方向结构不同，又可以分为两类，整体式和组合式两大类。

整体式筒体，即从筒体的器壁在厚度方向是由一连续完整的材料所构成，也就是器壁只有一层(为防止内部介质腐蚀衬上的防腐层不包括在内)。

组合式筒体，即筒体的器壁在厚度方向是由两层或两层以上互不连续的材料构成。组合式筒体按结构和制造方式又可分为多层包扎、多层热套、扁平钢带倾角错绕、槽形绕带、多层绕板、绕丝、松套胀合等数种。这类结构相对钢板、钢管制作成本大大提高。

2)球形壳体

容器壳体呈球形，又称球罐。其形状特点是中心对称，具有以下优点：受力均匀。在相同的壁厚条件下，球形壳体的承载能力最高，即在同样的内压下，球形壳体所需要的壁厚最薄，仅为同直径、同材料圆筒形壳体壁厚的1/2(不计腐蚀裕度)。在相同容积条件下，球形壳体的表面积最小。壳壁薄和表面积小，制造时可以节省钢材，如制造容积相同的容器，球形的要比圆筒形的节省30％～40％的钢材。此外，表面积小，对于用做需要与周围环境隔热的容器，还可以节省隔热材料或减少热的传导。所以，从受力状态和节约用材来说，球形是压力容器最理想的外形。

但是，球形壳体也存在某些不足：

(1)制造比较困难，工时成本较高，往往要采用冷压或热压成形法。对于小型球形壳体，可先冲压成两个半球，然后再组焊成一个整球。由于半球的冲压深度大，钢材变形量大，不仅需要大型的冲压设备，而且容易产生冲压裂纹和过大的局部壳壁减薄；对于大型球形壳体，往往需要先压制成若干个球瓣，然后再将众多的球瓣按不同组对型式组对焊成一个整球。球瓣的成形和组焊都是比较困难的，容易发生过大的角变形和焊接残余应力，有的还会产生焊接裂纹；对于超大型的球形壳体，由于运输等原因，要先在制造厂压好球瓣，然后运到使用现场组装，由于施工条件差，质量更不易保证。

(2)球形壳体用于反应、传质或传热容器时，既不便于在内部安装工艺内件，也不便于内部相互作用的介质的流动。

由于球形壳体存在上述不足，所以其使用受到一定的限制，一般只用于中、低压的储存容器，如液化石油气储罐、液氨储罐等。此外，有些用蒸汽直接加热的容器，为了减少热损失，有时也采用球形壳体，如造纸工艺中用于蒸煮纸浆的“蒸球”等。

4.3.2 封头与端盖

与筒体焊接连接而不可拆的，称为封头(图 4-10)；与筒体以法兰等连接而可拆的则称为端盖(图 4-11)，或称平封头。

图 4-10 封头

图 4-11 端盖

根据几何形状不同，封头可分为椭圆形封头、碟形封头、锥形(有折边、无折边)封头、半球形封头和平盖(平封头)等多种。其中椭圆形封头是应用最多的凸形封头。

对于组装后不再需要开启的容器，如无内件或虽有内件而不需要更换、检修的容器，上、下封头应直接和筒体焊在一起，这样做的好处是能有效保证密封、节省材料和减少加工制造的工作量。对于因检修或更换内件的需要而必须开启的容器，封头和筒体的连接应采用可拆式的，此时在封头和筒体之间必须装设密封结构。

1)椭圆形封头

椭圆形封头的纵剖面呈半椭圆形，如图 4-12 所示。该椭圆的长轴为 D_i(指封头的内直径)，短轴为 $2h_i$。高度为 h_0 的短圆筒部分称为直边高度，主要是为了避免边缘应力叠加在封头与筒体的连接环焊缝上，直边高度一般为 25～40mm。

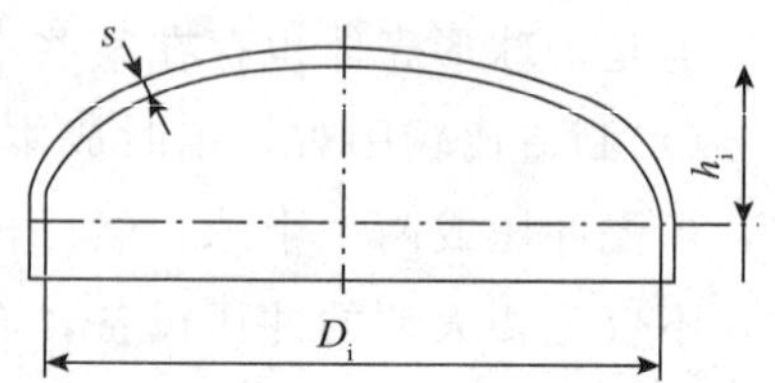

图 4-12 椭圆形封头

椭圆形封头是由不同的曲率半径连续变化而成的，所以封头上的应力分布也是连续而均匀变化的，它的受力状态比碟形封头好，但不如半球形封头。椭圆形封头中的应力随封头曲率半径的变化而变化，且和椭圆长短轴之比 $D_i/2h_i$ 有关。当 $D_i/2h_i$ 之值接近于 1 时，其形状接近半球形，受力较好，但由于封头深度增加引起制造困难。随着 $D_i/2h_i$ 值的增大，封头深度变浅，容易制造，但却造成受力状态不好，$D_i/2h_i$ 之值一般不大于 2.6。

椭圆形封头分为标准椭圆形和非标准椭圆形两种。

石油化工压力容器中常用的是标准椭圆形封头，它的长短轴比值 $D_i/2h_i$ 为 2。其封头深度(不包括直边部分)为其直径的 1/4。

2)碟形封头

碟形封头又称为带折边的球形封头，如图 4-13 所示，由三部分组成的：第一部分是内半径为 R_i 的球面；第二部分是高度为 h 的圆筒形直边；第三部分是连接第一、第二两部分的过渡区，其内半径为 r。

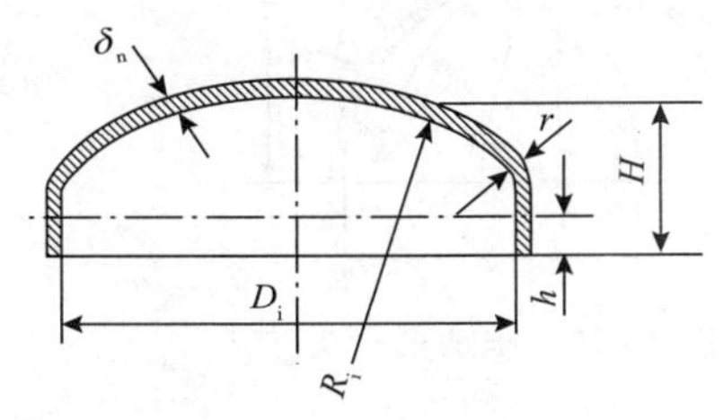

图 4-13　碟形封头

这种封头由于有曲率半径为 r 的过渡区存在，使球面和圆筒体的连接由突然转折变为缓慢过渡，改善了连接处的受力状况，这是碟形封头比无折边球形封头优越之处。但是，这种封头终是由曲率半径不同的三部分曲面连接而成，由于形状不同的三部分在内压作用下变形的不一致性，必然要在过渡区的局部区域造成较大的附加应力(即边缘应力)，因此，其受力状态不如半球形封头和椭圆形封头。为了避免边缘应力叠加在封头和筒体的连接环焊缝上，封头增加一高度为 h 的圆筒形直边。

3)锥形封头

锥形封头受力情况比半球形封头、椭圆形封头、碟形封头差，采用其结构形式的目的是当容器内的工作介质有颗粒状或粉末状的物料，或者是黏稠的液体时，有利于卸下这些物料；锥形封头也有利于流体的均匀分布，改变流体的流速。一般用于直径较小、压力较低的容器上。

锥形封头可分为无折边锥形封头和折边锥形封头。

如图 4-14 所示为无折边锥形封头。无折边锥形封头就是一段圆锥体，由于锥体与筒体直接连接，连接处壳体形状突变而不连续，产生较大的局部应力。当压力容器上采用无折边锥形封头时，多采用局部加强结构，加强结构的型式较多，既可以在锥形封头与筒体连接处附近焊加强圈，也可在封头与筒体连接处局部加大壁厚。

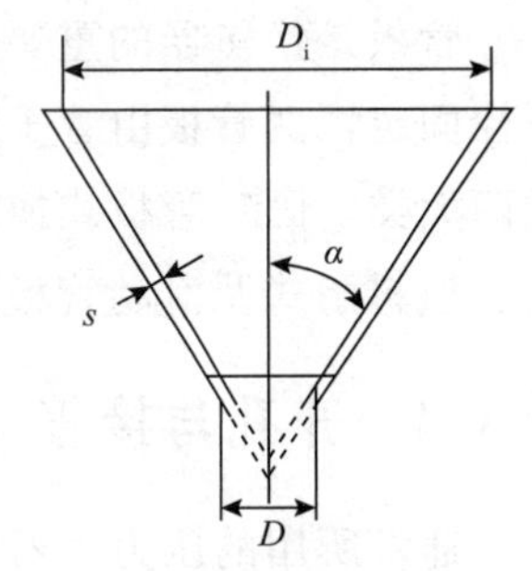

图 4-14　无折边锥形封头

如图 4-15 所示为折边锥形封头。折边锥形封头包括圆锥体、折边和圆筒体三个部分，多用于锥体半顶角 $\alpha>30°$，α 越大锥体应力越大，所需壁厚也越大，加工就越困难。所以，除非特殊需要，带折边锥形封头的半顶角一般不大于 45°。折边内半径 r 越大，封头受力状态越好。

4)半球形封头

半球形封头实际上就是一个半球体，直径较小的半球形封头可整体压制成形，而直径较大的则由于其深度太大，整体压制困难，故采用数块大小相同的梯形球面板和顶部中心的一块圆形球面板(球冠)组焊而成(见图 4-16)。

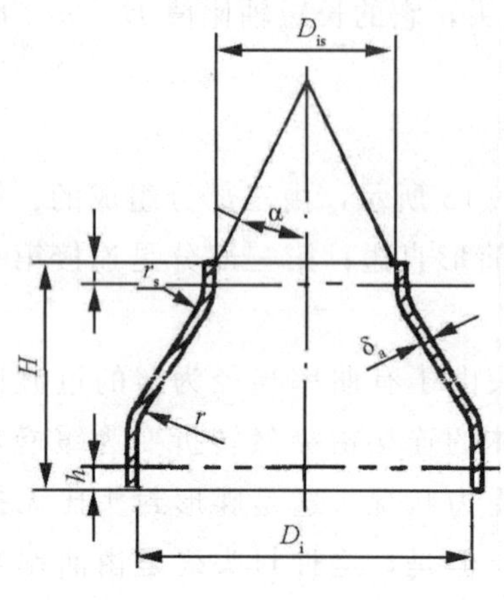

图 4-15　折边锥形封头

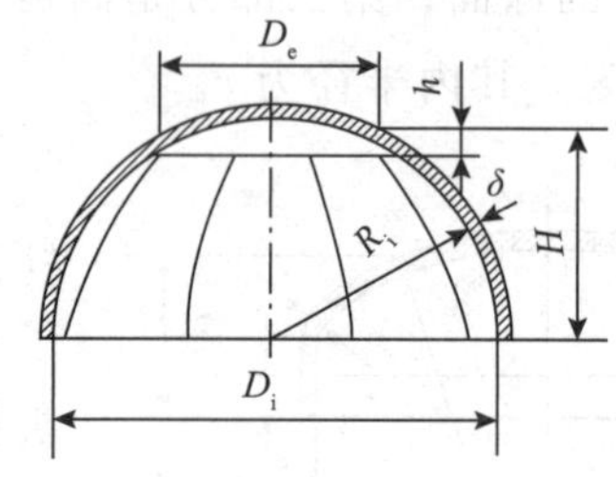

图 4-16　半球形封头

球冠的作用是把梯形球面板之间的焊缝间隔开，以保持一定的距离，避免应力集中。从节省材料的观点和受力状态而言，在直径和承受压力相同的条件下，半球形封头所需的厚度最小；封头容积相同时表面积最小，受力也最均匀，故半球形封头是最好的一种型式。但是由于其深度太大，加工制造困难，除用于压力较高或其他特殊需要外，一般较少采用。

4.3.3　管板

管板是换热器的重要受压部件。如图 4-8 所示固定管板式换热器，两端管板与管箱用螺栓固定，两管板由管子支承。列管式换热器的管板与壳体连接结构分为可拆式和不可拆式两大类。固定管板式换热器的管板和壳体间采用不可拆的焊接连接，而浮头式、U 形管式、填料函式及滑动管板式换热器的管板与壳体间需采用可拆连接。

4.3.4　开孔与接管

通常所用的压力容器，由于各种工艺和结构的要求，使容器能够进行正常的操作并满足容器制造、安装、检验、维修等要求，在容器的壳体和封头上不可避免地需要开孔，如介质的进、出口，压力计、温度计接口，人孔、手孔等。

由于开孔去掉了部分承压金属，不但会削弱容器的器壁的强度，而且还会因结构连续性受到破坏在开孔附近造成较高的局部应力集中。所产生的影响主要有以下三方面：首先是因开孔造成了承载材料的削弱；其次是由于开孔而造成孔边缘局部应力集中，这个局部应力峰值很高，达到基本薄膜应力的 3 倍，甚至 5～6 倍；第三是接管和壳体的连接构成了不连续结构，从而在接管的一定长度范围内和壳体的孔边附近引起附加的边缘力。再加上开孔接管处有时还会受到各种外载荷、温度等影响，并且由于材质不同，制造上的一些缺陷、检验上的不便等原因的综合作用，很多失效就会在开孔边缘处发生。主要表现疲劳破坏和脆性裂纹。

因此，在开孔接管部位某些局部区域的应力将大大超过容器在正常设计状态下的应力水平，因而在静载荷下有可能引起过大的变形或破坏，或在交变载荷下可能逐步萌生疲劳裂纹直至破坏。为了补偿开孔处的薄弱部位，压力容器设计中就需采取补强措施。开孔补强的原理是等面积补强，也就是使补强结构在有效补强范围内所增加的截面积大于或等于开孔所减少的截面积。

压力容器有时可允许不另行补强，允许可不另行补强是鉴于以下因素：

容器在设计制造中，由于用户要求、材料代用等原因，壳体厚度往往超过实际强度的需要。厚度的增加使最大应力有所降低，实际上容器已被整体补强了。例如：在选材时受钢板规格的限制，使壁厚有所增加；或在计算时因焊接接头系数壁厚增加，而实际开孔不在焊缝上；还有在设计时采用封头与筒体等厚或大一点，实际上封头已被补强了。在多数情况下，接管的壁厚多于实际需要，多余的金属起到了补强的作用。

压力容器的开孔补强方法有整体补强和局部补强两种。前者采用增加容器整体壁厚的方式来降低开孔处局部应力，达到提高承载能力的目的。这种方法比较浪费材料，显然不合理。后者则采用在孔边增加补强结构来提高承载能力。容器上的开孔补强一般采用局部补强法。局部补强常用的结构有补强圈、厚壁短管和整体锻造补强等数种。

4.3.5 开孔补强结构

所谓开孔补强设计，就是指采取适当增加壳体或接管壁厚的方法以降低应力集中系数。其所涉及的有补强形式、开孔处内、外圆角的大小以及补强金属量等。

1)补强圈补强结构

补强圈补强是在开孔边焊一个金属圈(金属圈的材料一般与容器材料相同)，使它贴合容器的外壁并和壳体及接管焊在一起，和容器的器壁一起受力。补强圈上开有一个带螺纹的信号孔，用以检查补强圈周围焊缝泄漏情况，如图4-17所示。实际操作中信号孔出现漏气、漏液情况，则表示该被补强处的材料发生泄漏。该补强结构简单，制造方便，但加强圈与金属间存在一层静止的气隙，传热效果差。当两者存在温差时热膨胀差也较大，因而在局部区域内产生较大的热应力。另外，加强圈较难与壳体形成整体，因而抗疲劳性能较差。这种补强结构一般用于静压、常温及中、低压容器。

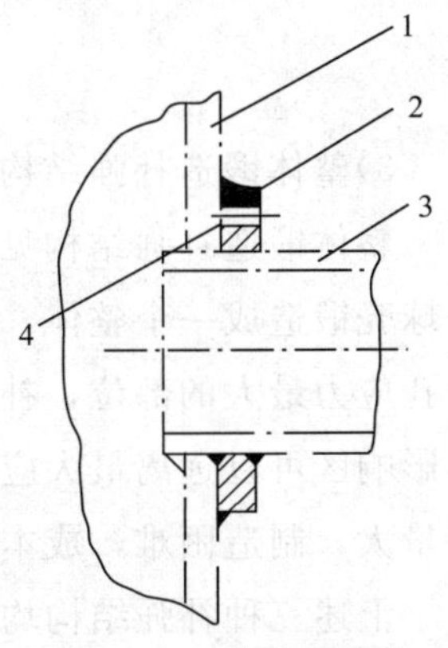

图4-17 补强圈结构

1—容器壁；2—补强圈；3—短管；4—小孔

2)厚壁短管补强结构

厚壁短管补强结构(见图4-18)是把与开孔连接接管的一段管壁加厚，使这段接管除了承受管内压力所需的厚度以外，还有很大一部分剩余厚度用来加强孔边。厚壁短管插入孔内，并高出容器壁的内表面，与容器壁内外表面焊接。厚壁短管的壁厚一般等于或稍大于器壁的厚度，插入长度一般为壁厚的 3～5 倍。这种补强结构的补强效果较好，因为用以补强的金属都集中在孔边的局部应力最大的区域内，而且制造容易，用料也较省，因而被广泛采用。特别是一些对应力集中比较敏感的低合金高强度钢制造的容器，开孔补强更适宜用厚壁短管补强结构。它的特点是能使所有用来补强的金属材料都直接处在最大应力区域内，因而能有效地降低开孔周围的应力集中程度。低合金高强度钢制的压力容器与一般低碳钢相比有较高的缺口敏感性，采用接管补强为好。

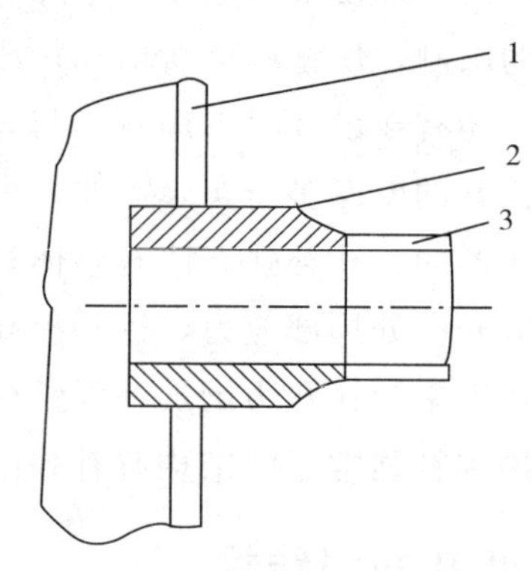

图 4-18　厚壁短管补强结构

1—容器壁；2—厚壁短管；3—连接管

3)整体锻造补强结构

整体锻造补强结构见图 4-19。近年来在球形容器制造中采用的结构是先把开孔与部分球壳锻造成一个整体，再车制成形后与壳体进行焊接。此结构的优点是补强金属集中于开孔应力最大的部位，补强后的应力集中系数小。由于焊接接头为对接焊，且焊接接头及热影响区可以远离最大应力点位置，所以抗疲劳性能好。但这种结构需要锻件，且机械加工量大，制造困难，成本较高，多用于高压或某些重要的容器上。

上述三种补强结构均用于需开孔补强的场合，但容器上有些开孔是不需要补强的，这是因为容器在设计时存在某些加强因素，如考虑钢板规格、焊缝系数而使容器壁厚加大；考虑接管的金属在一定范围内也有加强作用等。所以当开孔较小削弱程度不大，孔边应力集中程度在允许范围以内时，开孔处可以不另行补强。

4.3.6　设备法兰

法兰是容器及管道连接中的重要部件，通过预紧螺栓使垫片压紧而保证密封。螺栓连接是压力容器上用得最多的一种连接结构，如封头和筒体的连接、各种接管的连接，以及人孔、手孔盖的连接等。

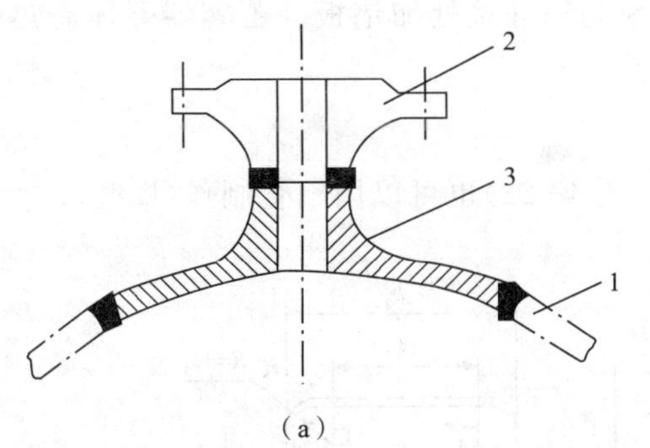

(a)

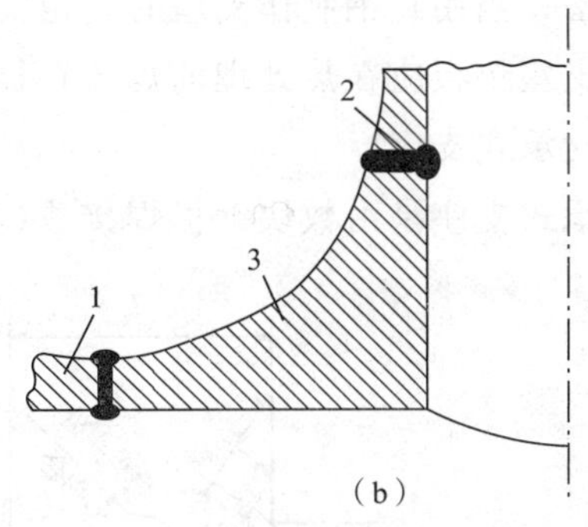

(b)

图 4-19　整体锻造补强结构

1—壳体；2—法兰或接管；3—补强元件

法兰按其所连接的部件分为管法兰和容器法兰。用于管道连接和密封的法兰叫管法兰。用于容器顶盖和筒体连接与密封的法兰叫容器法兰。在高压容器中，用于顶盖和筒体连接并与筒体焊在一起的容器法兰，也称为筒体端部。

就容器法兰的承载能力而言，容器法兰有三种类型，即甲型平焊法兰、乙型平焊法兰及长颈对焊法兰，见图 4-20。其中长颈对焊法兰受力情况最好，甲型平焊法兰受力最差。

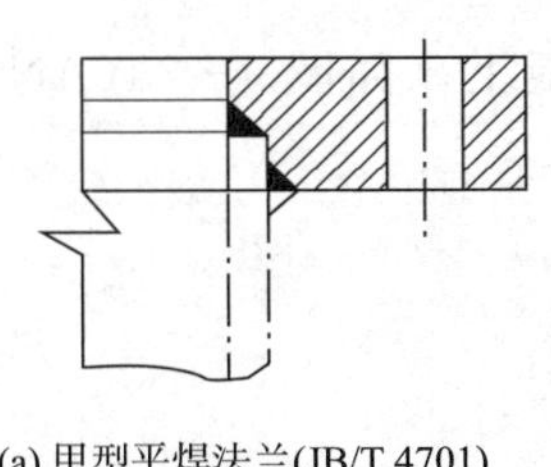
(a) 甲型平焊法兰(JB/T 4701)

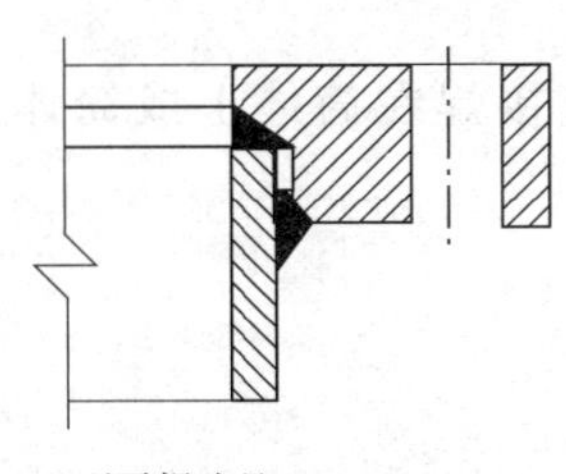
(b) 乙型平焊法兰(JB/T 4702)

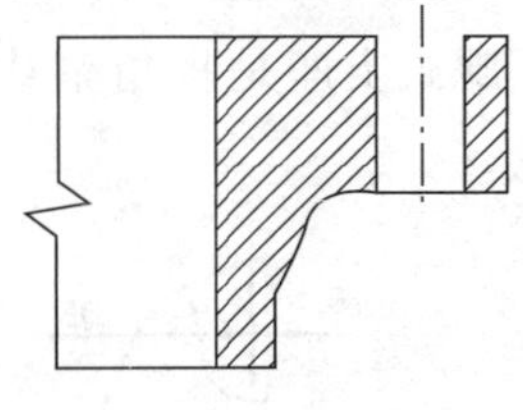
(c) 长颈对焊法兰(JB/T 4703)

图 4-20　压力容器法兰

4.3.7　支座

支座是用来支承容器重量和用来固定容器的位置。支座一般分为立式容器支座、卧式容器支座。立式容器支座又分为耳式支座、支承式支座、腿式支座和裙式支座。卧式容器多使用鞍式支座。球形容器常采用柱式支座。

1)耳式支座

耳式支座，一般由两块筋板及一块底板焊接而成。耳座的优点是简单、轻便，缺点是对器壁易产生较大的局部应力，图 4-21 是带垫板的耳式支座。

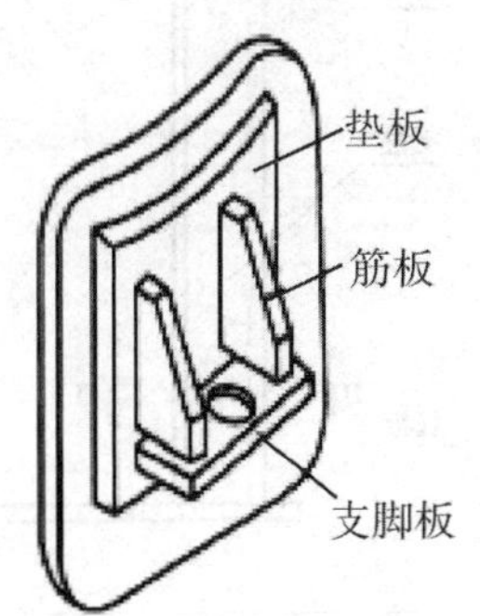

图 4-21　耳式支座

支座与筒体连接处是否加垫板，应根据容器材料与支座连接处的强度或刚度决定。对低温容器的支座，一般要加垫板。对于不锈钢制设备，当用碳钢制作支座时，也需在支座与筒连接处加垫板。若容器壳体有热处理要求时，支座垫板应在热处理前焊接在器壁上。

2)支承式支座

支承式支座是由数块钢板焊接成(A 型，图 4-22)也可以用钢管制作(B 型)。

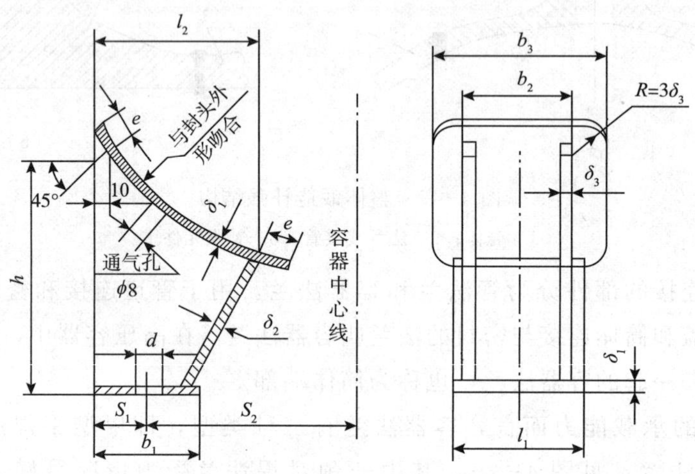

图 4-22　A 型支承式支座

3)腿式支座

腿式支座是将角钢或钢管直接焊在筒体上或筒体的加强板上，如图 4-23(AN 型)所示。

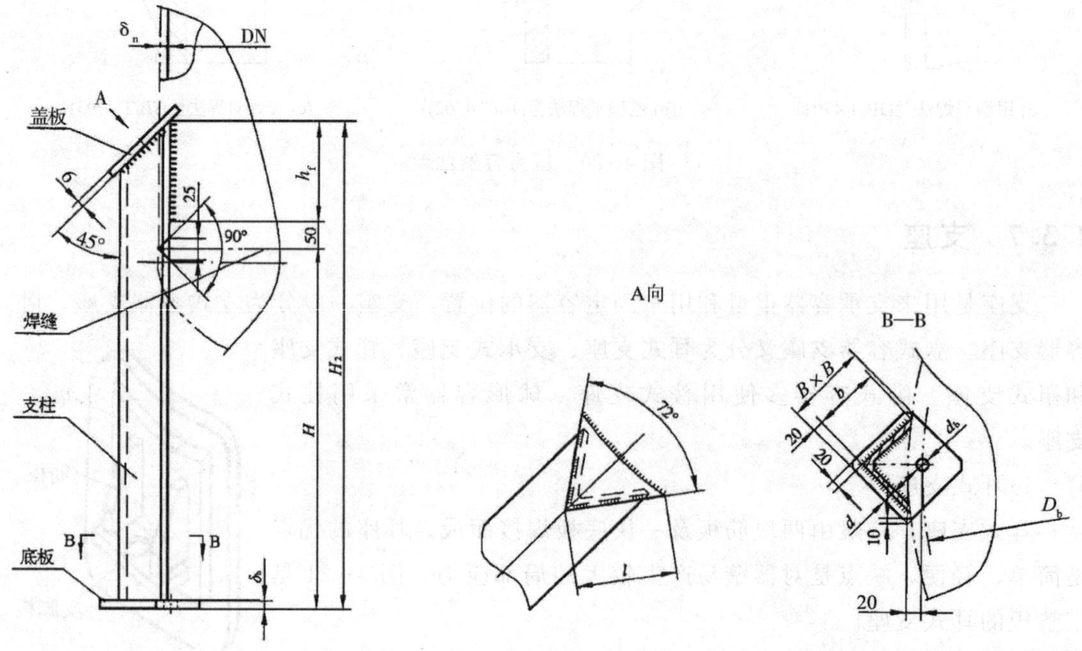

图 4-23　AN 型腿式支座

4)裙式支座

裙式支座适用于高大型或重型立式容器的支承。裙式支座型式有圆筒形(图 4-24)和圆锥形两种形式(图 4-25)。

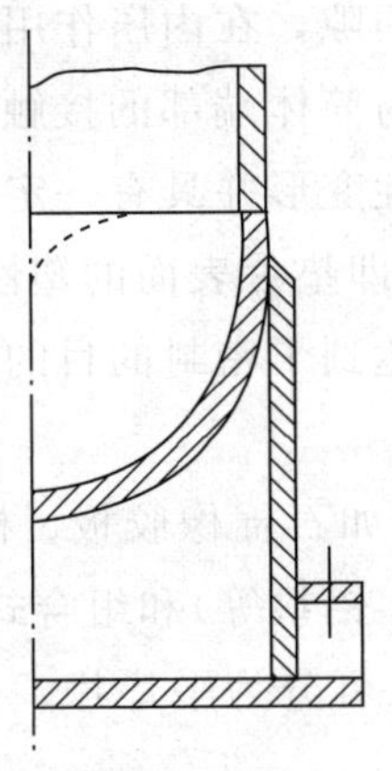

图 4-24 圆筒形裙式支座

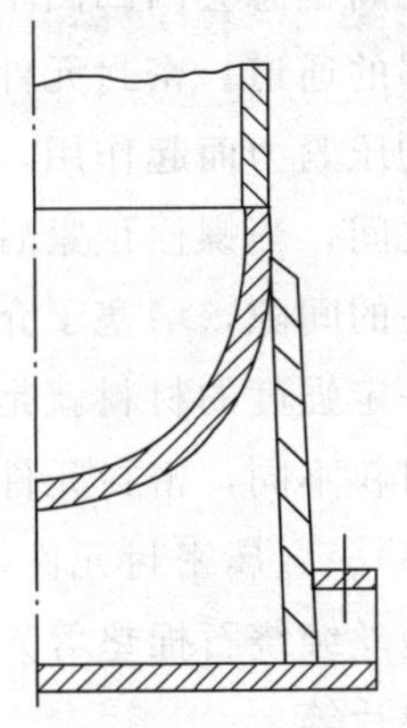

图 4-25 圆锥形裙式支座

5)鞍式支座

鞍式支座结构如图 4-26 所示，由底板、腹板、筋板和垫板组焊而成。它适用于双支点支承的钢制卧式容器的支座。

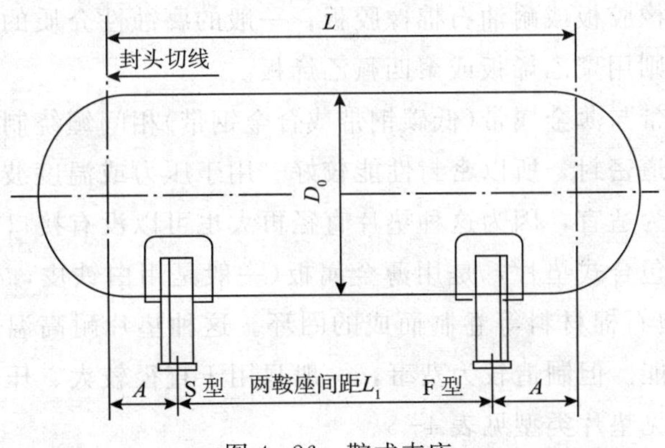

图 4-26 鞍式支座

4.4 压力容器密封结构

压力容器因运行工艺需要，在筒体或封头上开有许多接管孔，以便于与外部各类管件连接。为保证连接部位的密封要求，在连接处普遍采用密封结构，其基本要求是：①结构可靠合理，如在操作压力和温度有波动，介质有较强腐蚀性的情况下，仍能紧密不渗漏，保证生产的正常进行；②有足够的抵抗所有作用力的强度和刚度；③能多次装拆而又不影响密封性能；④结构尽量简单，成本低廉，适用于批量生产。

4.4.1 密封元件

密封元件是可拆连接结构的容器中起密封作用的元件。法兰接触面即使经过精密的机械加工，它们之间也总会因凹凸不平而存在极其微小的间隙，在内压作用下这些微小的间隙就是介质泄漏的通道。密封元件放在两个法兰或封头与筒体端部的接触面之间，借助于螺栓等连接件的压紧力而起作用。也就是说把能产生塑性变形并具有一定强度的材料置于上、下法兰面之间，当螺栓预紧后，材料产生塑性变形(即垫片表面的塑性流动)，填充了法兰面之间存在的间隙，堵塞了介质泄漏的通道，从而达到了密封的目的。这种能产生塑性变形并具有一定强度的材料就是密封元件。

根据所用材料不同，密封元件分为非金属密封元件(如石棉橡胶板、橡胶O形环、塑料垫、尼龙垫等)、金属密封元件(如紫铜垫、不锈钢垫、铝垫等)和组合式密封元件(如铁皮包石棉垫、钢丝缠绕石棉垫等)。按截面形状的不同又可分为平垫片、三角形与八角形垫片、透镜式垫片等。

非金属软垫片是用弹性较好的板材按法兰密封面的直径及宽度剪成一个圆环。所用材料主要有橡胶板、石棉橡胶板和石棉板等，根据压力容器的工作压力、温度以及介质的腐蚀性来选用。一般低压、常温(≤100℃)和无腐蚀性的介质容器多用橡胶板(经强硫化处理的硬橡胶工作温度可达200℃)；介质温度较高(对水蒸气＜450℃，对油类＜350℃)的中、低压容器通常用石棉橡胶板或耐油石棉橡胶板；一般的腐蚀性介质的低压容器常采用耐酸石棉板；压力较高时则用聚乙烯板或聚四氟乙烯板。

缠绕垫片用石棉带与薄金属带(低碳钢带或合金钢带)相间缠绕制成。因为薄金属带有一定的弹性而且是多道密封，所以密封性能较好。用于压力或温度波动较大，特别是直径较大的低压容器上最为适宜，因为这种垫片直径再大也可以没有接口。

金属包垫片又称包合式垫片，是用薄金属板(一般是用白铁皮，介质有腐蚀性的用薄不锈钢板或铝板)内包石棉材料等卷制而成的圈环。这种垫片耐高温、弹性好，防腐能力强，有较好的密封性能。但制造较为费事，一般只用于直径较大、压力较高的低压容器或中压容器上。其中常见垫片类型见表4-3。

表4-3 常见垫片类型选配表

垫片型式		公称压力 PN/(10^{-1}MPa)	垫片最高使用温度/℃	紧固件形式
非金属	橡胶垫片	≤16	200	六角螺栓、双头螺柱、全螺纹螺柱
	石棉橡胶板	≤25	300	全螺纹螺柱
	非石棉纤维橡胶板	≤40	290	全螺纹螺柱
	聚四氟乙烯板	≤16	100	六角螺栓、双头螺柱、全螺纹螺柱

续表

垫片型式		公称压力 PN/(10^{-1}MPa)	垫片最高使用温度/℃	紧固件形式
非金属	膨胀或填充改性聚四氟乙烯板或带	≤40	200	全螺纹螺柱
	聚四氟乙烯包覆垫	6～40	150	全螺纹螺柱
金属	金属缠绕垫	16～160	注1	全螺纹螺柱

①根据金属带和填充材料的不同组合，使用温度范围各不相同。

紧固件一般指螺母、螺栓或螺柱。紧固件的强度等级或材料应按照压力容器的设计图纸中的选配要求，不得自行更换。垫片的更换也应按照设计图纸的要求，一般情况下，垫片应一次性使用。

螺栓或螺柱的紧固顺序是有要求的：按顺时针顺序编号，在时钟的12点，编号为1，顺时针编下去。如是6个螺钉，按1—2—3—4—5—6排。第一扳，从序号1扳，扳完了1，再扳对称的4，再扳序号2，2扳完了，再扳5，再扳序号3，3扳完了，再扳6，依此扳下去(这种扳法称为对称扳紧)，把所有螺栓的第一扳扳完了，扳紧度为50%～60%；然后，与上述顺序相同的扳法，再扳一遍，称为第二扳，扳紧度为70%～90%；最后一扳，是顺序扳紧，即从序号1、2、3……6，扳紧度为100%。

4.4.2 密封结构

密封结构按其作用原理不同可分为强制式密封、自紧式密封和半自紧式密封三大类型。最常见的是强制式密封。

1)强制式密封

强制式密封是依靠螺栓等紧固件的预紧力来保证密封元件之间具有一定的接触压力来达到密封。

由于内压上升后，螺栓发生拉伸变形，导致法兰变形，使相互间的接触压力减少，因此在强制密封中为了确保密封元件间仍能保持一定的接触压力以形成密封，在安装时就需要有较大的螺栓预紧力，一般均采用法兰平垫密封，如图4-27、图4-28所示。

平垫密封结构简单，使用时间较长，经验比较成熟，垫片及密封面加工容易，多用于温度不高、直径较小、压力较低的容器上。当压力容器的压力升高，直径变大时，端盖和筒体法兰均需相应地增厚加大，从而变得笨重，连接螺栓的规格亦需加大，数量增多，造成加工和装配都不方便。所以，在大直径的高压容器上不宜采用平垫密封。此外，在温度较高(200℃以上)、压力和温度波动较大的工况条件下平垫密封也不可靠。

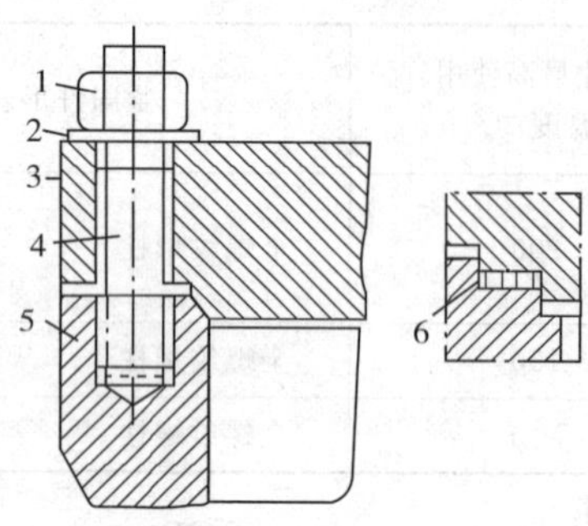

图 4-27　平垫密封结构

1—主螺母；2—垫圈；3—端盖；
4—主螺栓；5—筒体端部；6—平垫

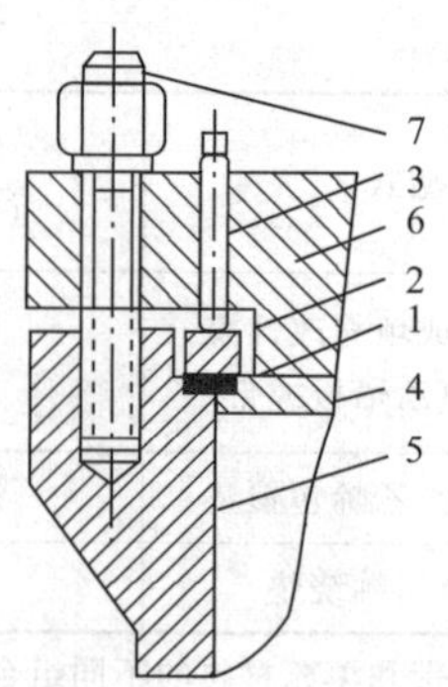

图 4-28　带压紧环的平垫密封结构

1—平垫；2—压紧环；3—压紧螺栓；4—托板
5—筒体端部；6—端盖；7—连接螺栓

2)自紧式密封

自紧式密封则是依靠结构的特点，在工作压力升高后，密封元件与端盖和筒体端部之间的接触压力反而自行加大，并且压力越高，密封压力也越大，密封越可靠，而预紧螺栓只要保证初始密封所需的力即可，这样就可使端盖和螺栓等紧固件比强制式密封轻便。在高压力、大直径压力容器或压力和温度有波动时，自紧式密封的优点更为显著。

自紧式密封有楔形密封、伍德密封、平垫自紧密封、C 形环密封、空心金属 O 形环密封、三角垫密封和 B 形环密封等，如图 4-29～图 4-35 所示。

楔形密封是一种轴向自紧密封，其结构见图 4-29。楔形密封垫是由退火紫铜、工业纯铁或软钢等软金属材料制成，它置于浮动端盖和筒体端部之间，用主螺栓通过压环压紧。密封预紧力靠上紧主螺栓来达到。工作时，内部介质压力升高，作用于浮动端盖，使密封垫更加挤紧，从而达到自紧密封。

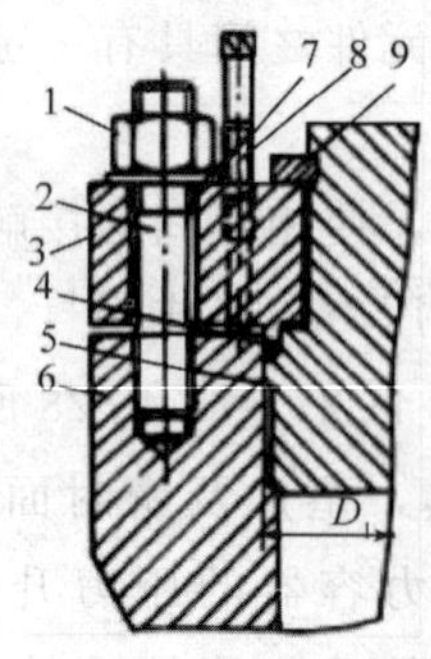

图 4-29　楔形密封结构

1—主螺母；2—主螺栓；3—压环；4—密封垫；
5—顶盖；6—筒体端部；7—垫圈；8—顶起螺栓；
9—卡环(由二个半圆环组成)

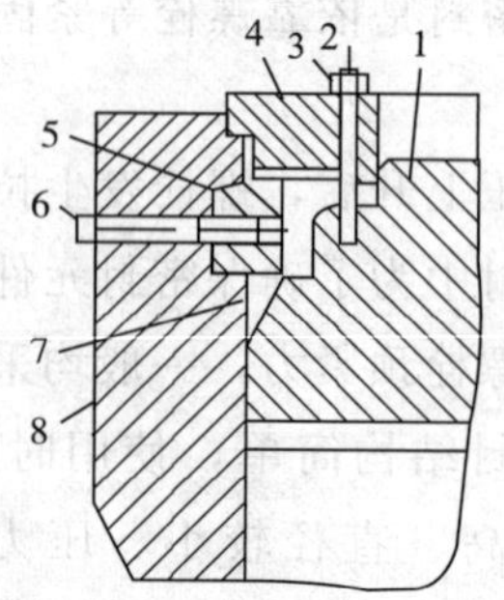

图 4-30　伍德密封结构示意图

1—浮动端盖；2—牵制螺栓；3—螺母；
4—牵制环；5—四合环；6—拉紧螺栓；
7—压垫；8—筒体端部

伍德密封是一种无主螺栓的轴向自紧密封，其结构见图4-30。它由浮动端盖、四合环、压垫和筒体端部等零件组成。压垫的外锥面与筒体端部接触，内锥面与浮动端盖的球面接触。依靠拧紧拉紧螺栓使浮动端盖与压垫、压垫与筒体端部间产生预紧密封力。当内压作用时，浮动端盖向上轴向移动，进一步压紧压垫，达到自紧密封。

平垫自紧密封是轴向自紧式密封的一种，其结构见图4-31，密封预紧力靠拧紧螺纹套筒来达到。当内压作用后，端盖向上作轴向移动，使密封压力进一步增加，故密封可靠。

其他自紧式密封包括C形环密封(图4-32)、O形环密封(图4-33)、三角垫密封(图4-34)、B形环密封(图4-35)等。

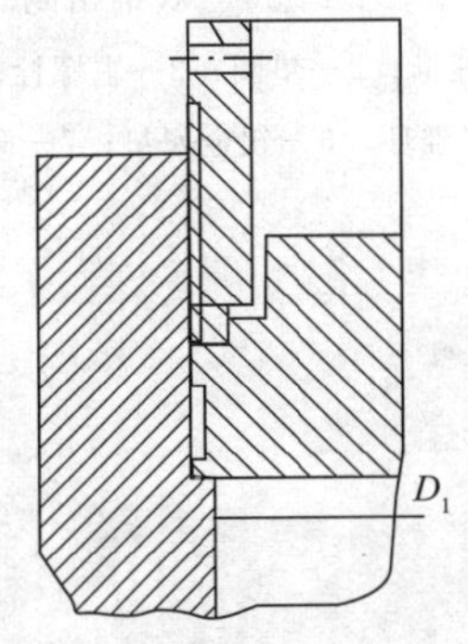

图4-31 自紧式平垫密封

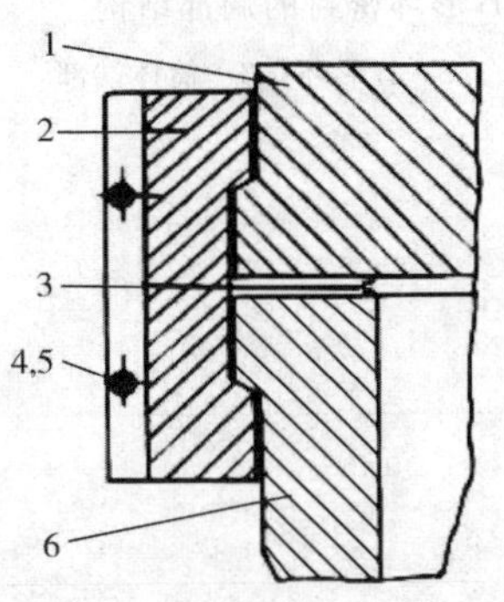

图4-32 卡箍紧固结构的C形环密封

1—平盖；2—卡箍；3—C形环；

4、5—紧固螺栓和螺母；6—筒体端部

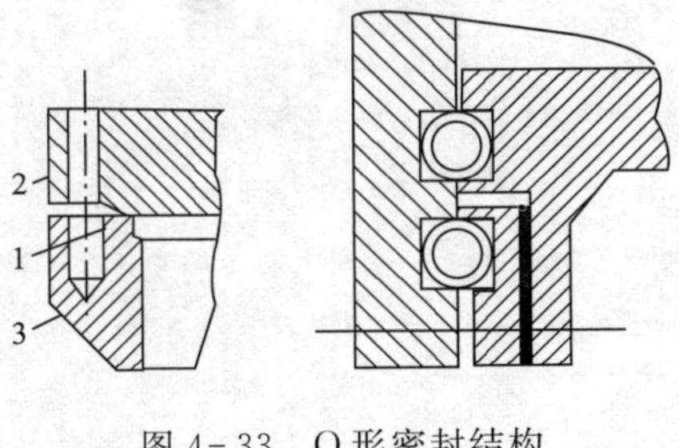

图4-33 O形密封结构

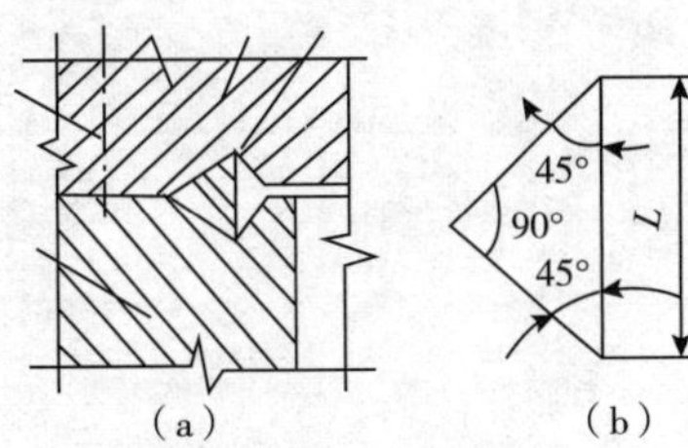

图4-34 三角垫密封

1—顶盖；2—三角垫密封圈；

3—圆筒体；4—拧紧螺栓

3)半自紧式密封

半自紧式密封一方面具有一定的强制式密封的特点，另一方面又具有一定的自紧式密封的特点，所以它是介于两者之间的一种密封类型。目前，国内外普遍采用的半自紧式密封结构为双锥面密封，如图4-36所示。

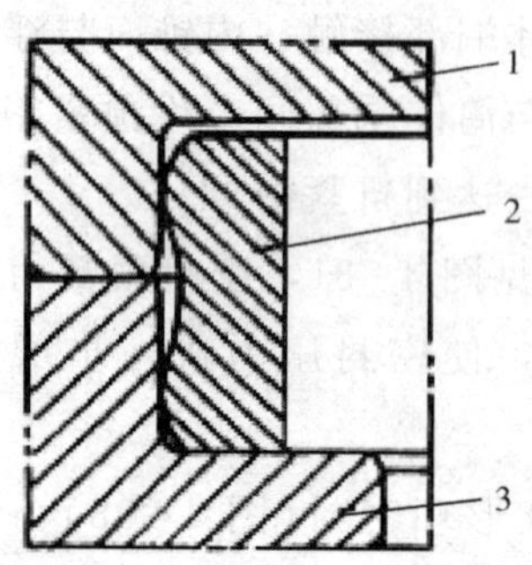

图 4-35　B 形环密封的局部结构

1—顶盖或封头；2—B 形环；3—筒体端部

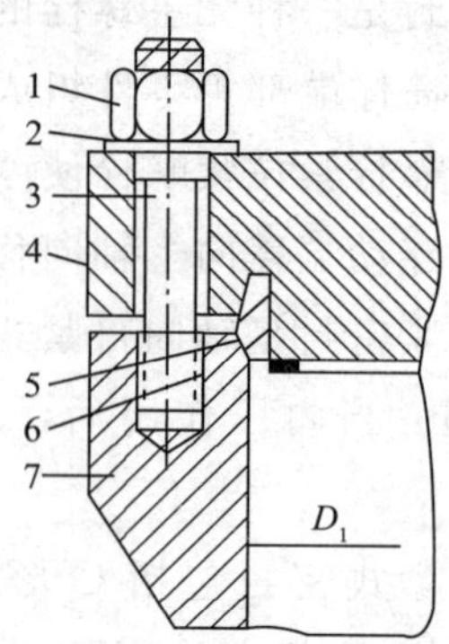

图 4-36　双锥密封

1—主螺母；2—垫圈；3—主螺栓；4—端盖

5—双锥环；6—软金属垫；7—筒体端部

第5章 压力容器安全操作

5.1 安全操作基本要求

(1)凡需登记的压力容器，使用单位应在设备投运前或投运后30日内，向直辖市或设区的市级的特种设备安全监督管理部门办理登记手续。

(2)压力容器必须按规定进行定期检验，保证压力容器在有效的检验期内使用，否则不得继续使用。

(3)压力容器操作人员应当按照国家有关规定，经特种设备安全监督管理部门考核合格后，取得国家统一颁发的特种作业人员证书，方可从事相应的压力容器的操作。

(4)容器操作人员应严格遵守安全操作规格和有关的安全规章制度，做到平稳操作，严禁超温、超压运行。

(5)要求容器操作人员加强容器运行期间的巡回检查(包括工艺条件、容器状况及安全装置等)，发现异常情况出现立即采取相应措施进行调整或排除，以免恶化；当容器出现故障或问题时应立即处理，并及时报告本单位有关负责人。

5.2 压力容器安全操作

5.2.1 安全操作要点

1)换热器的操作要点

(1)熟悉、掌握热(冷)载体的性质，这对安全操作换热容器十分重要，常见的热载体主要有热水、蒸汽、碳氢化合物、烟道气等。

(2)热交换器内流体介质应尽量采用较高的流速。流速高可以提高传热系数，还可以减少结垢和防止造成局部过热或影响传热。

(3)防止结疤、结炭。由于一些热载体或者介质易结疤、结炭，不仅影响传热效果，物料炭化会引起钢板过热软化破裂造成爆炸事故。所以，除正确选用热载体外，还要严格控制温度，尽量减少结疤、结炭；对易结疤、结炭的换热容器要定期清理。

(4)定期排放不凝性气体、油污等，以免影响换热效果或造成堵塞。

(5)遵守安全操作规程，严格控制工艺操作指标。

2)反应容器操作要点

(1)熟悉并掌握容器内介质的特性、反应过程的基本原理及工艺特点。

(2)运行中要严格控制工艺参数，工艺参数主要指温度、压力、流量、液位、流速、物料配比等。

(3)严格控制温度：物料反应一般需要适当的温度，超温可能造成系统压力容器超压而导致爆炸事故的发生，温度下降可能造成反应的速度减慢或停滞，当温度恢复正常时，因未反应的物料过多会发生剧烈反应引起爆炸；也可因温度下降使物料冻结，造成管路堵塞或管路破裂，如容器内为易燃介质时，则会因泄漏导致火灾、爆炸事故的发生。

控制温度反应应该注意以下几点：

①控制反应热。根据物料反应是放热还是吸热反应，及时给反应系统中移去或加入一定的热量，保证反应稳定进行。

②防止搅拌中断。通过对反应物料的搅拌可以加速热量的传递过程，中断搅拌或搅拌不良可能造成散热不良或局部反应剧烈而发生危险。遇有搅拌系统故障时应采取人工搅拌。对供电不正常的，应采取双回路供电。

③注意投料量、投料速度及投料顺序。

(4)严格控制压力：容器运行时器内压力必须控制在允许的范围内，方能保证容器安全稳定运行。压力的控制通过以下方面实现。

①严格控制投料量、投料速度、投入顺序、反应温度等，以控制器内压力急剧增高。

②保证安全泄压装置(如安全阀、爆破片等)灵敏可靠。

③杜绝危险杂质的混入。危险介质的混入可能使容器内产生不正常的危险反应，甚至导致燃烧爆炸事故的发生。因此，除严格把好化工原辅料的入厂验收关外，化工原料在储存、中转过程中应严格遵守有关安全规定，操作中也应杜绝危险杂质的混入。

④确保自动控制及操作系统的正常工作。自动化系统按其功能分自动检测系统、自动操作系统、自动调节系统、自动信号系统及保护系统等四种。这些系统根据不同需要安装在容器设备或操作系统中，必须经常检查，以发挥其保障容器安全运行的功能。

3)储存容器的操作要点

(1)严格控制温度、压力。储存容器的压力高低与温度有直接联系，特别是液化气介质的储存容器压力随温度变化更加显著，因此，要控制压力就必须控制好温度，特别是高温季节要注意降温。

(2)严格控制液位。对于盛装液体、液化气的容器，特别要严格控制液位，尤其是要防止储存液化气体的容器超装。

(3)控制明火。危及安全生产常见的明火有生产火、非生产用火、烟囱、烟道等，对这些明火应严格控制，防止发生事故。

(4)控制电火花。由于储存容器内的介质许多属于易燃介质，其点火能量很小，因动力、照明或者其他电气设备产生的电火花就可能导致燃烧爆炸。所以除电气设备以及配电线路应符合安全要求外，还需要加强电气设施的检查。

(5)防止静电的产生。除从工艺流程、材料选择、设备结构、管理等方面控制外，还需要注意检查接地，做好清扫工作，防止因结灰、结垢、堆放杂物等产生静电。

(6)杜绝容器及管道的泄漏。

4)分离容器的操作要点

分离容器的操作与其他容器相比，有相同之处，但要特别强调的，应注意以下两点：

(1)定期排放积存的油或水等，避免排污管阻塞，影响分离效果；

(2)对过滤介质、过网定期进行清理，提高分离效果。

5.2.2 压力容器投用前准备

由于工艺条件的不同，压力容器的操作内容、方法、程序与注意事项也不尽一致。通常人们把压力容器及装置的操作划分为：机泵操作、罐区装卸操作、设备工艺操作三大部分。每种操作又可划分为若干小单元操作，每项小单元的操作都有一定的操作规程和操作程序，都需要做特定的投用前准备工作。做好投用(或称开工)前的准备工作，对完成单元容器操作，保证整个生产过程安全运行有着重要的意义。压力容器投用前要做好如下准备工作：

(1)要组织对压力容器及其装置进行全面检查验收工作。检查验收的内容包括：压力容器及其装置的设计、制造、安装、检修等质量是否符合国家有关技术法规、标准的要求；扩建、技术改造后的运行是否能保证预定的工艺生产要求；施工用脚手架、临时电线应全部拆除；施工机具全部运离车间现场；操作台的梯子、平台、栏杆完好；安全装置齐全、灵敏、可靠；照明正常；地沟盖板及下水井盖全部盖好，道路畅通；消防设备齐全完好；地面平整清洁，门窗完整，玻璃明亮；操作及维修用备件齐备；水、电、蒸汽、风、氧气、通风正常等。符合上述条件和要求者方可验收并准予开工，否则不得投入运行。

(2)写好压力容器及装置的开工方案，呈请有关部门批准。开工方案应包括如下内容：①压力容器吹扫及贯通试压工作；②单元容器的试运，有衬里的压力容器烘干及新管线脱脂钝化工作；③系统置换驱赶空气；④抽堵盲板；⑤引进工艺介质及物料，建立循环。⑥转入正常生产。

压力容器开工方案一般应由车间主任、工艺、设备、安全技术人员以及有经验的操作人员共同编制，并组织操作人员学习，尤其对安装、检修后的设备技术状况、工艺变更部分和新增技术措施项目，应向操作人员详细讲解，使他们熟悉流程、了解设备和工艺条件。对于新安装或扩建或经过停工检修的压力容器及其装置的开工，为能一次开车成功，必须严格执行开工方案。车间领导应负责开工统一指挥，其他人员均不得直接向岗位操作人员下达操作令。开工过程中，要严格按工艺卡片的要求和操作规程操作。

(3)吹扫贯通试压。压力容器及其装置内在安装、检修时，可能残留部分焊渣、焊条头、铁屑、氧化皮、破布、工具、螺帽、螺钉等，要切实防止这些杂物堵塞管道、阀门，损坏机泵等设备，影响正常开工或导致事故发生。在吹扫贯通试压时，必须做好以下几项工作：

①按照抽堵盲板图表，逐个抽出检修时所加的盲板，装好正常生产时需要加的盲板，加装盲板处要保证密封不泄漏。

②要进行联合质量检查和设备试运行。压力容器及其工艺管道需按规定经过蒸汽吹扫、贯通，并经水或氮气试压合格，以检查整体系统畅通情况和严密性。试压用的压力表需要经过校验，要保证准确。容器及工艺管道引入蒸汽或进行吹扫前，应先将容器及管道试压用水放净，蒸汽也要脱水，防止发生水击，震坏设备、管道。

③按工艺流程逐个审查系统中的压力容器、机泵、阀及安全附件，确认无误。要做到开工时不窜物料、不窜汽、不超压。

④开工时需驱赶空气的压力容器及其装置或系统，应按规定的置换介质逐步进行，不准留有死角。从容器顶部排除空气，直到符合规定的指标为止。

⑤在试运行或开工过程中，阀门启动频繁，操作人员由于紧张疲劳易出现漏洞。因此应坚持阀门操作复查制度，即岗位操作完毕应及时报告班长，再由班长对阀门操作正确与否进行复查，以保证不出差错。

(4)加强压力容器试运行中的检查。当压力容器经吹扫贯通试压合格后，再作好如下检查工作后即可投入试运行。

①压力容器及其管道升温过程中的检查。当升温到规定温度时应停止，对压力容器及其管道、阀门、附件等进行恒温热紧。因这些装备检修时都是在冷态下把紧的，升温时易发生泄漏，故应热紧以保证压力容器及其设备能适应长周期运行的要求。热紧时对螺栓用力适当，防止螺栓断裂造成事故。

②冷换容器启用时，应缓慢先引进冷流后引进热流，以防这类容器内外冷热不均而泄漏。冷换容器外部泄漏容易发觉，但内部泄漏却不易发现，特别要注意检查压力高的部位向压力低的部位泄漏，如有这种现象要设法杜绝。在升温和升压状况下，若发生阀门大盖或法兰泄漏或其他连接部位泄漏，不准拆下螺栓或卸下压盖盘根，以防出事故。

③备用设备必须经过检查以保证其处于良好状态，准备能随时启用。机泵检修后要经过试运行，确认无问题后方可停机备用。

④在试运行中，检修人员应与压力容器操作人员密切配合共同加强巡回检查。

(5)压力容器及其装置进料。

①压力容器及其装置进料前要关闭所有的放空阀门，然后按规定的工艺流程，经操作人员、班组长、车间值班领导三级检查后确认无误，才能启动机泵进料。在进料过程中，操作人员要沿工艺流程线路跟随物料进程进行检查，应特别注意泄漏问题，防止物料泄漏或走错流向。

②操作人员在操作调整工况阶段，应注意检查阀门的开启度是否合适，此时，压力容器及其装置虽已开工，并不等于隐患均暴露充分，操作人员应密切注意运行的细微变化，严格执行工艺操作规程，做到精心、平稳地操作，使压力容器及其装置的运行逐步走向正常化生产。

(6)操作人员在操作前应做好以下准备工作：

①操作人员在上岗操作前，必须按规定着装，带齐操作工具，特别是有些专用操作工具应随身携带。进入有毒有害气体的车间或场地时，还要带好防尘防毒面罩等劳动保护用品。

②操作人员在上岗操作前，必须按规定认真检查本岗位或本工段的压力容器、机泵及工艺流程中的进出口管线、阀门、电气设备、安全阀、压力表、温度计、液位计等各种设备及仪表附件的完善情况；检查岗位或工段的清洁卫生情况。

③操作人员在确认压力容器及设备能投入正常运行后，才能进行开工启动系统投入。

5.2.3 压力容器运行操作

工艺参数主要是指温度、压力、流量、液位及物料配比等。防止超温、超压和物料泄漏是防止事故发生的根本措施。每台容器都有特定的设计参数，对一台制造质量合格的容器在设计参数内运行是安全的。如果超设计参数运行，若容器的承载能力不足则可能出现事故，甚至出现断裂等恶性事故。同时，合乎制造质量标准的容器，也不可避免地会存在某些质量标准允许存在的及检测手段难以发现的缺陷，更不用说可能存在漏检情况。容器在长期运行中，由于压力、温度、介质腐蚀等复杂因素的综合作用，缺陷可能进一步发展和形成新的缺陷。故运行时对工艺参数的安全控制，是压力容器安全操作的主要内容。其目的是能使缺陷发生和发展被控制在一定限度之内。

1)温度控制

温度是介质或反应物在压力容器中的主要控制参数之一。不同的化学反应都有各自最适宜的反应温度。故正确控制反应温度不但对保证产品质量、降低消耗、提高成品率有重要意义，而且是防止压力容器事故所必须的控制内容。温度过高可能会导致剧烈反应而使压力突增，造成冲抖或容器爆炸；或反应物的分解着火等。同时，过高的温度会使容器材料的机械性能(如高温强度)减弱，承载能力下降，容器变形。温度过低则有可能造成反应速度减慢或停滞，当恢复到正常反应温度时，往往会因未反应物料过多而发生剧烈反应引致爆炸；温度过低还会使某些物料冻结，造成管路堵塞或破裂，致使易燃物泄漏而发生火灾和爆炸。为严格控制温度，应从以下方面采取有力措施：

(1)平衡中和反应热。化学反应一般都伴随着效应，放出或吸收一定热量。例如，有机合成中的各种氧化反应、氯化反应、水合和聚合反应等均属放热反应；而各种裂解反应、脱氢反应、脱水反应等则是吸热反应。为使反应在一定温度下进行，必须设法向反应系统中加入或转移一定的热量，以防温度波动太大发生危险。

(2)防止在反应中换热突然中断。化学反应中的热量平衡是保证反应正常进行所必须的条件。放热反应中余热的及时释放往往是预防超温超压事故的前提。若在生产工艺控制中不能保证换热系统正常工作，那么就必须具备在中断换热的同时中断化学反应的手段。例如：苯与浓硫酸混合进行磺化反应，除应有冷却系统外，还需辅以搅拌器加速热的传导，防止局部过热，但反应中若搅拌器突然停电，物料因而分层，当搅拌器再次开动时反应剧烈，冷却系统来不及移去大量反应热，造成温度升高，尚未反应好的苯会受热汽化而造成超压爆炸。为此应采用双路供电、供水(冷却用)措施。

(3)正确选择传热介质。常用的供热载体中有水蒸气、水、矿物油、联苯醚、熔盐、汞和熔融金属、烟道气等。正确选择供热载体对加热过程的安全有十分重要的意义。应尽量避免使用与反应物料性质相抵触的物质作为热载体。例如：环氧乙烷很容易与水发生剧烈反应，甚至有极微量的水渗进液体环氧乙烷中，也容易引起自聚发热而爆炸。这类物质的冷却或加热，不能用水和水蒸气，而应该使用液体石蜡等作为传热介质。

(4)加强保温措施。合理的保温对工艺参数的控制，减少波动，稳定生产都有好处，同时也防止高温设备与管道对周围易燃易爆物质构成着火爆炸的威胁，在进行保温时宜选用防漏防渗的金属薄板做外壳，减少外界易燃物质泄漏或渗入保温层中积存而潜生危险。保温材料应用不燃烧物料组成。

2)投料控制

对于放热反应的装置，投料量与速度不能超过设备的传热能力，否则，物料温度将会急剧升高，引起物料分解、突沸而发生事故。加料温度如果过低，往往造成物料积累过量，温度一旦适宜便会加剧反应，加之热量不能及时导出，温度及压力都会超过正常指标，终而造成事故。反应物料的配比应严格控制，参加反应物料的浓度、流量等要准确的分析和计量。对连续化程度较高，危险性较大的生产，更应特别注意。如环氧乙烷的生产，乙烯与氧混合进行反应，其配比临近爆炸范围，尤其在开停车过程中，乙烯和氧的浓度都在发生变化，如果开车时催化剂活性较低，容易造成反应器出口氧浓度过高。为保证安全应设置联锁装置，经常核对循环气的组成，尽量减少开停车次数。

许多聚合物的生产，特别是可燃物质参加反应的生产，常用气化剂(过氧化物)做催化剂，若控制不当，将产生剧烈反应，发生爆炸。高压聚乙烯反应器的分解爆炸多系控制配比失调所致。能形成爆炸性混合物的生产，其配比应严格控制在爆炸极限范围之外，如果工艺条件允许，可添加惰性气体进行稀释保护(如丁烯氧化脱氢制配丁二烯的反应)。

在投料过程中，另一个值得注意的问题是投料顺序。石油化工生产中的投料顺序是按物料性质、反应机理等要求进行的。例如 HCl 的合成应先投氢气或投氯；三氯化磷的生产，应先投磷或投氯，均不能二者同时投入，否则有可能发生爆炸。在许多化学反应过程中，由于反应物料中危险性杂质的增加会导致副反应，过反应的发生而造成燃烧和爆炸。因此，生产原料、中间产品及成品都应有严格的质量检验，保证其纯度。例如聚氯乙烯生产中，乙炔与氯化氢反应生成氯乙烯，氯化氢中游离氯一般不允许越过 0.005%，因为氯与乙炔反应能生成四氯乙烷而立即爆炸。

3)充装量的控制

盛装液化气体的压力容器，应严格规定充装量，以保证在设计温度下压力容器内部存在气相空间。因为容器内的液化气体是气液二相共存并在一定的温度下达到动态平衡。即介质的温度决定其压力，液化气体的饱和蒸气压是温度的函数(随温度的升降而增减)，符合克劳修斯-克拉伯龙方程。这种压力容器的设计压力，就是按液化气体在使用过程中可能达到的最高温度所对应的饱和蒸气压确定的。若充装过量则会出现如下情况：由于液化气体的温度随环境温度的上升而上升，液体的体积也相应增加，此时相同重量液化气体的液相就要占据较多的压力空间。当温度上升到某一数值后，容器内的压力空间将全部被液相介质所占据。此时，容器内气液两相的平衡状态遭到破坏，介质的压力与温度关系也不再符合克劳修斯-克拉伯龙方程。

4)压力、温度的波动控制

压力容器在反复变化的载荷作用下可能产生疲劳破坏。疲劳破坏是从压力容器的高应力区域开始的。压力容器的接管、焊缝、开孔、转角、支承部位以及钢板或焊缝缺陷处产生的局部峰值应力，往往数倍于容器的设计应力，当其超过材料的屈服极限时，材料内部微观组织就产生了塑性变形。尽管一次的变形量极小，但在交替变化的载荷反复作用下会萌生裂纹或使原有裂纹扩展。在每一循环中塑性应变的数值是很小的，但多次累积后对材料的弹性疲劳就可能有致命的影响。对此，从工艺参数控制的角度出发，应注意如下几点：

(1)工艺上间断的操作和开停车，造成压力、温度的大幅度波动。这一情况，有些是使用工艺所要求的，而在设计压力容器时已作了考虑。但就操作而言，仍应尽量做到压力、温度的升降平稳，突然的开停车应尽量避免。其次，对要求压力、温度稳定的工艺过程中，则要防止压力的急剧升降，使操作工艺指标稳定。对于高温压力容器或低温压力容器，应尽可能减缓温度的突变，以降低热应力。

(2)介质参数的控制还应注意到容器的结构特点。例如，对于有衬里的压力容器，若降温、降压速度过快，可能会造成衬里鼓包；对于固定管板式换热器，若温度急剧大幅度变化，可能会使管子与管板的连接部位或管子本身受到损伤。

5)介质腐蚀性的控制

从理论上讲，钢材受介质腐蚀是不可避免的。因而，在设计时只能按介质的腐蚀性及容器使用温度等条件，选用合适的材料，并规定一定的使用寿命。由于各种钢材的耐蚀性能不同，各种介质的腐蚀性更是千差万别，因此，这里只讨论对介质成分及其所含“杂质”的控制，以减小腐蚀速度，延长使用寿命，保证运行安全。

(1)杂质含量。设计选材时，往往只注意介质的主要成分，而忽视了某些在工艺过程中不可避免的杂质。实际上在某些特定条件下，正是由于杂质的存在造成了严重腐蚀。各种杂质对材料的腐蚀作用是不同的，通常较为重要的是氯离子、氢离子和硫化氢等。前些年，国内在球形储罐开罐检查中发现了许多危及使用安全的隐患，除制造质量不良外，液化石油气中硫化氢含量高也是因素之一。

(2)含水量。气体、液化气体的含水量，对于促进介质对容器壁的腐蚀起着重要作用。由于水能溶解多种介质而形成电解质溶液，从而导致电化学腐蚀。如无水的氯不腐蚀容器壁，但少量的水存在时将对容器壁起强烈的腐蚀作用。水在各种热转换器中广泛用作冷却介质。但各地区的水质差别很大，其中氯离子浓度值与酸度值(即 pH 值)对容器壁腐蚀有很大影响。水的硬度大小直接影响换热器内壁结垢的程度，水垢的存在会增加承压零部件各部分的温差并改变介质流速，严重影响系统的稳定运行。还有，对于某些储运压力容器，由于杂质部分的密度不同，会在上部液面或容器底部积聚，使浓度增大。两部分浓度的差别，产生了浓差电池腐蚀效应，这也是液面或底部容器壁易被腐蚀的原因之一。

对于高压容器，特别是在高温下使用的高压容器，化学腐蚀是主要的，破坏程度随压力、温度升高而增加，由于气体在一定程度下会渗入容器壁，因而可能使器壁金属内部腐蚀。如在合成氨、碳氢化合物的加氢工艺中使用的压力容器，往往受到氢或氢、氮、氨混合气体的腐蚀。压力容器内壁，由于氢、氮的渗透而发生脱碳、渗氮、豁裂，使金属丧失某些原有的物理属性而呈现出脆性，此时钢材耐蚀性在较大程度取决于介质的压力、温度，以及气体的性质。在高温、高压条件下，CO 也能对金属产生腐蚀作用，如当压力高达 100MPa(1000 大气压)时，若合成气中含有 20%～25%的 CO，则和 Fe 生成五羰基铁，使器壁受到破坏。对上述诸问题的解决，首先应从合理选材及采用衬里等防腐措施方面加以考虑，此外在运行时应尽量按工艺规定的参数操作。

5.2.4 压力容器运行期间的检查

压力容器运行期间的检查内容包括工艺条件、设备状况以及安全装备等方面。

1)工艺条件等方面的检查

主要检查操作压力、操作温度、液位是否在安全操作规程规定的范围内；检查工作介质的化学成分是否符合要求。

2)设备状况方面的检查

主要检查压力容器各连接部位有无泄漏、渗漏现象；容器有无明显的变形、鼓包；容器有无腐蚀以及其他缺陷或可疑迹象；容器及其连接管道有无震动、磨损等现象；基础和支座是否松动，基础有无下沉不均匀现象，地脚螺栓有无腐蚀等。

3)安全装置方面的检查

主要检查安全装置以及与安全有关的器具(如温度计、计量用的衡器及流量计等)是否保持完好状态。

5.2.5 压力容器停机操作

1)正常停止运行

由于容器及设备按生产规程要进行定期检验、检修、技术改造，或因原料、能源供应不及时，或因容器本身要求采用间歇式操作工艺的方法等正常原因，均属正常停止运行。对正常停止运行应注意以下事项：

(1)停工方案审定。压力容器及其设备的停工过程是一个变操作参数过程。在较短时间里各容器的操作温度、压力、液位等不断发生变化，要进行切断物料、返出物料、容器及设备吹扫、置换等大量工作，操作人员频繁地开关阀门，塔上塔下系统管线连续检查作业，劳动强度大，环境气氛乃至人们精神上都呈现出紧张。倘若没有一个统一的停工方案，很容易发生错误操作，损坏系统的设备、管线、仪器仪表，严重的还会导致危及生命的事故。压力容器的停工方案一般应包括以下内容：

①停工周期(包括停工时间和开工时间)，停工操作的程序和步骤；

②停工过程中控制工艺变化幅度的具体要求；

③容器及设备内剩余物料的处理、置换清洗及必须动火的范围；

④停工检修的内容及要求、组织措施及有关制度。

压力容器停工方案一般由车间主任、设备员、安技人员及有经验的操作人员共同编制，报主管领导审批，然后应组织操作人员学习。停工方案一经确定，必须严格执行。

(2)停工中应控制降温速度。对于高温下工作的压力容器，由于急剧地降温或温度变化梯度过大时，会使容器壳壁产生疲劳现象和较大的收缩应力，严重时会使容器产生裂缝、变形、零部件松脱、容器连接部位发生泄漏等现象。如果连接部位泄漏出的是易燃易爆介质，会酿成火灾爆炸事故；如果泄漏出有毒剧毒介质，则会造成环境污染和中毒事故。

(3)采取降温的方法降压。对于储存液化气的容器，由于液化气具有气液共存的特点，器内的压力取决于温度，所以单纯排放液化气的气体或液体均达不到降压目的。必须先行降温，才能实现降压。

(4)应清除干净剩余物料。容器内的剩余物料多系有毒或剧毒、易燃易爆、腐蚀性等有害介质。若器内物料不清除干净，操作人员无法进入容器内部检查和修理。如果是单台容器停工，首先应要切断这台容器的物料进出口；如果是整个装置停工，就要将整个装置中的物料采用真空法和加压法清除干净，再用水、蒸汽或惰性气体进行置换，直至化验合格为止。

(5)停工阶段应准确执行各种操作。停工阶段的操作不同于正常生产操作，要求更加严格、准确无误。例如开关阀门操作动作要缓慢，要观察流通状况，逐步进行；蒸汽介质要先开排凝阀，待排净冷凝水后即关闭排凝阀，再逐步打开蒸汽阀，防止出现水击损坏设备或管道。

(6)杜绝火源。对残留物料的排放与处理应采取相应的措施，特别是可燃、有毒气体应排至安全区域，妥善处理。要清除设备表面、梯子平台、地面的油污、易燃物等。停工操作期间，容器周围应杜绝一切火源。

2)紧急情况下的停止运行

发生破裂、鼓包变形、大量泄漏，或由于突然停电、停水、停汽，迫使压力容器不能正常运转，或由于容器周围发生火灾和其他天灾等非正常原因时，均应紧急停止运行。下面简要介绍压力容器紧急停止运行的条件及应采取的相应措施。

(1)停止运行的条件：①容器的操作压力、介质温度或壁温超过工艺安全操作规程所规定的极限值(包括最高温度和最低温度)，经采取措施仍无法控制，并且有继续恶化的趋势；②容器本体不合格(主要受压元件出现裂缝、鼓包、变形、焊缝或可拆连接处发生泄漏等缺陷)危及安全；③安全附件失效，接管端断裂、紧固件损坏，难以保证安全运行；④容器的信号孔或警告孔泄漏；⑤操作岗位发生火灾或其他自然灾害，威胁到容器的安全操作。

(2)相应措施：①对关键性的压力容器和设备，为防止因突然停电而发生事故，应配置双电源与联锁自控装置。如因线路发生故障，生产车间全部停电时，要及时汇报和联系，查明停电原因。同时应重点检查压力容器及设备的温度、压力的变化，尽量保持物料畅通。某些设备的手动搅拌、紧急排空装置都应有专人看管。如发现因停电而造成冷却系统停机时，要及时将放热设备中的物料进行妥善处理，避免超温超压事故；②当发生局部停水或小范围内停水时，可根据生产工艺情况进行减量或维持生产，如大面积停水，则应立即停止生产进料，注意温度、压力变化，如超过正常值时，可采取放空降压措施；③若需要进行加热的容器或管道突然发生停汽，则容器或管道的温度会很快下降，一些在常温下呈固态而在操作温度下呈液态的物料，会因为温度下降凝结而堵塞管道。对此应及时关闭物料连通的阀门，防止物料倒流至蒸汽系统；④停风会使所有以气为动力的仪表、阀门都不能动作，故停风时应立即改为手动操作，某些充气防爆电气和仪表也处于不安全状态，必须加强厂房内通风换气，以防止可燃气体进入电器和仪表内部；⑤对可燃物大量泄漏的处理。在生产过程中，当有可燃物大量泄漏时，首先应正确判断泄漏部位，及时报告领导和有关部门，迅速切断泄漏物料来源，在一定区域范围内严格禁止动火及其他火源产生。操作人员应坚守岗位，密切注视容器内物料的工艺变化，工艺控制如果达到了临界压力和临界温度的危险值时，应正确地进行停车处理。

5.3 压力容器的维护保养

5.3.1 压力容器设备的完好标准

1)运行正常，效能良好

(1)容器的各项操作性能指标符合设计要求，能满足正常生产的需要。

(2)操作过程中运转正常，易于平稳地控制各项操作参数。

(3)密封性能良好，无泄漏现象。

(4)带搅拌的容器，其搅拌装置运转正常，无异常的振动和杂音。

(5)带夹套的容器，加热或冷却其内部介质的功能良好。

(6)换热器无严重结垢。列管式换热器的胀口、焊口，板式换热器的板间，各类换热器的法兰连接处均能密封良好，无泄漏及渗漏。

2)装置完整，质量良好

一般来说，它应包括如下各项要求：

(1)零部件、安全装置、附属装置、仪器仪表完整，质量符合设计要求。

(2)压力容器本体整洁，油漆、保温层完整，无严重锈蚀和机械损伤。

(3)有衬里的容器，衬里完好，无渗漏及鼓包。

(4)阀门及各类可拆连接处无“跑、冒、滴、漏”现象。

(5)基础牢固，支座无严重锈蚀，外管道情况正常。

(6)各类技术资料齐备、准确、有完整的设备技术档案。

(7)压力容器在规定期限内进行了定期检验，安全性能好，并已办理使用登记证。

(8)安全阀、爆破片、易熔塞、温度计及压力表等附件定期进行了调校和更换。

5.3.2 压力容器运行期间的维护保养

(1)保持完好的防腐层。

(2)经常检查容器的紧固件和紧密封状况，保持完好，防止产生“跑、冒、滴、漏”。

(3)对压力容器定期进行检查、实验和校正，发现不准确或不灵敏时，应及时检修和更换。容器上安全装置不得任意拆卸或封闭不用。

(4)尽量减少或消除压力容器的振动。

(5)压力容器运行或进行耐压试验时，严禁对承压元件进行任何修理或紧固、拆卸、焊接等工作。对于操作规程许可的热紧固、运行调试应严格遵守安全技术规范，容器运行或耐压试验需要调试、检查时，人的头部应避开事故源。检查路线应按确定部位进行。

5.3.3 压力容器停用期间的维护保养

(1)停止运行尤其是长期停用的容器，一定要将其内部介质排除干净，要注意防止容器的“死角”内积存腐蚀性介质。

(2)要经常保持容器的干燥和清洁，并保持容器及周围环境的干燥。

(3)要保持容器外表面的防腐油漆等完整无损，要注意保温层下和支座处的防腐。

5.4 危险介质压力容器的防护措施

5.4.1 防止易燃介质燃烧爆炸的措施

1)爆炸极限及其影响因素

可燃气体、可燃液体的蒸气或可燃粉尘和空气混合达到一定浓度时，遇到火源就会发生爆炸，这个遇到火源能够发生爆炸的浓度范围，称为爆炸极限。通常用可燃气体在空气中的体积分数表示，可燃粉尘则以 mg/L 表示。爆炸极限范围越宽，下限越低，爆炸危险性也就越大。

2)易燃介质(易爆介质)

是指其与空气混合的爆炸下限＜10％，或者爆炸上限和下限之差＞20％的气体。

例：氢气 4.0％～75.6％；氨 16％～25％；苯 1.2％～8.0％；一氧化碳 12.5％

～74.2%。

爆炸极限随温度、压力、介质等因素变化而变化，并不是一成不变的。

3)防止易燃介质燃烧爆炸的措施

(1)火源控制：①明火控制；②摩擦与撞击火花的控制；③其他火源的控制；④电器火花的控制。

(2)防止易燃介质的泄漏：尽量减少法兰连接，采用无缝钢管，投用前进行气密试验。

5.4.2 防止有毒介质侵入人体的措施

1)工业毒物与中毒

一般来说，凡作用于人体产生有害作用，引起机体功能或器质性病理变化的物质都叫毒物。在生产过程中所使用或产生的毒物叫工业毒物。在生产过程中，工业毒物引起的中毒叫职业中毒。表现形式：气体、蒸汽、雾、烟、粉尘。其侵入人体的途径：呼吸道、皮肤、消化道。

2)防止侵入人体的措施

(1)呼吸道防护。正确使用呼吸防护器是防止有毒物质从呼吸道进入人体引起职业中毒的重要措施之一。需要指出的是，这种防护只是一种辅助性的保护措施，根本的解决办法还在于改善劳动条件，降低作业场所有毒物质的浓度。用于防毒的呼吸器材，大致可分为过滤式防毒呼吸器和隔离式防毒呼吸器两类。

(2)皮肤防护。皮肤防护主要依靠个人防护用品，如工作服、工作帽、工作鞋、手套、口罩、眼镜等，这些防护用品可以避免有毒物质与人体皮肤的接触。对于外露的皮肤，则需涂上皮肤防护剂。由于工种不同，个人防护用品的配备也因工种的不同而有所区别。操作者应按工种要求穿用工作服等防护用品，对于裸露的皮肤，也应视其所接触的不同物质，采用相应的皮肤防护剂。皮肤被有毒物质污染后，应立即清洗。许多污染物是不易被普通肥皂洗掉的，而应按不同的污染物分别采用不同的清洗剂。但最好不用汽油、煤油作清洗剂。

(3)消化道防护。防止有毒物质从消化道进入人体，一是要严格遵守有关规定，在有毒工作场所作业时，应按照规定不饮水不吃食物，防止有毒有害物质进入体内；二是提高安全防范意识，养成良好的卫生习惯，做到饭前洗手，注意搞好个人卫生。

5.4.3 防止腐蚀性的介质腐蚀设备及人身的防护措施

应根据容器内部工作介质对器壁材料的腐蚀作用，采取适当的防腐措施。常用的防腐措施有涂漆，喷镀或电镀，搪瓷或搪玻璃、非金属(常为橡胶或树脂类高分子涂层)或金属衬里(衬铅)等，用以避免器壁同介质的直接接触，因此必须经常保持防腐涂层或衬里的完好。使用这类压力容器时应注意以下事项：第一，装入固体物料或容器的内件时应注意避免刮落或碰坏防腐层；第二，带搅拌器的压力容器应防止搅拌器叶片与器壁碰撞；第三，内装填料的压力容器，填料环应布放均匀，防止流体介质运动的偏流磨损；第四，定期检查防腐涂层或衬里的完好情况。对有腐蚀性介质的压力容器，必要时也可以做挂片试验，以核定其腐蚀的程度。即用与压力容器主体母材相同的材料挂片于压力容器内，定期测定其重量损失以确定腐蚀速率，并由此作出制订安全操作规程的依据。

操作人员在腐蚀性介质的工作环境中，须要防护措施：①可能接触到其蒸气或烟雾时，必须佩戴防毒面具或供气式头盔。紧急事态抢救或逃生时，建议佩戴自给式呼吸器；②眼睛防护：戴化学安全防护眼镜。防护服：穿防腐材料制作的工作服。手防护：戴橡皮手套；③工作后，沐浴更衣，单独存放被污染的衣服，洗后再用；④急救措施，皮肤接触：立即用水冲洗至少15min。若有灼伤，就医治疗。眼睛接触：立即提起眼睑，用流动清水或生理盐水冲洗至少15min，严重者就医。

5.5 压力容器带压密封技术简介

带压密封技术是运行中装置的压力容器发生流体介质泄漏，在不影响装置正常运行的情况下，在泄漏缺陷部位重新建立新的有效密封结构的技术手段。技术实施过程涉及到力学、材料学、液压技术、流变学等多学科知识的综合运用，是维护装置安全平稳生产，防止事故发生的应急抢修技术。带压密封作业，不同于普通施工作业，具有高危险性(高压力、高温度、强酸碱等)，所以安全必须摆在第一位，安全防护产品也成为带压密封技术中不可缺少的一部分。

它的主要技术特点有：

(1)施工作业过程可保持工况不变，不影响生产正常运行，不动火、不停车；

(2)安全可靠，通过技术实施对压力容器缺陷部位予以增强保护，不产生新的附加应力；

(3)简便快捷，泄漏部位不需作任何处理，便可进行带压密封施工，过程非常简便迅速；

(4)不破坏原来的密封结构，新的密封结构易拆卸，用来消除法兰泄漏、螺纹连接以及填料函等可拆连接结构的泄漏更具优势；

(5)适应性强，应用范围广，不同工况条件的各种流体介质泄漏，都可以用以消除。

(6)社会效益，经济效益显著，有利于节能减排，资源节约、环境保护和防止恶性事故发生。

经过几十年的发展应用，技术已经成熟，形成了注剂法密封、紧固法密封、填料函泄漏密封等多种密封施工方法，制定并发布了GB/T 26467《承压设备带压密封技术规范》、GB/T 26468《承压设备带压密封夹具设计规范》、GB/T 26556《承压设备带压密封剂技术条件》三项系列国家标准，标准的发布与实施对于企业组织技术培训和作业人员操作控制提供可借鉴的依据，使技术运用更加规范、科学，以便更好的发挥技术效能。

第 6 章 压力容器安全附件及仪表

6.1 设置安全附件及仪表的必要性

石油化工生产设备，因为生产产品要求不同，每台设备的工作参数不尽相同。石油化工生产装置在一定的工作温度、工作压力下连续不断的运行，生产出所需的产品。为了保证这一生产过程的安全性、连续性、稳定性，就需要在石油化工设备上加装安全附件及仪表，时时监控运行工作中的各项参数，并且在出现超温、超压等异常情况时，及时地采取相应的措施，避免和减少事故所造成的人员伤亡和经济损失。

6.2 压力容器的安全附件

压力容器的安全附件通常按功能可划分为三类。

1)安全泄压装置

安全泄压装置就是为保证压力容器安全运行，防止它发生超压的一种保险装置。它的性能是正常时不漏，超压时排气，使容器内的压力始终保持在最高许用压力的范围之内，如安全阀、爆破片等。

2)紧急切断装置

紧急切断装置是装设在液化石油气或液化气体罐车等气、液接口处的一种安全装置，当管道破裂或其他原因造成介质泄漏时，管内介质流速急增，阀门立即自行关闭，进行紧急止漏，防止介质大量泄漏，避免或减少事故的发生，如紧急切断阀、易熔塞等。

3)安全联锁装置

安全联锁装置是指在危险排除之前能阻止接触危险区，或者一旦接触时能自动排除危险状态的一种装置。如压缩机油压低限自动联锁停车、加热炉燃料压力低限自动熄炉联锁等。

6.3 安全泄压装置

6.3.1 安全泄压装置的作用与设置原则

为了确保压力容器的安全运行，针对容器的超压情况，要从根本上采取措施，需要在容器上装设安全泄压装置，以确保容器始终处于不超过允许使用压力下运行。

安全泄压装置应具有下列性能与作用：

当容器在正常工作压力运行时它应保持严密不漏；当容器内压力超过规定允许值时，会自动开启，将容器内的气体迅速排出，而使容器内压力始终保持在最高允许压力范围之内；在自动开启释放压力的时，会发出较大的响声，可以起到自动报警的作用。

一般来说，可根据以下的原则来确定是否设置安全泄压装置：

(1)对于设计压力低于压力来源的压力容器，如果在运行过程中可能因物料的化学反应或受热使其内压增加，并在压力来源处没有装设安全泄压装置时，则该压力容器必须单独设置安全泄压装置。

(2)对于容器内的压力是由于容器内介质的化学反应而产生或化学反应能使压力升高的压力容器，应单独装设安全泄压装置。

(3)对于容器内介质的压力会由于容器内部或外部受热而显著增高，且该容器与其他设备的连接管道上又装有阀门时，该压力容器应单独装设安全泄压装置。

(4)盛装液化气体的压力容器必须装设安全泄压装置。

(5)一个压力系统中有几台压力容器，若系统中没有隔断阀，且又无堵塞可能时，则可按一个系统考虑，只在其中的一个关键容器上设置安全泄压装置。

(6)一个压力系统中有几台压力容器，若系统中有隔断阀，可能由于操作失误而形成两个压力系统，则每一个系统均应设置安全泄压装置。

6.3.2 安全泄压装置的类型及其特点

安全泄压装置按其结构型式可以分为：

1)阀型安全泄压装置

阀型安全泄压装置即常用的安全阀。它是通过阀的自动开启来排出气体以降低容器内压力。其特点是它仅仅排泄容器内高于规定压力值的压力，而当容器内的压力降至开启压力时，它即会自动关闭。这可以避免压力容器因出现超压而将全部气体排出造成浪费和中断生产。安全阀的结构特点是其安装和调整比较容易。但其缺点是：密封性能较差，即使在正常工作压力下也会有轻微的泄漏；由于弹簧的惯性作用，阀的开启有滞后现象，因而泄压反应较慢；当介质不洁净时，阀芯和阀座会粘连，造成安全阀达到开启压力时打不开或使安全阀不严密，没达到开启压力就已泄漏。

2)断裂型安全泄压装置

断裂型安全泄压装置即爆破片和爆破帽。爆破片用于中、低压容器，爆破帽用于超高压容器。它们是通过装置元件(片或帽)的断裂而排出气体的，其特点是密封性能较好，泄压反应较快以及介质内所含污物对它的影响较小。但其在完成泄压作用以后就不能继续使用，且容器也得停止运行。所以一般只用于不宜装设阀型安全泄压装置的容器中。

3)熔化型安全泄压装置

熔化型安全泄压装置即易熔塞。它是通过易熔合金在容器内介质温度升高到一定程度时会引起超压的情况下自行熔化，致使容器内的超压气体从熔化孔中排泄出来。由于易熔合金的强度很低，其泄放面积不能太大，所以只适用于泄放量很小的压力容器上，一般多用于液化气体钢瓶。

4)组合型安全泄压装置

组合型安全泄压装置同时具有阀型和断裂型或阀型和熔化型的泄放装置。常见的有弹簧安全阀和爆破片的组合型，它同时具有阀型和断裂型的优点，既可以防止阀型泄压装置的泄漏，又可以在排放过高压力后，使容器在正常压力下能继续运行。其中爆破片可以装在安全阀的入口侧，也可以装在安全阀的出口侧。

6.4 安全阀

1)安全阀的工作原理与基本要求

安全阀的工作原理比较简单，它是靠安全阀的三个主要组成部分来实现的，这三个主要组成部分为：阀座、阀瓣(阀芯)和加载机构。有的阀座和阀体是一个整体，有的是和阀体组装在一起，它与容器连通。阀瓣常连带有阀杆，它紧扣在阀座上。阀瓣上面是加载机构，载荷的大小可以调节。当容器内的压力在规定的工作压力范围之内时，容器内部气体作用于阀瓣上的力小于加载机构加在阀上面的力，两者之差构成阀瓣与阀座之间的密封力，使阀瓣紧压着阀座，容器内气体无法排出。当容器内的压力超过规定的工作压力并达到安全阀的开启压力时，内部介质作用于阀瓣上的力大于加载机构施加在它上面的力，于是阀瓣离开阀座，安全阀开启，容器内的气体即通过阀座排出。如果安全阀的排量大于设备的安全泄放量，容器内压力即逐渐下降，而且通过短时间的排气后，压力即降回至正常工作压力。此时内压作用于阀瓣上的力又小于加载机构施加在它上面的力，阀瓣又紧压着阀座，气体停止排出，容器保持正常的工作压力继续运行。安全阀通过作用在阀瓣上的两个力的不平衡作用，使其启闭，以达到自动控制压力容器内压的目的。

对安全阀的基本要求：

(1)动作灵敏可靠，当压力达到开启压力时，阀瓣能自动地迅速打开，顺利及时地排出气体；

(2)在排放压力下，阀瓣应达到全开位置，并能排放出规定的气体量；

(3)密封性能良好。不但在正常工作压力下应保持密封不漏，而且要求在开启排气、压力降低后能及时关闭，并继续保持密封。

2)安全阀的分类及其结构

(1)按整体结构和加载机构的不同，可分为：弹簧式安全阀、重锤杠杆式安全阀和脉冲式安全阀。

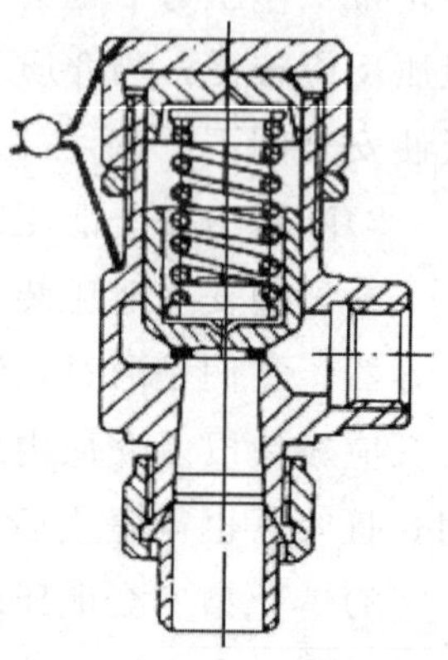

图 6-1　弹簧式安全阀

①弹簧式安全阀(图 6-1)是利用弹簧的压力作为加压载荷，并通过调节弹簧压力的大小来调整安全阀开启压力。其结构比较

紧凑。该阀对振动不敏感，灵敏度较高，安装位置不受限制，因此应用得最普遍。但因弹簧长期受高温会影响弹力，所以它不适宜用在温度太高的场合。

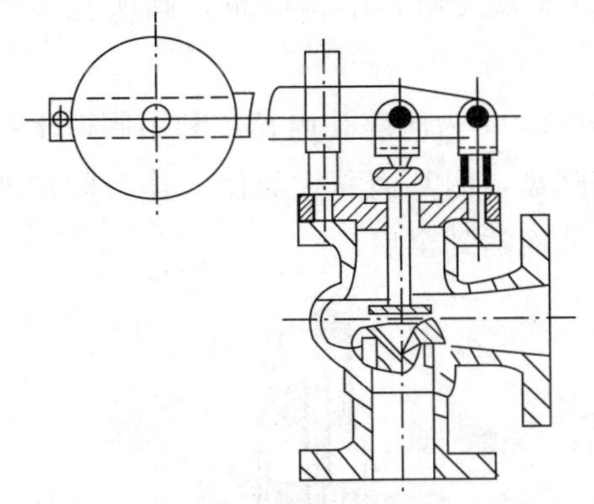

图 6-2　重锤杠杆式安全阀

②重锤杠杆式安全阀(图 6-2)是利用重锤和杠杆来平衡作用在阀瓣上的力。根据杠杆原理，它可以使用质量较小的重锤通过杠杆的增大作用获得较大的作用力，并通过移动重锤的位置(或变换重锤的质量)来调整安全阀的开启压力。

重锤杠杆式安全阀结构简单，调整容易而又比较准确，所加的载荷不会因阀瓣的升高而有较大的增加，适用于压力低而温度较高的场合，过去用得比较普遍，特别是用在锅炉和温度较高的压力容器上。

但重锤杠杆式安全阀结构比较笨重，加载机构容易振动，常因振动而产生泄漏，其回座压力一般都比较低，开启后不易关闭及保持严密，有时要降到工作压力的70%以下才能保持密封。

③脉冲式安全阀(图 6-3)是一种非直接作用式安全阀，它由主阀和脉冲阀构成。脉冲阀为主阀提供驱动源，主阀则通过驱动源控制其自身的启闭动作，由于脉冲式安全阀主阀压紧阀瓣的力，可以比直接作用式安全阀大得多，故适用于压力较高和排放量很大的场合。但是脉冲式安全阀的结构复杂，动作的可靠性不仅取决于主阀，也取决于脉冲阀和辅助控制系统。

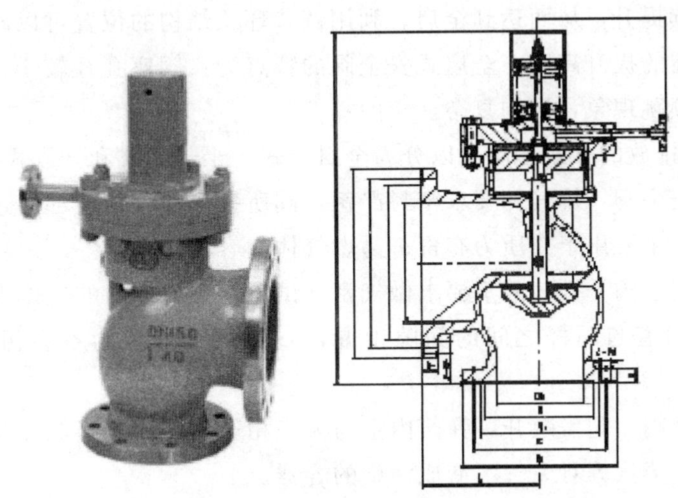

图 6-3　脉冲式安全阀

(2)按阀瓣的提升高度不同可分为：微启式安全阀和全启式安全阀。

①微启式安全阀(图 6-4)阀瓣外径与阀座密封面外径大小差不多，容器内压对阀瓣的作用力只要将阀瓣顶离阀座一个很小的高度，阀瓣的向上和向下作用力就达到平衡，气体

只能从一个很小的环隙中排出，因此该阀的有效排气截面积较小。阀瓣的提升高度 $h=d/20\sim d/40$，d 为阀座孔内径。该阀的特点为起跳、回坐较灵敏，结构简单，阀座孔径较大，会出现频跳现象。

②全启式安全阀(图 6-5)的阀瓣的提升高度 $h\geqslant d/4$，d 为阀座孔内径。利用阀瓣上有一个直径较大的圆盘，气体从阀瓣底部逸出后接触该圆盘，因其面积大而使气体对阀瓣的作用力也增大，从而相应地提高了阀瓣的提升高度，从而达到全启。

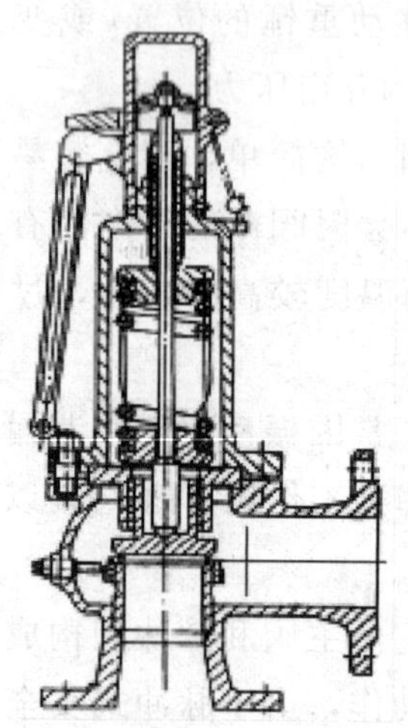

图 6-4　微启式安全阀

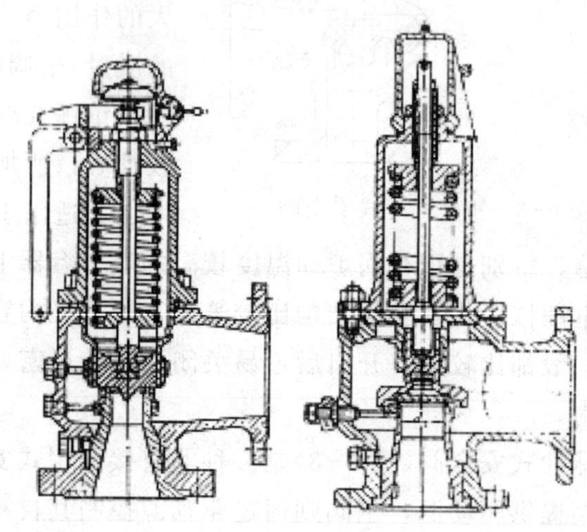

图 6-5　全启式安全阀

图 6-5 是利用气流对阀瓣的反作用原理来使阀瓣提高的一种结构。阀瓣底部逸出的气体，由于阀瓣上可调节的环状结构促使它向阀瓣升起的相反方向转变，于是就产生一个反作用力使阀瓣继续提升，从而达到全启。利用调节环状结构的位置可以改变气流转变的程度，从而调节阀瓣的提升高度。全启式安全阀的特点为：阀座孔径较小，回坐缓和，但会推迟，不会产生频跳现象，结构复杂。

(3)按照气体排放的方式不同可以分为全封闭式、半封闭式和开放式。

①全封闭式安全阀　排气侧要求密封严密，阀所排出的气体全部通过排气管排放，介质不能向外泄漏。主要用于介质为有毒、易燃气体的容器。

②半封闭式安全阀　排气侧不要求做气密性试验，阀所排出的气体大部分通过排气管排放，一部分从阀道与阀杆之间的间隙中漏出，适用于介质为不会污染环境的气体容器上。

③开放式安全阀　阀盖敞开，弹簧内室与大气相通，有利于降低弹簧的温度。主要适用于介质为空气、蒸汽等对大气不造成污染的容器。

(4)安全阀的型号规格

根据阀门型号编制方法的规定，安全阀的型号由六个单元组成，其排列方式如图 6-6 所示：

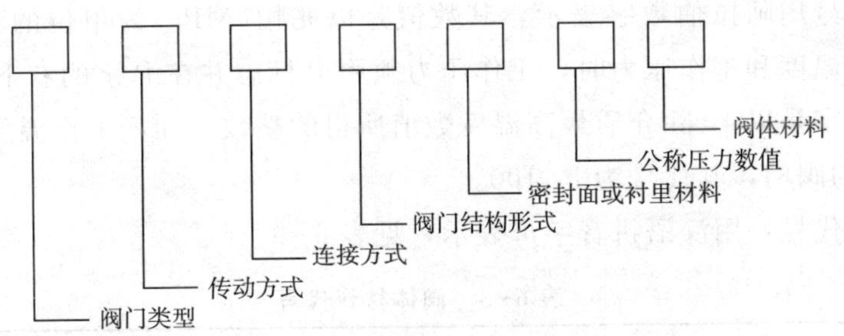

图 6-6　阀门型号编制方法

①安全阀的类型代号：用汉语拼音字母表示，弹簧式安全阀的代号为 A；重锤杠杆式安全阀的代号则为 GA。

②连接方式代号：用阿拉伯数字表示，1 代表内螺纹连接；2 代表外螺纹连接；4 代表法兰连接；6 代表焊接连接。

③结构型式代号：用阿拉伯数字表示，见表 6-1。

表 6-1　安全阀结构形式代号

<table>
<tr><th colspan="4">结构形式</th><th>代号</th></tr>
<tr><td rowspan="8">弹簧</td><td rowspan="4">封闭</td><td>带散热片</td><td>全启式</td><td>0</td></tr>
<tr><td colspan="2">微启式</td><td>1</td></tr>
<tr><td colspan="2">全启式</td><td>2</td></tr>
<tr><td rowspan="4">带扳手</td><td>全启式</td><td>4</td></tr>
<tr><td rowspan="4">不封闭</td><td>双弹簧微启式</td><td>3</td></tr>
<tr><td>全启式</td><td>8</td></tr>
<tr><td>微启式</td><td>7</td></tr>
<tr><td>带控制机构</td><td>全启式</td><td>6</td></tr>
<tr><td rowspan="3">杠杆</td><td colspan="2" rowspan="2">单杠杆</td><td>全启式</td><td>2</td></tr>
<tr><td>角形微启式</td><td>5</td></tr>
<tr><td colspan="2">双杠杆</td><td>全启式</td><td>4</td></tr>
<tr><td colspan="4">先导式</td><td>9</td></tr>
</table>

④阀体密封面材料代号：用汉语拼音表示，见表 6-2。

表 6-2　阀体密封面材料代号

阀座密封面材料	代号	阀座密封面材料	代号
铜合金	T	渗氨钢	D
橡胶	X	渗硼钢	P
尼龙塑料	N	硬质合金	Y
合金钢耐酸或不锈钢	H	阀体本体加工	W
锡基轴承合金(巴氏合金)	B		

注：当阀座和阀瓣密封面材料不同时，用低硬度材料代号。

⑤公称压力数值

公称压力代号用阿拉伯数字表示，其数值是以兆帕(MPa)为单位的公称压力值的10倍。当标注工作温度和工作压力时，工作压力须用P标志并在P字的右下角附加介质最高温度数字，该数字是以10除介质最高温度数值所得的整数。如：工作温度为540℃，工作压力为10MPa的阀门，其代号为$P_{54}100$。

⑥阀体材料代号：用汉语拼音字母表示，见表6-3。

表6-3　阀体材料代号

阀体材料	代号	阀体材料	代号
灰铸铁	H	碳素钢	C
球墨铸铁	Q	铬钼合金钢	I
		铬镍钛钢	P
		铬钼钒合金钢	V

注：$PN \leqslant 1.6$MPa的灰铸铁阀体和$PN \geqslant 2.5$MPa的碳素钢阀体，省略本代号

型号示例：

“A27W-10”表示弹簧不封闭微启式安全阀，带扳手的，外螺纹连接，灰铸铁阀体材料且在阀体上直接加工的密封面，公称压力1.0MPa。

“A48Y-16C”表示弹簧不封闭全启式安全阀，带扳手的，法兰连接，密封面材料为硬质合金，阀体材料为碳素钢，公称压力1.6MPa。

3)安全阀的安全技术要求

(1)安全阀的选择

使用单位购买安全阀时，必须注意安全阀的制造单位应具有国家质量监督检验检疫总局颁发的《特种设备制造许可证》。

安全阀的型号选择必须符合压力容器或工艺系统的设计要求。一旦压力容器设计图纸或工艺设计已经确定了安全阀的型号，需更换时其型号不能随意改变。一般设计选型时涉及到两个因素：一个是被保护设备或系统的工作条件如工作压力、允许超压限度，必需的排放量、介质的特性、工作温度等；另一个是安全阀本身的动作特性和参数指标。因此可依照下述方面来选用：

①选用合适的加载机构型式。常规的容器宜采用弹簧式安全阀，因其结构紧凑、轻便，比较灵敏可靠，一般可适用于工作温度200℃，带散热器的弹簧式安全阀可用到450℃。对于压力较低而又没有振动影响的容器可采用杠杆式安全阀。

②选用合适的阀瓣开启高度。高压容器和安全泄放量较大而容器壁厚又不太富裕的中低压容器最好采用全启式安全阀，因同样排放量，其开孔尺寸可减少很多。对于要求压力绝对平衡的容器宜采用微启式安全阀，因其回座压力要比全启式更接近正常操作压力。

③选用合适的压力范围。虽然弹簧式安全阀的加载是可以调节的，但每种安全阀都有其一定的工作压力范围，因此不宜把高压用的弹簧式安全阀过分卸载(放松弹簧)来用于低压容器上；也不宜把低压用的弹簧式安全阀过分加载(压缩弹簧)来用于高压容器

上。同时应当注意，弹簧调节的资格是有要求的，压力容器操作人员严禁自行调节加载弹簧螺栓。

④选用适宜的安全阀排气能力。安全阀其排气能力应大于压力容器的安全泄放量，才能确保容器在超压时安全阀开启，并及时排出气体避免容器内的压力继续升高。容器一个连接口上装数个安全阀时，则该连接口入口面积应至少等于数个安全阀的进口面积总和。

⑤介质为气体，且温度大于235℃时，应采用带散热器的安全阀。

(2)安全阀的安装要求

①安全阀一般应当铅直安装在压力容器液面以上的气相空间部分，或者装设在与压力容器气相空间相连的管道上。

②压力容器与安全阀之间的连接管和管件的通孔，其截面积不得小于安全阀的进口截面积，其接管应当尽量短而直。

③压力容器一个连接口上装设两个或者两个以上的安全阀时，则该连接口入口的截面积，应当至少等于这些安全阀的进口截面积总和；多个安全阀排放口不能串联排放。

④安全阀与压力容器之间一般不宜装设截止阀门。

为实现安全阀的在线校验，可在安全阀与压力容器之间装设爆破片装置。

对于盛装毒性程度为极度、高度、中度危害介质，易爆介质，腐蚀、黏性介质或者贵重介质的压力容器，为便于安全阀的清洗与更换，经过使用单位主管压力容器安全技术负责人批准，并且制定可靠的防范措施，方可在安全阀(爆破片装置)与压力容器之间装设截止阀，压力容器正常运行期间该截止阀必须保证全开(加铅封或者锁定)，该截止阀的结构和通径不得妨碍安全阀的安全泄放。

⑤新安全阀应当校验合格后才能安装使用。

⑥对易燃介质或毒性程度为极度、高度或中度危害介质的压力容器，应在安全阀的排出口设导向管，将排放介质引至安全地点，并进行妥善处理，不得直接排入大气。对轻质气体宜引出天花板，向上排放。

⑦杠杆式安全阀应有防止重锤自由移动的装置和限制杠杆越出的导架；弹簧式安全阀应有防止随便拧动调整螺钉的铅封装置。

(3)安全阀的校验

安全阀的校验周期应当符合以下要求：

①安全阀定期校验，一般每年至少一次，安全技术规范有相应的规定；

②经解体、修理或更换部件的安全阀，应当重新进行校验。

(4)安全阀常见故障

安全阀出现故障时应及时排除，以确保其灵敏可靠。安全阀常见的故障有以下几种：

①安全阀漏气

a)氧化皮、水垢、杂物等落在密封面上，可用手动排气去除或拆开清理；

b)密封面机械损伤或腐蚀，可用研磨或车削后研磨的方法修复或更换；

c)弹簧因受载过大而失效或弹簧弹力降低，应更换弹簧；

d)阀杆弯曲变形或阀芯与阀座支承面偏斜，找明原因重新装配或更换阀杆等部件；

e)杠杆或安全阀的杠杆与支点发生偏斜，使阀芯与阀座受力不均，校正杠杆中心线。

②安全阀超过规定压力时不开启

a)阀芯与阀座粘住，可做手动排气试验排除；

b)阀杆与衬套间的间隙过小，受热时膨胀卡死，需适当增大阀杆与衬套的间隙；

c)弹簧式安全阀的弹簧调整压力过大，应送有校验资格的机构重新调整。

③安全阀不到规定压力就开启

a)弹簧失效，应更换弹簧；

b)杠杆式安全阀的重锤向内移动，应将重锤移到原来定压的位置上，用限动螺丝紧固。

④安全阀达不到全开状态

a)安全阀选用的公称压力过大或弹簧刚度太大，需重新选用安全阀；

b)调节圈调整不当，需重新调整；

c)阀芯在导向套中摩擦阻力太大，需清洗、修磨或更换部件；

d)安全阀后排放管设置不当，气体流动阻力大，重新调整排放管理。

⑤阀瓣震荡

a)调节圈与阀瓣间隙大，需重新调整；

b)安全阀的排放量比容器所要求的安全泄放量大得太多，应重新选型，使之相匹配；

c)安全阀进口面积大小或阻力大，使安全阀的排气量达不到容器排放要求，需更换或调整安全阀的进口管路；

d)排放管路阻力过大，应对管路进行调整以减小阻力。

⑥阀瓣不能及时回坐

a)阀瓣在导向套中摩擦阻力大，间隙太小或不同轴，需进行清理、修理或更换部件；

b)阀瓣的开启和回坐机构未调整好，应重新调整。对弹簧式安全阀，通过调节弹簧压缩力可调整其开启压力，通过调节下调节圈位置可调整其回坐压力。

(5)当安全阀有下列情况之一时，应停止使用并更换

①安全阀的阀芯和阀座密封不严且无法修复；

②安全阀的阀芯与阀座粘死或弹簧严重腐蚀、生锈；

③安全阀选型错误。

6.5 爆破片

爆破片作为一种爆破装置已被广泛应用在管路系统及压力容器上，作为因爆炸而引起的瞬间超压的安全泄压装置。它也可作为安全阀的代用品，装设在不适宜装设安全阀的压

力容器上，利用膜片的断裂起到泄压目的。它是一种非重闭式、断裂型的泄放装置。泄压后爆破片不能继续有效使用，压力容器也将被迫停止运行，因此它不宜用于经常超压的场合。

爆破片与安全阀相比，它具有以下特点：结构简单，泄压反应快，正常状态严密无泄漏，规格型号多，可用各种材料制造，适应性强等。

1)爆破片的使用范围

(1)容器内的介质易于结晶或聚合，或带有较多的黏性物质，容易堵塞安全阀或使安全阀阀瓣和阀座粘住。

(2)容器的内压由于化学反应(如高压聚乙烯反应釜在生产过程中的分解爆炸)或其他原因迅猛上升，安全阀难于及时排出过高压力。

(3)容器内的介质为剧毒气体或极为昂贵的气体，使用安全阀难以达到防漏要求。

(4)超高压容器及泄放可能性极小的场合。

2)爆破片的设置原则

(1)爆破片应尽量安装在靠近引爆可能性最大的部位，或设置在容器和系统强度最薄弱的部位。

(2)爆破片一般应与容器液面以上的气相空间相连。

(3)设置的部位应便于安装、检查及更换。

(4)除非采取特别的措施，一般在容器与爆破片之间或爆破片与其出口之间不得装设关闭阀门。

(5)尽量缩短爆破片与容器间的接管长度，而且应为直管，以减少入口压降。管子通径不应小于爆破片的泄放面积。

(6)爆破片的泄放管线应尽可能垂直安装，该管线应避开邻近设备和操作人员经常接近的场所。

(7)爆破片排放管线的内径应不小于爆破片的泄放口径。如所采用的爆破片为脆性材料或者会产生爆破碎片时，应装设栏网或其他不致堵塞管道的设施。

3)爆破片的结构形式

爆破片主要由一副夹盘和一块很薄的膜片组成。夹盘用埋头螺钉将膜片夹紧，然后装在容器的接口法兰上。通常所说的爆破片已经包括了夹盘等部件，所以也称为爆破片组合件。常见的爆破片组合件有以下三种：

(1)膜片预拱成形，并预先装在夹盘上的拉伸型爆破片，如图6-7(a)所示。这种爆破片特点是爆破压力较稳定，并且可以在很大的压力范围内使用。

(2)利用透镜垫和锥形夹盘型式的爆破片[图6-7(b)]，可适用于高压场合。

(3)螺纹接头夹盘[图6-7(c)]，是通过螺纹套管和垫圈将膜片压紧，但膜片容易偏置因而使用可靠性差。

4)爆破片的安全技术要求

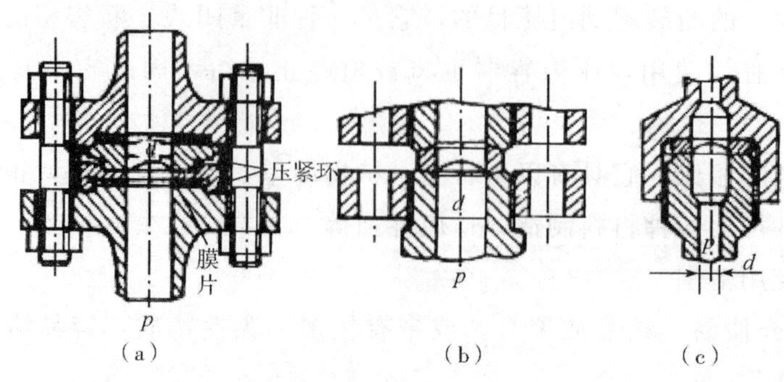

图 6-7　爆破片组合件型式

购买爆破片时应注意，爆破片的制造单位必须持有国家质量技术监督检验检疫总局颁发的特种设备制造许可证。

爆破片作为一种安全泄压装置，必须确保它能在规定的压力范围内爆破。若实际爆破压力过高，爆破片就失去了安全效能；若实际爆破压力过低则又会影响容器的正常运行。因此需要尽量减小爆破片实际爆破压力与设计爆破压力之间的误差，而这误差主要取于爆破片的制造质量。

爆破片的选择必须符合压力容器或工艺系统的设计要求，如：

(1)各种材料的膜片都不应该超过表 6-4 的规定最高使用温度。

表 6-4　不同膜片材料下最高使用温度

膜片材料	铝	黄铜	铜	低碳钢	不锈钢	蒙乃尔合金
最高使用温度/℃	100	150	200	380	400	430

(2)介质为可燃气体的容器不得使用铸铁或低碳钢材料制成的爆破片，以免膜片破裂时产生火花引起气体爆炸。

对易燃介质或毒性程度为极度、高度或中度危害介质的压力容器应在爆破片的排出口装设导管，将排放介质引至安全地点，并进行安全处理，不得直接排入大气。

(3)爆破片的设计爆破压力不得大于该容器的设计压力，并且爆破片的最小爆破压力不得小于该容器的最高工作压力。

5)爆破片的检查要求

爆破片应进行日常检查、定期检查以及定期更换。

日常检查时，主要检查爆破片是否有介质渗漏现象。如果爆破片为外露式安装时，应当查看爆破片是否有表面损伤、腐蚀和明显变形等现象。

爆破片定期检查周期可以根据具体情况做出相应规定，但是最长不得超过 1 年。定期检查内容包括：

(1)检查爆破片安装方向是否正确，核实铭牌上的爆破压力和爆破温度是否符合运行要求；

(2)检查爆破片外表面有无损伤和腐蚀情况，是否有明显变形，有无异物黏附，有无泄漏等；

(3)爆破片与安全阀串联使用时，检查爆破片与安全阀之间的压力指示装置，确认爆破片、安全阀是否泄漏；

(4)检查排放接管是否畅通，是否有严重腐蚀，支承是否牢固；

(5)带刀架的夹持器，检查其刀片(如有可能)是否有损伤缺口或者刀口变钝；

(6)如果在爆破片与设备之间安装有截止阀，检查截止阀是否处于全开状态，铅封是否完好。

爆破片更换应当根据设备使用条件、介质性质等具体影响因素，或者设计预期使用年限合理确定，一般情况下爆破片更换周期为2～3年。对于腐蚀性、毒性介质以及苛刻条件下使用的爆破片，应当缩短更换周期。当定期检查出现不合格(或不符合)时，爆破片应立即更换。此外，对于超过最小爆破压力而未爆破的爆破片、使用温度超过爆破片允许的使用温度范围、设备检修中拆卸的、长时间停工超过6个月再次投入使用的设备，其爆破片均应立即更换。

6.6 安全阀与爆破片的组合

1)组合方式

爆破片可与安全阀组合使用。组合方式有并联组合和串联组合两种。串联组合时爆破片的位置可以设置在安全阀之前，也可以设置在安全阀之后。无论哪种组合方式，均必须满足相应要求：

(1)安全阀与爆破片并联组合时，爆破片的标定爆破压力不得超过容器的设计压力。安全阀的开启压力应略低于爆破片的标定爆破压力。

(2)安全阀与爆破片串联组合时，当爆破片设置在安全阀之前，安全阀进口和容器之间串联安装爆破片时应满足下列条件：

①安全阀和爆破片组合的泄放能力应满足GB 150.1附录B中的要求；

②爆破片破裂后的泄放面积应不小于安全阀进口面积，同时应保证使爆破片破裂的碎片不影响安全阀的正常动作；

③爆破片与安全阀之间应装设压力表、旋塞、排气孔或报警指示器，以检查爆破片是否被破裂或渗漏。

(3)安全阀与爆破片串联组合时，当爆破片设置在安全阀之后，当安全阀出口侧串联安装爆破片时，应满足下列条件：

①容器内的介质应是洁净的，不可为易沉淀的，不可含有胶着物质或阻塞物质，以防影响安全阀灵敏度；

②安全阀的泄放能力应满足GB 150.1附录B中的要求；

③当安全阀与爆破片之间存在背压时，阀仍能在开启压力下准确开启；

④爆破片的泄放面积不得小于安全阀进口面积；

⑤爆破片与安全阀之间应设置放空管或排污管，以防该空间的压力累积。

2)爆破片与安全阀组合使用的维护与检查

组合使用的安全阀与爆破片除应满足各自单独的维护、检查要求外，应注意组合使用的要求。

6.7 紧急切断装置

紧急切断阀是一种特殊结构和特殊用途的阀门，它通常与截止阀串联安装在紧靠压力容器的介质出口管道上，当管道及其附件破裂，误操作或容器附近发生火灾事故时，为了防止事故蔓延和扩大，需立即紧急关闭阀门，以迅速切断气源，杜绝事故的继续发生，此时紧急切断阀即可显示其功能，能在近程或远程独立进行操作。紧急切断阀通常装设在液化石油气储罐或液化气体汽车槽车、铁路罐车的气相、液相出口的管道上。常见紧急截断阀见图 6-8。

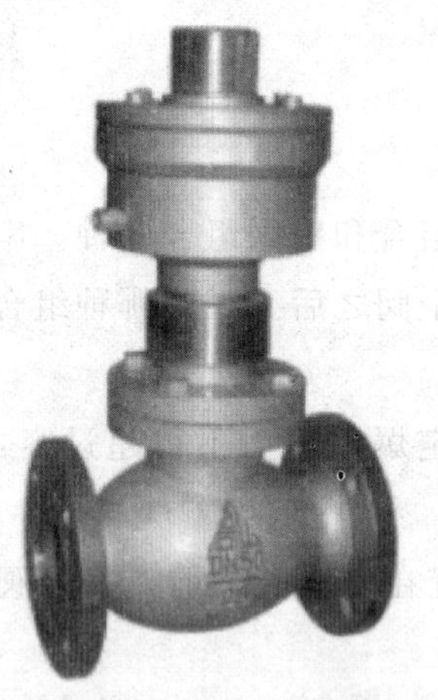

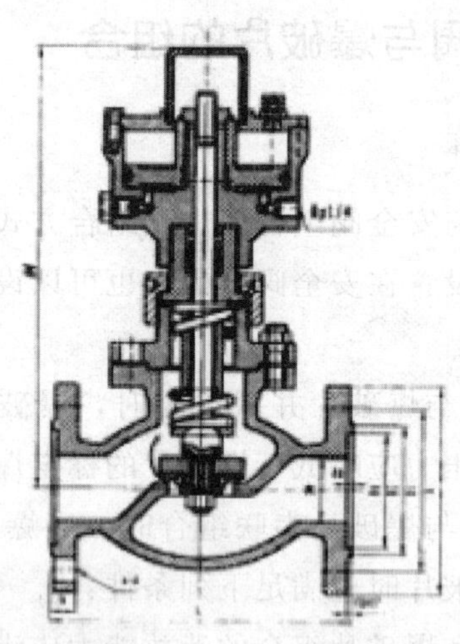

图 6-8 常见的紧急切断阀

紧急切断阀按操纵方式的不同，可分为油压操纵式、气压操纵式、机械(或手动)牵引式和电动操纵式等多种。油压式紧急切断阀是利用油泵将油压送到紧急切断阀的上部油缸中，把油缸中的活塞压下，通过活塞杆带动阀芯下降而开启阀门，液化石油气通过紧急切断阀流出。当发生事故需要紧急切断阀时，即把油缸中的油放出。活塞在弹簧作用下向上移动，从而带动阀芯向上关闭阀门，达到紧急切断的目的。同时，紧急切断阀的上部还装有易熔合金塞，发生火灾时温度急剧升高，易熔合金迅速熔化，使油缸中的油漏出而关闭阀门。气压式紧急切断阀则是利用压缩空气压入阀内，使阀开启，事故发生时放掉压缩空气使阀门自行关闭；电动式紧急切断阀的作用机制是，通电时，由于电磁阀吸引使阀门开启，断电时阀门即自行关闭。所有紧急切断阀的切断物料的时间，应在10s内完成。

紧急切断阀按安装方法可分为内装式和外装式两种。内装式紧急切断阀主要由阀盖、油缸、O形密封圈、弹簧和阀座等部分组成，如图6-9所示。通常安装在储罐(凸缘)上；外装式紧急切断阀由阀座、阀瓣、弹簧油缸、活塞、外壳等部件组成，如图6-10所示，安装于接管上。液化气体槽车上专用的紧急切断阀由阀体、凸轮、油缸、弹簧等部件组成，如图6-11所示。安装时应根据槽车的特点，做成135°角接式，并带有过流关闭装置。

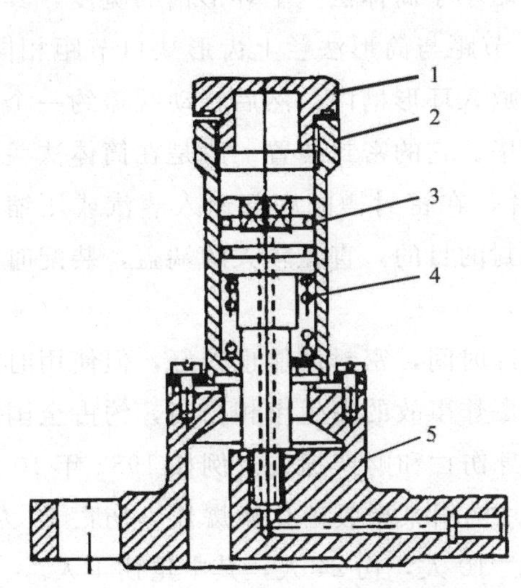

图6-9 内装式紧急切断阀

1—盖；2—油缸；3—O形密封圈；4—弹簧；5—阀座

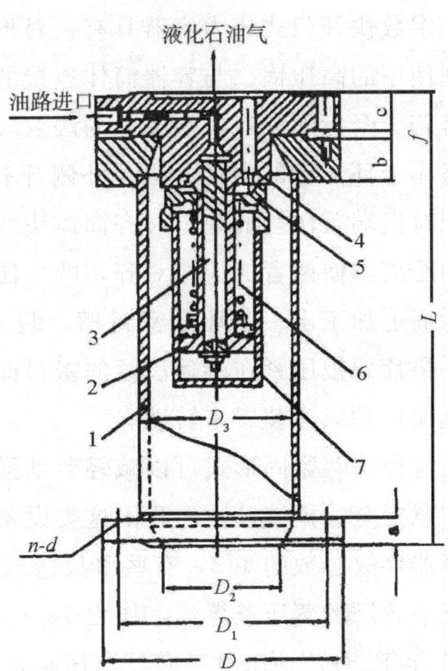

图6-10 外装式紧急切断阀

1—外壳；2—活塞；3—导油管；4—阀座；5—阀瓣；6—弹簧；7—油缸

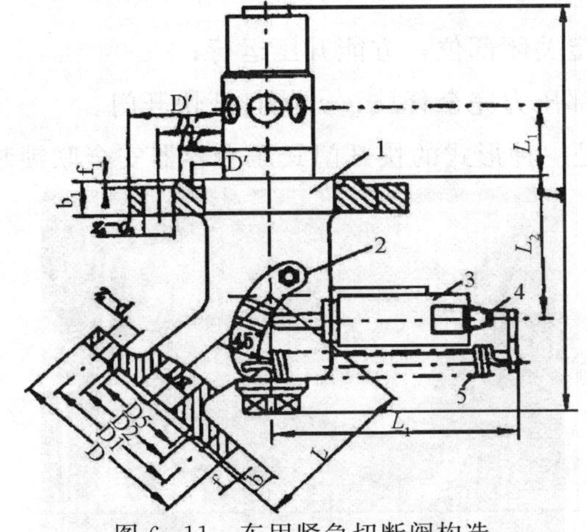

图6-11 车用紧急切断阀构造

1—阀体；2—凸轮；3—油缸；4—油路接管口；5—拉紧弹簧

6.8 安全联锁装置

快开门式压力容器主要应用在建材行业用的蒸压釜；化工行业橡胶制品硫化用的硫化罐；纺织行业用的染色机、定型机；轻工行业制作罐头用的杀菌锅(釜)和医药卫生用的消毒锅(柜)。

多数快开门式压力容器具有一对形状比较特殊的法兰，其结构形式、开启原理类似于家庭使用的高压锅。与容器筒体连接的法兰较厚，中间有一条环形槽，槽外端部圈环内侧开有若干个齿形缺口；端盖上的法兰较薄，其厚度略小于筒体法兰上环形槽的宽度，其外径略小于环形槽的内径。法兰外侧开有齿形缺口，节距与筒形法兰上齿形缺口节距相同。装配时把端盖法兰的缺口对齐筒体法兰上的齿，并放入环形槽内，然后转动端盖约一个槽齿的距离，使两者的齿相对齐，两个法兰即连接完毕。它的密封装置一般是在筒体法兰的密封面上加工出一条环形密封槽，装入整体式垫片，在密封槽的底部通入蒸汽或压缩空气，垫片即被压紧在端盖法兰的密封面上，达到密封的目的。直径较大的端盖，装配时要用机械传动减速装置来转动。

这种法兰紧固形式可以减轻劳动强度，节省装卸时间，密封性能也较好，但使用时必须注意安全。据统计，在我国这类设备的失效甚至爆炸事故的发生率相当高，约占全国压力容器事故总数的1/3，有些事故造成了重大的人身伤亡和财产损失。例如1982年10月北京某砖厂的蒸压釜爆炸，伤亡16人；1986年1月四川某橡胶硫化罐爆炸，伤亡10人。2001年12月广西玉林某砖厂蒸压釜发生爆炸，死亡10人，伤24人，其中重伤1人。

为保证快开门式压力容器的安全使用，在快开门式压力容器上应装有一种特殊的安全附件——安全联锁装置。它没有规定的结构形式，联锁原理也各有不同，但它必须满足一定的功能要求：

(1)当快开门达到预定关闭部位，方能升压运行；

(2)当压力容器的内部压力完全释放，方能打开快开门。

图6-12、图6-13是一种形式的快开门式压力容器安全联锁装置。

图6-12 快开门式压力容器门盖外貌

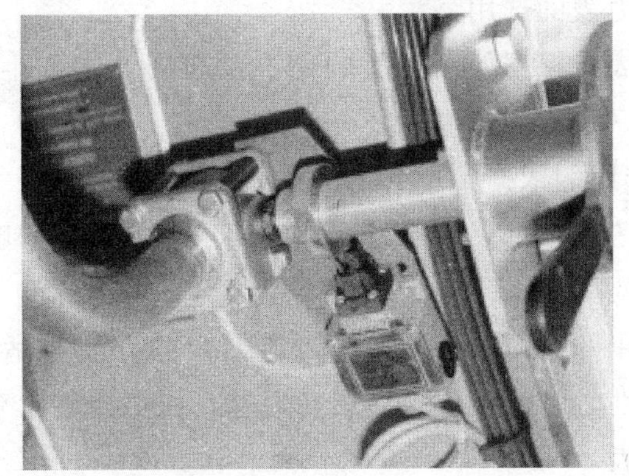

图 6-13　快开门式压力容器联锁装置

6.9　仪表

作为参数监测装置，主要作用是测试压力容器内各操作参数(压力、温度)的数值，以便随时掌握容器内介质的工艺参数的变化情况，能及时采取措施来加以调整和控制，确保压力容器稳定在其设计的工艺参数下运行，生产出优质的产品和预计的数量满足要求；同时它也能反映出容器内介质的液面和反应状况便于观察。通过参数监测装置能及时发现容器是否处于超温超压情况下，以便于采取相应的措施来确保安全。

6.9.1　压力测量仪表

最常用的压力测量仪表是弹性元件式压力计，即压力表，其结构见图 6-14。它是利用弹簧弯管在内压力作用下发生变形的原理而制成的，由无缝锡磷铜管制成的弹簧弯管，其开口端与压力表接头固定，另一端为封闭的活动端与拉杆连接，在测量压力时，弹簧弯管因有内压而趋于拉直，这样就牵动扇形齿轮转动并将与其啮合的小齿轮旋转，指针固定在齿轮轴上亦随之转动，并指示出所代表的压力数值。

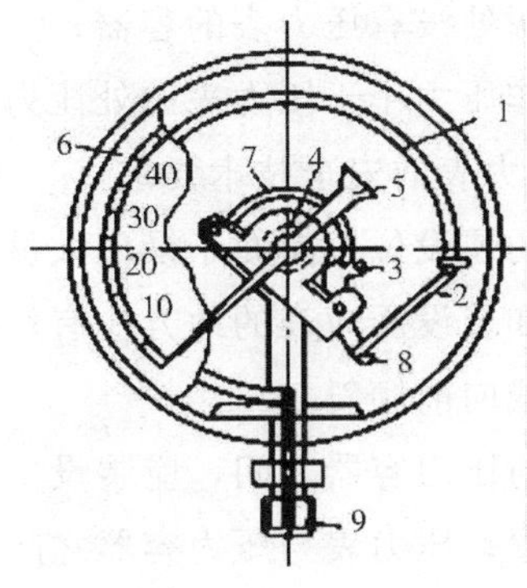

图 6-14　弹簧管式压力表

1—弹簧管；2—拉杆；3—扇形齿轮；4—中心齿轮；5—指针；6—面板；7—游丝；8—调整螺钉；9—接头

1)压力表的选用

压力表应根据使用场所的要求，在满足工艺生产过程所提出的要求条件下来选择种类、型号、量程和精度等级等。

(1)选用的依据：

①工艺生产过程对压力测量的要求。如测量精度、被测压力的高低、测量范围和对附加装置的要求等；

②选用的压力表必须与压力容器内的介质相适应。如被测介质的温度高低、黏度大小、腐蚀性、脏污程度、易燃易爆等。如氨介质应采用氨用压力表，氧介质应采用禁油的氧用压力表。

(2)量程的选择：

一般量程为容器设计压力的1.5～3倍，最好为2倍。若量程太大，则其误差绝对值和观察误差值也越大，将影响压力读数的准确性。若量程太小，则容器工作压力接近或等于压力表刻度极限值，使得弹簧弯管径常处于极大的变形状态中容易产生永久变形而增大压力表误差。

(3)精度的选择：

压力表的精度是以它的允许误差占表盘刻度极限值的百分数用级别来表示的(如精度为1.6级的压力表，其允许误差为表盘刻度极限值的1.6%，0～10MPa压力表之允许误差值即0.16MPa)。低压容器使用的压力表精度不低于2.5级，中高压容器使用的压力表精度不低于1.6级。

(4)表盘直径的选择：

压力表表盘直径不小于100mm。

2)压力表的设置范围和安全技术要求

(1)压力表的设置范围(下列情况一定要装设压力表)：

①在生产过程中可能因物料的化学反应使其内压增加的容器；

②盛装液化气体的容器；

③压力来源处没有压力表的容器；

④最高工作压力小于压力来源处压力的压力容器。

(2)装设压力表的安全技术要求：

①压力表的装设位置应便于操作人员观察和清洗，且应避免受到辐射热、冻结或震动的不利影响。如装设压力表的地方应有足够的照明。为使操作者能看得清，刻度盘与操作者视线可垂直或向前倾斜30°。

②压力表与压力容器之间，应装设三通旋塞或针形阀；三通旋塞或针形阀上应有开启标记和锁紧装置；压力表与压力容器之间不得连接其他用途的任何配件或接管。

③用于水蒸气介质的压力表，在压力表和压力容器之间应装有存水弯管。

④用于具有腐蚀性或高黏度介质的压力表，在压力表与压力容器之间应装设能隔离介

质的缓冲装置。

3)压力表的校验

压力表的校验和维护应当符合国家有关部门的有关规定，压力表安装前应当进行校验，在刻度盘上应当划出指示工作压力的红线，注明下次校验日期。压力表校验后应当加铅封。

4)压力表有下列情况之一时，应停止使用并更换

(1)有限止钉的压力表，在无压力时，指针不能回到限止钉处；无限止钉的压力表，在无压力时，指针距零位置的数值超过压力表的允许误差。

(2)表盘封面玻璃破裂或表盘刻度模糊不清。

(3)封印损坏或超过校验有效期限。

(4)表内弹簧管泄漏或压力表指针松动。

(5)指针断裂或外壳腐蚀严重。

(6)其他影响压力表准确指示的缺陷。

6.9.2 测温装置

压力容器(尤其是需要控制壁温的容器)都必须装有准确可靠的测温装置来指示出介质的温度(或壁温)，以确保不超过压力容器的设计温度。

压力容器上常用的测温装置有玻璃温度计、压力式温度计、热电偶温度计等。

1)玻璃温度计

玻璃温度计是根据水银、酒精、甲苯等工作液体具有热胀冷缩的物理性质制成的。在工业锅炉中使用最多的是水银玻璃温度计。

水银玻璃温度计，由测温包、毛细管和分度标尺等部分组成，一般有内标式和外标式两种。内标式水银温度计的标尺分格刻在置于膨胀毛细管后面的乳白色玻璃板上。该板与温包一起封在玻璃保护外壳内，根据安装位置的需要，具有细而直或弯成90°或135°的尾部，工程用温度计的尾端长度一般在85～1000mm之间，直径是7～10mm，装入标尺的玻璃套管的标准长度和直径分别等于220mm和18mm，见图6-15。

水银玻璃管温度计的优点是测量范围大(－30～500℃)，精度较高，结构简单，价格便宜等。缺点是易破碎，示值不够明显，不能远距离观察。

2)压力式温度计

压力式温度计是根据温包里的气体或液体，因受热而改变压力的性质制成的。一般分为指示式与记录式两种。前者可直接从表盘上读出当时的温度数值，后者有自动记录装置，可记录出不同时间的温度数值。主要由表头、金属软管和温包等构件组成，如图6-16所示，温包内装有易挥发的碳氢化合物液体。测量温度时，温包内的液体受热蒸发，并且沿着金属软管内的毛细管传到表头。表头的构造和弹簧管式压力表相同，表头上的指针发生偏转的角度大小与被测介质的温度高低成正比，即指针在刻度盘上的读数等于被测

介质的温度值。

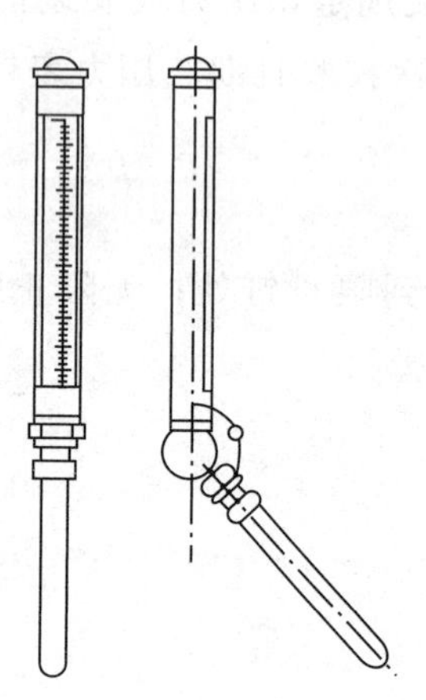

图 6-15 工业用水银温度计

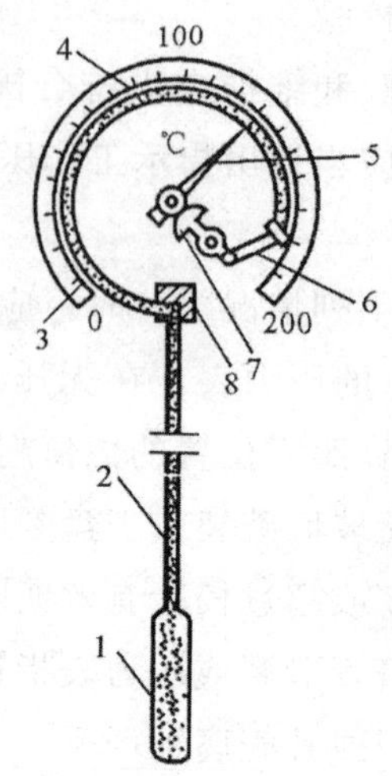

图 6-16 压力式温度计

1—温包；2—毛细管；3—弹簧管；4—标尺；5—指针；6—杠杆；7—齿轮；8—接头

压力式温度计适用于远距离测量非腐蚀性气体、蒸气或液体的温度，被测介质压力不超过 6.0MPa，温度不超过 400℃。它的优点是温度指示部分可以离开测点，使用方便。缺点是精度较低，金属软管容易损坏。

3)热电偶温度计

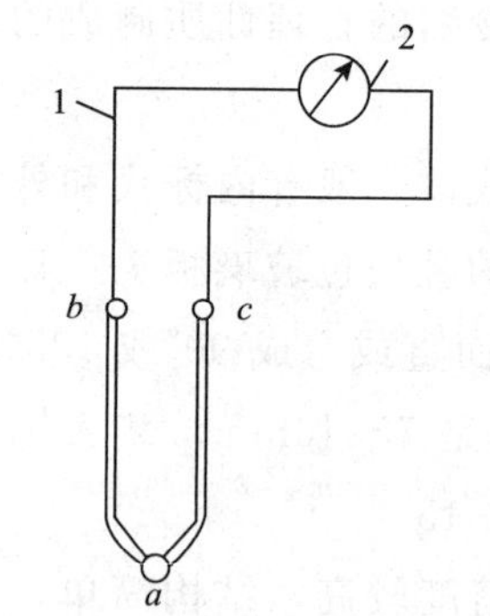

图 6-17 热电偶温度计示意图

1—补偿导线；2—测量仪表

热电偶温度计是利用两种不同金属导体的接点，受热后产生热电势的原理制成的测量温度的仪表。主要由热电偶、补偿导线和电器测量仪表(检流计)三部分组成，如图 6-17 所示。用两根不同的导体或半导体(热电极)ab 和 ac 的一端互相焊接，形成热电偶的工作端(热端)a，用它插入被测介质中以测量温度，热电偶的自由端(冷端)b、c 分别通过导线与测量仪表相连接。当热电偶的工作端与自由端存在温度差时，则 b、c 两点之间产生了热电势，因而补偿导线上就有电流通过，而且温差越大，所产生的热电势和导线上的电流也越大。通过观察测量仪表上指针偏转的角度，就可直接读出所测介质的温度值。常用的普通铂铑-铂铑热电偶(WRLL 型)最高测量温度为 1600℃，普通铂铑-铂热电偶(WRLB 型)最高测量温度为 1400℃，普通镍铬-镍硅热电偶(WREU 型)最高测量温度为 1000℃。

热电偶温度计的优点是灵敏度高，测量范围大，无须外接电源，便于远距离测量和自动记录等。缺点是需要补偿导线，安装费用较贵。

6.9.3 液位计

液位计是用来观察和测量设备内液面位置变化情况的测量仪表。它不但是工艺生产中监督、观察、测量物料位置以保证正常生产的重要设施，有时也是保证容器安全运行的重要附属装置。压力容器操作人员可根据液位计所指示的液面高低来调节或控制液体介质的量，从而保证压力容器内介质的液位始终在设计的正常范围内，不至于发生因超装过量而导致的事故或由于投料过量而造成物料反应不平衡等现象。

液位计的种类很多，有玻璃管式液位计、玻璃板式液位计、翻板式液位计、磁性浮子液位计、低温防霜式液位计和浮标式液位计等等。

1)压力容器用液位计应当符合下列要求

(1)根据压力容器的介质、最大允许工作压力和工作温度选用；

(2)在安装使用前，设计压力小于10MPa压力容器用液位计进行1.5倍液位计公称压力的液压试验，设计压力大于或者等于10MPa压力容器的液位计进行1.25倍液位计公称压力的液压试验；

(3)储存0℃以下介质的压力容器，选用防霜液位计；

(4)寒冷地区室外使用的液位计，选用夹套型或者保温型结构的液位计；

(5)用于易爆、毒性程度为极度、高度危害介质的液化气体压力容器上，有防止泄漏的保护装置；

(6)要求液面指示平稳的，不允许采用浮子(标)式液位计。

2)液位计的安装要求

液位计应当安装在便于观察的位置，否则应当增加其他辅助设施。大型压力容器还应当有集中控制的设施和警报装置。液位计上最高和最低安全液位，应当作出明显的标志。

3)液位计的维护管理

压力容器运行操作人员，应加强对液位计的维护管理，保持完好和清晰。使用单位应对液位计实行定期检修制度，可根据实际情况，规定检修周期，但不应超过压力容器内外部检修周期。

4)液位计有下列情况之一时，应停止使用并更换

(1)超过检修周期；

(2)玻璃板(管)有裂纹、破碎；

(3)阀件固死；

(4)出现假液位；

(5)液位计指示模糊不清。

第7章　典型生产工艺及压力容器安全操作

7.1　氨制冷系统

制冷系统所承受的压力虽然属于中、低压范畴，但有些制冷剂具有毒性、窒息、易燃的特点。为了确保制冷系统的运行安全，不仅对制冷设备的制造和安装提出了要求，而且对制冷设备的使用和操作提出了严格的要求。制冷剂的种类很多，目前国内的水产行业和食品保鲜行业基本上都是使用氨作为制冷剂。本节主要介绍氨制冷系统。

氨制冷系统是指利用液氨在蒸发过程中吸收热量降低制冷设备温度的系统。主要设备有氨压缩机、油气分离器、冷凝器、储氨器、中间冷却器、低压循环桶、集油器、氨泵、制冷设备(单冻机、库房、速冻间等)为了提高系统运行时的安全可靠性，常装有压力表、安全阀、液位计、温度计等安全附件。

7.1.1　氨的理化性质

氨的理化性质详见表7-1。

表7-1　氨理化性质

<table>
<tr><td>标识</td><td>中文名</td><td>氨</td><td>分子式</td><td>NH_3</td></tr>
<tr><td rowspan="6">理化性质</td><td>外观与性状</td><td colspan="3">无色、有刺激性恶臭的气体</td></tr>
<tr><td>熔点</td><td>−77.7℃</td><td>沸点</td><td>−33.5℃</td></tr>
<tr><td>相对密度(水=1)</td><td>0.7(−33℃)</td><td>相对蒸气密度(空气=1)</td><td>0.59</td></tr>
<tr><td>溶解性</td><td colspan="3">易溶于水、乙醇、乙醚</td></tr>
<tr><td>禁配物</td><td colspan="3">卤素、酰基氯、酸类、氯仿、强氧化剂</td></tr>
<tr><td>爆炸极限(体积分数)/%</td><td colspan="3">15.0～28.0</td></tr>
<tr><td>危险特性</td><td colspan="4">与空气混合能形成爆炸性混合物，遇明火、高热能引起燃烧爆炸。与氟、氯等接触会发生剧烈的化学反应。若遇高热，容器内压增大，有开裂和爆炸的危险</td></tr>
<tr><td>操作处置与储存</td><td colspan="4">严加密闭，提供充分的局部排风和全面通风。操作人员必须经过专门培训，严格遵守操作规程。建议操作人员佩戴过滤式防毒面具(半面罩)，戴化学安全防护眼镜，穿防静电工作服，戴橡胶手套。远离火种、热源，工作场所严禁吸烟。使用防爆型的通风系统和设备。防止气体泄漏到工作场所空气中。避免与氧化剂、酸类、卤素接触。搬运时轻装轻卸，防止钢瓶及附件破损。配备相应品种和数量的消防器材及泄漏应急处理设备。
储存于阴凉、通风的有毒气体专用库房。远离火种、热源。库温不宜超过30℃。应与氧化剂、酸类、卤素、食用化学品分开存放，切忌混储。采用防爆型照明、通风设施。禁止使用易产生火花的机械设备和工具。储区应备有泄漏应急处理设备</td></tr>
</table>

续表

个体防护措施	呼吸系统防护：空气中浓度超标时，建议佩戴过滤式防毒面具(半面罩)。紧急事态抢救或撤离时，必须佩戴空气呼吸器。眼睛防护：戴化学安全防护眼镜。身体防护：穿防静电工作服。手防护：戴橡胶手套。其他防护：工作现场禁止吸烟、进食和饮水。工作完毕，淋浴更衣。保持良好的卫生习惯
急救措施	皮肤接触：立即脱去污染的衣着，应用2%硼酸液或大量清水彻底冲洗。如有不适感，就医。眼睛接触：立即提起眼睑，用大量流动清水或生理盐水彻底冲洗10～15min。如有不适感，就医。吸入：迅速脱离现场至空气新鲜处。保持呼吸道通畅。如呼吸困难，给输氧。呼吸、心跳停止，立即进行心肺复苏术。就医
泄漏处理	消除所有点火源。根据气体的影响区域划定警戒区，无关人员从侧风、上风向撤离至安全区。建议应急处理人员穿内置正压自给式呼吸器的全封闭防化服。如果是液化气体泄漏，还应注意防冻伤。禁止接触或跨越泄漏物。尽可能切断泄漏源。防止气体通过下水道、通风系统和密闭性空间扩散。若可能翻转容器，使之逸出气体而非液体。构筑围堤或挖坑收容液体泄漏物。用飞尘或石灰粉吸收大量液体。用醋酸或其他稀酸中和。也可以喷雾状水稀释、溶解，同时构筑围堤或挖坑收容产生的大量废水。如果钢瓶发生泄漏，无法关闭时可浸入水中。储罐区最好设稀酸喷洒设施。隔离泄漏区直至气体散尽
消防措施	有害燃烧产物：氮氧化物。灭火方法：用雾状水、抗溶性泡沫、二氧化碳、砂土灭火。切断气源。若不能切断气源，则不允许熄灭泄漏处的火焰。消防人员必须佩戴空气呼吸器、穿全身防火防毒服，在上风向灭火。尽可能将容器从火场移至空旷处。喷水保持火场容器冷却，直至灭火结束

7.1.2 生产工艺及设备介绍

图7-1为氨制冷系统的工艺流程图。二级压缩机一级出口将氨气送至中间冷却器，再将中间冷却器的低温氨气抽回压缩机。压缩机二级出口将氨气经油分离器送至冷凝器，将氨气冷却成氨液后送至储氨器；由储氨器经高压调节站将液氨分别送至中间冷却器和低压循环桶，中间冷却器中的过多的氨放至低压循环桶。用氨泵将低压循环桶中的液氨经低压供液站送至库房、单冻机等制冷设施，液氨在制冷设施中换热产生氨气，经回气站至循环桶。压缩机将低压循环桶中的氨气抽回。如此形成三个回路。

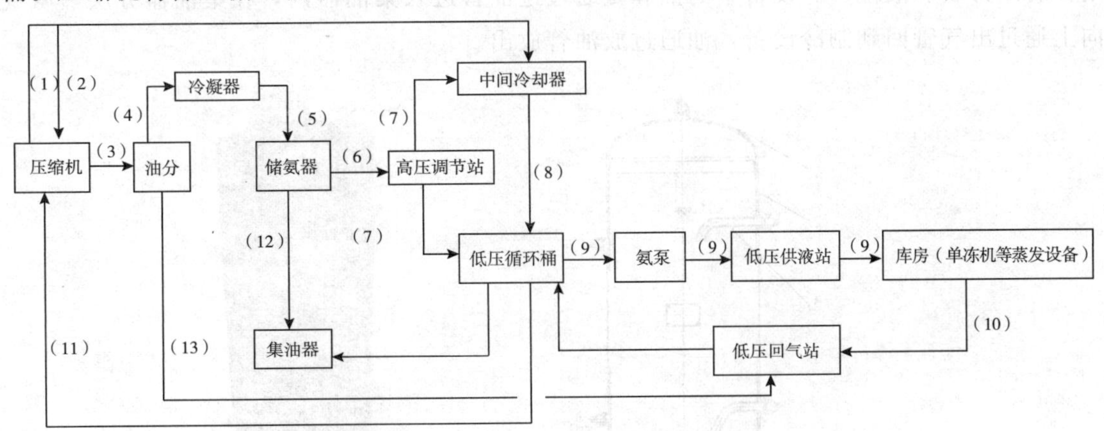

图7-1 氨制冷系统的工艺流程图

注：(1)一级排气管；(2)二级吸气管；(3)二级排气管；(4)上气管；(5)落液管；(6)高压供液管；(7)补液管；(8)放液管；(9)低压供液管；(10)低压回气管；(11)一级吸气管；(12)放油管；(13)除霜管

氨制冷系统中涉及的压力容器有分离容器：油分离器、集油器、氨液分离器；换热容器：中间冷却器；储存容器：储氨器、低压循环桶。

(1)油分离器(见图 7-2，图 7-3)，主要有筒体、封头、内筒体、镀锌金属网和接管等组成。压缩机出来的氨气通过进口接管到油分离器内筒，经过镀锌金属网到筒体，经过出气管到下一设备。

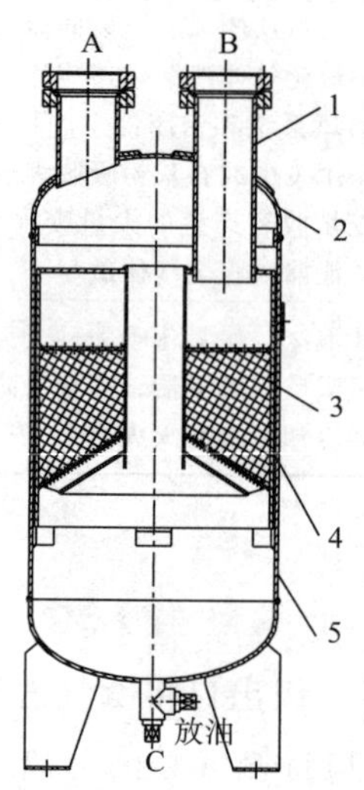

图 7-2　油分离器结构示意图

1—接管；2—封头；3—镀锌金属网；4—内筒体；5—筒体

图 7-3　油分离器外观图

(2)集油器(见图 7-4、图 7-5)，主要由筒体、封头和接管等组成。集油器上的安全附件有压力表和液位计。设备中的油和氨通过进油管进入集油器内，在集油器分层，氨气向上通过出气管回到制冷设备，油通过放油管放出。

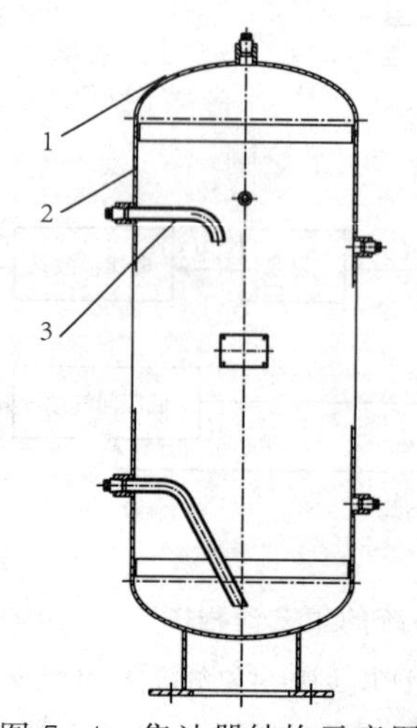

图 7-4　集油器结构示意图

1—封头；2—筒体；3—接管

图 7-5　集油器外观图

(3)中间冷却器(见图 7-6、图 7-7)，主要由筒体、封头、盘管和接管等组成。中间冷却器上的安全附件有安全阀、压力表和液位计。氨气通过进气管进入中间冷却器内，经过氨液冷却后，通过出气管进入压缩机。筒体进液管和出液管用于调节中间冷却器内的氨液量，高调站将液氨通过盘管和中间冷却器内的液氨换热。

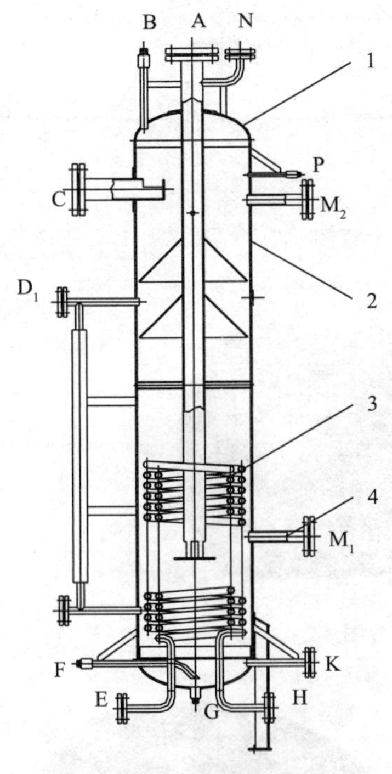

图 7-6 中间冷却器结构示意图

1—封头；2—筒体；3—盘管；4—接管

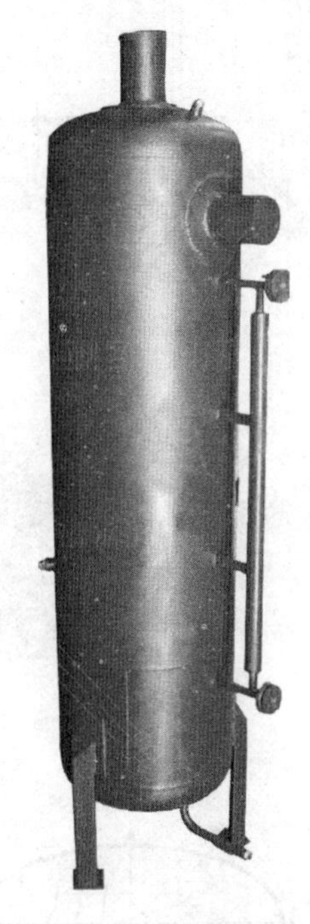

图 7-7 中间冷却器外观图

(4)储氨器(见图 7-8、图 7-9)，主要由筒体、封头和接管等组成。储氨器上的安全附件有安全阀、压力表和液位计。通过冷凝器冷却的液氨，通过进液阀，进入储氨器。当中间冷却器、低压循环桶等制冷设备需要液氨时，再通过出液阀将液氨输出。

(5)低压循环桶(见图 7-10、图 7-11)，主要由筒体、封头和接管等组成。低压循环桶上的安全附件有安全阀、压力表和液位计。低压循环桶的液氨通过氨泵，输送到制冷设备。制冷设备中液氨蒸发换热后，氨气通过进气管回到低压循环桶，压缩机将低压循环桶内的氨气抽出进入下一循环中。

(6)氨液分离器(见图 7-12、图 7-13)，主要由筒体、封头和接管等组成。氨液分离器上的安全附件有安全阀、压力表和液位计。液氨通过进液管将液氨输送到氨液分离器中，在通过出液管将液氨输送到蒸发器等制冷设备中进行换热，氨气通过进气管回到氨液分离器中。压缩机将氨液分离器的氨气抽出进入下一循环中。

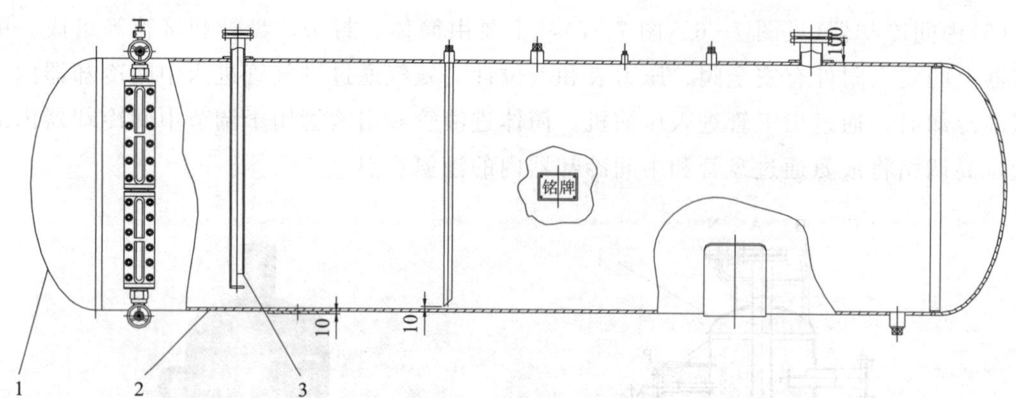

图 7-8　储氨器结构示意图

1—封头；2—筒体；3—接管

图 7-9　储氨器外观图

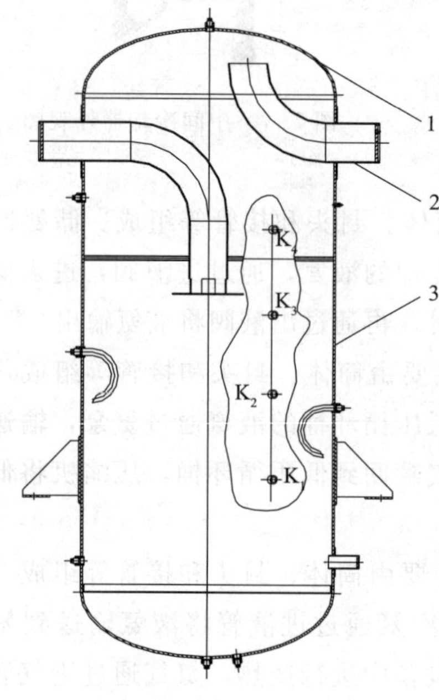

图 7-10　低压循环桶结构示意图

1—封头；2—接管；3—筒体

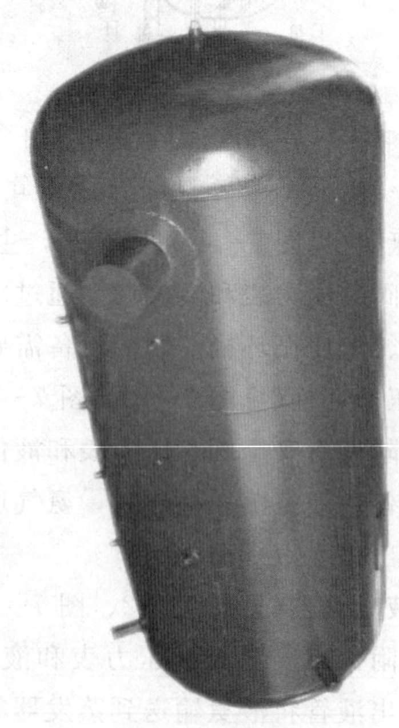

图 7-11　低压循环桶外观图

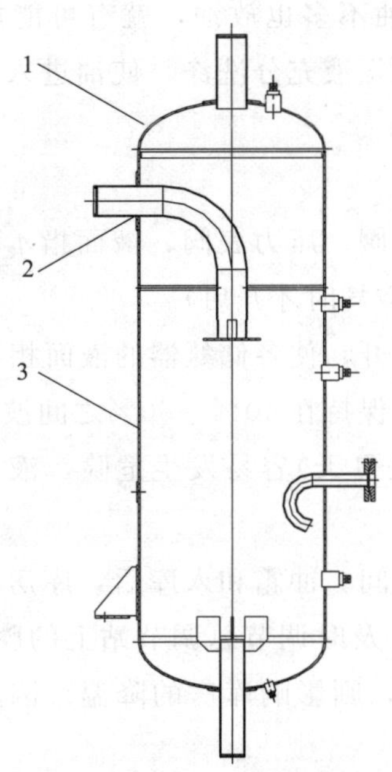

图 7-12 氨液分离器结构示意图

1—封头；2—接管；3—筒体

图 7-13 氨液分离器外观图

7.1.3 设备的操作管理要求

氨制冷系统涉及的压力容器均应取得压力容器使用证，年度检查每年至少一次，全面检验按压力容器安全状况等级确定，一般 3～6 年一次。安全附件定期校验或更换。维修改造应符合 TSG 21—2016《固定式压力容器安全技术监察规程》的要求，严禁私自焊补。压力容器操作人员应持证上岗。

1)氨油分离器的操作要求

氨油分离器的作用主要是把压缩机排出的润滑油和高压氨蒸气分离出来，不让大量的油跑到制冷设备中影响传热效率。氨油分离器有多种形式，目前在氨制冷系统中主要使用填料式氨油分离器。

填料式氨油分离器在使用前应开启进气、出气阀，关闭放油阀和排污阀。

填料式氨油分离器的分油是依靠降低流速、填料层的吸附作用以及改变气流方向来实现的，其中以填料层的吸附作用为主。填料式氨油分离器的操作较为简单，主要是控制油量。

填料式氨油分离器中油量的多少，由开车时间的长短和机器耗油量的多少来决定。放油的次数，对开车时间长的，每周 2 次较为适宜。生产淡季(禁渔期)，开车时间短，1～2 周放一次油也可。要知道油分中存油的多少，可触底部。如果底部温度较低(手触摸感觉温热)，上部温度较高、发烫(手不可触摸)，说明底部已有油，再结合压缩机油量的多少，共同决定放油次数。

如果不观察、不分析具体情况，油分离器存油不多也放油，就有可能放出较多的氨液，造成浪费。如果存油过多，排出的气体不能被氨液充分洗涤，使油进入制冷设备，影响传热效果。

2)储氨器的操作要求

储氨器在使用前应开启进液阀、出液阀、均压阀、压力表阀、液面指示器阀、安全阀上的控制阀。关闭放油阀和放空阀(只在放油和放空气时才开启)。

如果几只储氨器同时使用，其液体均压管应打开，使各储氨器的液面相互平衡。

在正常使用中，储氨器内液体量应相对稳定，保持在40%～60%之间波动为好，最多不超过80%，最低不低于30%。液面过高(尤其是夏天)容易发生危险，液面过低，则不能保证正常供液。

引起液面波动过大的原因，主要是库房的冻结间。冲霜和入库后，库房的热负荷变化大。应根据库房温度、压缩机的吸入压力和温度，及时调节总调节站上的膨胀阀门(调节阀)，以免供液过多，使压缩机走湿车；供液过少，则影响库房的降温。因此，应掌握储氨器的液面波动不要太大。

储氨器的压力不得超过1.5MPa，如果超过这个压力，应找出原因及时排除。

如果储氨器内有油和空气时，应及时放出。若液面过高，妨碍正常循环，可把液体送入库房排管或排液桶中存放。

3)低压循环桶的操作要求

低压循环桶用来储存低压液氨，供氨泵输液用，同时回收和分离回气中混有的氨液，保证压缩机的正常运转，不致出现湿冲程。

低压循环桶使用前应开启进气、出气阀，安全阀上的控制阀、出液阀、进液阀、液面指示器阀、压力表阀，关闭放油阀、排液阀。开启调节站或储氨器的供液阀，阀门的开度大小应根据液面的高低适当控制。根据供液量需要的多少，可开大或关小。当低压循环桶内的液面接近1/3时，准备开启氨泵。

开启低压循环桶的进液和出液阀、氨泵的进液阀，同时打开氨泵的降压阀，将泵内气体抽出，然后关闭抽气阀，开启氨泵的出液阀，开动氨泵向库房等制冷设施供液。

在运转过程中低压循环桶内的液面应保持在桶高的1/3左右，要经常注意液位计的液面高度。液面过高，容易使压缩机走湿车；液面过低，则使氨泵不易上液。

当冷风机或排管冲霜时，应注意掌握液面。

如果冻结间已开始降温或停止降温，应注意液面高度，因为这时的热负荷变化大。

运行时间较长时应进行放油，以免影响氨泵的进液。

4)集油器的操作要求

集油器只有在制冷中的设备和装置放油时，才开启使用。

集油器的放油的操作：

(1)开启集油器的降压阀，使其处于低压状态。

(2)关闭集油器的减压阀，开启有关设备的放油阀，慢慢开启集油器上的进油阀。当器内压力升高时，可关闭进油阀，重复放油。若进油阀后面的管路上出现发潮或结霜时，可视为放油结束，关闭集油器的进油阀和有关设备的放油阀，慢慢开启集油器上的减压阀，使油内夹杂的氨液蒸发。放油时，如出现集油器内液氨过多、有结霜现象时，可向集油器外壁浇水，以加速氨液的蒸发，直至结霜融化后，关闭减压阀，静止10min，观察集油器的压力是否上升。若上升显著，应重新打开减压阀，直至压力上升的速率已很小时为止。关闭淋水阀，开启放油阀进行放油，待油放完后，再关闭放油阀。

(3)集油器的储油量不得超过70%，以防止减压时集油器内液体被压缩机吸入，引起液压冲击。

5)氨液分离器的操作要求

氨液分离器将蒸发器或冷却排管内蒸发出来的氨气在进入压缩机吸入阀前，分离出其中所含的液氨，以保证压缩机的干压行程，并将节流所产生的无效气体分离出来，保证供给冷却排管的全部是氨液，提高冷却排管吸热的有效面积。

氨液分离器在投入运行前，应开启进气阀、出气阀，安全阀上的控制阀、出液阀、进液阀、液面指示器阀、压力表阀，关闭放油阀、排液阀。然后缓慢地开启调节站上各回气阀，使系统压力均衡。当回气压力正常后，再开启调节站上各供液阀，便氨液分离器处于工作状态。

正常工作中，主要掌握供液量的多少。根据压缩机的运行情况、冷却排管和金属指示器的结霜情况，判断供液量的多少。当压缩机吸入湿蒸汽、金属指示器全部结霜时，说明供液量过多，应关小膨胀阀以免造成压缩机的湿冲程。若压缩机回气过热，金属水平指示器结霜太少或不结霜，此时应开大供液阀，以保证满足各制冷设施的供液量。

压缩机运行中，操作人员必须经常检查，并正常分析判断，还应检查氨液分离器的隔热层是否良好，法兰盘接头是否漏氨。若有故障，应及时修理，只有这样才能达到以上要求。

6)中间冷却器的操作要求

在运行前，先开启压力表阀、安全阀的控制阀，关闭放油阀和排液阀，然后开启进气阀和出气阀。投入运行后，通过节流阀。对中间冷却器进行供液，要求中间冷却器内保持一定的液面，然后开启盘管的进出阀。要求中间冷却器内压力不超过0.49MPa，液面高度不超过中间冷却器高度的1/2，液面高度可以通过液面指示器来观察，或金属液面指示器上的结霜高度来衡量。定期进行放油，以保持中间冷却器的冷却效率。在停止运行时，应关闭盘管的进出阀，在中间冷却器内的压力降到0.049～0.098MPa后再关闭进出气阀。

7)其他辅助设备和装置的操作要求

(1)氨泵的操作：

在氨制冷系统中，氨泵的操作是非常重要的，它的运转状况直接影响到冷却排管的供液和降温。氨泵在正常运转时，输液压力为0.15～0.4MPa，且比较稳定，发出的输出液体的声音比较沉重，反之，压力下降，仪表指针摆动不定，氨泵发出一种尖锐的无负荷的声音等，说明氨泵运转不正常、供液不好或不输出氨液，其原因大致有以下几点：①低压循环桶的液面低于30%；②氨泵内部积存有大量的润滑油；③氨泵吸进了蒸气的气体氨；④氨泵叶轮损坏；⑤氨泵的供液管堵塞。

(2)紧急泄氨器的操作：

需要紧急泄氨时，可先将出水阀打开，然后打开进水阀。当水进入泄氨器后，随即打开需要泄氨的调节阀即可。应当注意，情况如果不是很紧急，严禁使用该设备，以免造成氨的损失。

7.1.4 常见故障判断和处理

在氨制冷系统中，漏氨最为普遍的存在，也是其他事故的源头。氨是一种强烈刺激性臭味而毒性又较强的物质。当车间和库房内发生大量漏氨时，将危及人身安全和影响身体健康，严重污染食品，影响食品质量；当系统大量漏氨时，还会造成意想不到的事故。因此，对生产中出现的漏氨现象，必须引起高度重视，并采取措施加以及时消除。

制冷装置中容易漏氨的部位主要有压缩机的吸、排气阀、压缩机的轴封、各种阀门压盖密封垫、管道上的连接法兰、氨泵轴封的密封面以及玻璃管液位计等。另外，铸件砂眼、焊口、管件质量等均有可能造成漏氨，应对其进行定期检查和维修，使之处于良好工作状态。

在氨制冷系统投入使用前，应对制冷装置中容易漏氨的部位进行漏氨检查。在正常运行过程中，氨机房内有氨的刺激性气味时，应对制冷装置中容易漏氨的部位和可疑部位进行漏氨检查，及时出现的漏氨现象并采取措施加以及时消除。

漏氨检查主要有四种方法：

(1)酚酞试纸法：利用氨的碱性反应，使酚酞试纸变色。使用时现将试纸浸水变湿后，可对系统各部位进行检查，如试纸变成粉红色，说明该处漏氨。

(2)石蕊试纸法：石蕊试纸的作用原理与酚酞试纸相同，但它在遇到氨蒸气时，会变蓝色。石蕊试纸还用于检查冷凝器的漏氨，只要将石蕊试纸放入冷却水中，如试纸变蓝色，说明冷凝器发生漏氨现象。

(3)奈斯勒试剂法：此法有很高灵敏度，主要用于检查冷却水或作制冷剂用的盐水的漏氨。只要在冷却水或盐水中加入数滴奈斯勒试剂，如水中含氨量很少或不含氨时，水成黄色；如水中含氨量较多时，水变成褐色。

(4)肥皂水法：将肥皂水涂于漏氨部位时，如果有肥皂泡出现，说明该处漏氨。当高压系统氨气泄漏时，会发出吱吱作响的漏氨声；当高压系统氨液泄漏时，会出现向上冒白汽向下滴氨液的现象。不论漏氨气或漏氨液，应当立即切断电源，停止压缩机运转，关闭有关阀门，采取必要措施加以处理。

漏氨处理方法：

(1)操作人员按照操作规程操作，加强对设备的维护，经常进行对系统的漏氨检查，以便及早发现及时消除，以保证制冷系统的运行安全。

(2)如漏氨发生在系统不严密处，应在系统没有压力的情况下拧紧压盖或更换密封填料。如发生在连接法兰处，应在系统没有压力的情况下重新连接或拧紧法兰螺丝；如发生在焊口处，应在系统没有压力的情况下请有资质单位进行补焊；如发生管道破裂漏氨时，应停止压缩机运转，关闭有关阀门，进行抽气减压后进行检修或取出换新。总之，一定要处理到不漏为止。

(3)漏氨处理时，应在停止压缩机运转下进行，同时，检漏人员和抢修人员应穿戴氧气防毒面具及防护衣服进行操作，以保证安全。

(4)对漏氨管道和设备进行抢修时，可采用以下方法：用橡胶板、铁丝包扎裂口，防大量漏氨；用湿敷料压盖；抢修时向漏氨部位喷水。严禁对设备及管道私自焊补。焊补前应设法置换清洗，焊补时一定要有管路与大气相通，常采用拆开有关阀门来接通大气。

制冷装置在操作运行中的故障，一方面是借助指示仪表，如温度计、液位计、压力表以及各种控制器等所指示的数值来加以分析和判断；另一方面是依靠操作人员凭借丰富的实践经验进行判断处理。表7-2为氨制冷装置的不正常现象分析及排除方法。

表7-2　氨制冷装置不正常现象的起因及排除方法

不正常现象		产生原因	排除方法
冷凝压力过高	排气温度高于正常温度，增加冷却水后，冷凝压力仍不显著下降	冷凝面积过小	适当降低冷却水温度或增加冷凝面积
	冷凝温度较高	1. 冷却水量不足 2. 冷却水分布不均 3. 冷凝器面积有油垢、水垢	1. 增加冷却水量 2. 调整分水器或配水槽 3. 清除油垢和水垢
	冷凝器上部温度较高，而下部正常，储氨器存液已满	系统存液太多，积聚在冷凝器中，减少了冷凝面积	排除多余的液体制冷剂
	冷凝温度正常，而压力表指针跳动	有不凝缩气体存在	放空气
冷凝压力过低		1. 系统中制冷剂的数量不足 2. 压缩机实际制冷能力减退或排气阀损坏	1. 补充制冷剂 2. 检修压缩机
蒸发压力过高	气缸结霜，吸气温度下降	1. 膨胀阀开启过大，系统中存液过多 2. 热负荷突然增加或超过规定容量	1. 关小膨胀阀 2. 关小膨胀阀，装货要按规定数量
	冷间温度上升	1. 压缩机能量小，与冷却设备负荷不符 2. 压缩机能力减退 3. 库房防汽隔热层损坏	1. 增开压缩机 2. 检修压缩机 3. 检修防汽隔热层

续表

不正常现象		产生原因	排除方法
蒸发压力过低	吸气温度过高	1. 膨胀阀开启过小 2. 管路堵塞 3. 系统内制冷剂不足 4. 回汽管道防汽隔热层损坏	1. 开大膨胀阀 2. 疏通管道 3. 补充制冷剂 4. 检修防汽隔热层
	吸气过热，但开大膨胀阀后压缩机反而结霜，吸气温度下降	1. 压缩机容量过大或蒸发面积过小 2. 蒸发器的内外表面有污垢或结霜 3. 盐水浓度不足或蒸发器的外表面结冰	1. 调整压缩机与蒸发器的匹配比 2. 排油、除污垢，除霜 3. 检查盐水浓度，调整到符合要求
冷却排管不结霜		1. 膨胀阀开启过小 2. 系统缺少制冷剂 3. 管路堵塞 4. 管道存油过多 5. 供液不均匀	1. 开大膨胀阀 2. 补充制冷剂 3. 检查修理 4. 排油 5. 调整阀门；或修改设计重新安装
中间压力过高		1. 高压机阀片损坏 2. 高压机容积配比过小 3. 中间冷却器的盘管损坏	1. 检修高压机 2. 根据要求，调整高低压机配比 3. 停止使用盘管，待大修理时修理
压缩机湿行程		1. 膨胀阀开启过大 2. 系统中制冷剂过多 3. 冷却设备积油过多 4. 氨液分离器、低压循环桶液面过高 5. 系统冲霜后，过快打开回汽阀 6. 压缩机吸汽阀开得过快 7. 中间冷却器内制冷剂过多 8. 放空气器膨胀阀开启过大 9. 压缩机能量过大	1. 关小或关闭膨胀阀 2. 排除多余的制冷剂 3. 排油 4. 调整膨胀阀，氨液分离器和低压循环桶排液 5. 关闭回汽阀，处理后再缓慢打开 6. 关小或关闭回汽阀，处理后再缓慢打开 7. 检查中间冷却器液面过高的原因并排除 8. 关小放空气器膨胀阀 9. 调配压缩机容量

7.1.5 应急处置方法

1)制冷剂对人体生理的影响

制冷剂对人体生理的影响，较为重要的是有毒、窒息和冷灼伤。除氨和二氧化硫以外，绝大部分制冷剂是没有毒性的，但是在高温和媒介物作用下，可发生化学反应，使本来无毒的制冷剂产生毒性物质，就可能危及人身安全。如 R12 制冷剂本身是无毒、无臭、不燃烧、也没有爆炸危险的，甚至在530℃的高温下才分解。但是，当有水和氧气混合，与火焰接触时则起分解作用，生成氟化氢、硫化氢和光气，特别是光气对人体十分有害。有些制冷剂是无毒的，但它在常温下的气态密度比空气大，因此把空气中的氧气排挤掉，就会引起人的窒息。当空气中的氧气含量(体积分数)降低到14%时，出现早期缺氧症状，人体呼吸量增大、脉搏加快、注意力和思想能力明显减弱、肌肉的运动失调。当空气中的氧气含量降低到10%时，人虽仍有知觉，但判断功能出现障碍，很快出现肌肉疲劳，极易引起激动和暴躁。当空气中氧气含量降低到6%时，人可能会出现恶心和呕吐，肌肉失去运动能力，发生腿软，不能站立，直到不能行走和爬行。这一明显的症状，往往是第一个也是唯一的警告。制冷剂泄漏时，对人体危害的程度取决于制冷剂的化学性质及其在空气中的浓度，以及人在该环境中停留时间的长短。

氨制冷剂为中度毒性危害，当氨浓度在0.5%～1%时，人在该环境中停留30min就会患重症或死亡；当氨浓度达15.5%～27%时，遇明火即有爆炸的危险。

空气中的含氨量对人体生理的影响见表7-3。

表7-3 空气中氨含量及对人体的影响

空气中氨含量/(mL/1000L)	对人体的影响
53	可以感觉氨臭的最低浓度
100	长期停留也无害的最大值
300	短时间对人体无害
408	强烈刺激鼻子和咽喉
698	刺激人体眼睛
1720	引起强烈咳嗽
2500	短时间(30min)也有危险
5000～10000	立即引起致命危险

冷灼伤，是指裸露着的皮肤接触到低温制冷剂后，造成皮肤和表面肌肉组织的损伤。

2)预防措施

制冷系统的操作人员对工作要极端地负责，确保机器、设备和管道的密封，不能泄漏。凡是有可能接触到制冷剂的工作人员，应接受安全教育，严格遵守有关技术操作规程。

机房必须备有橡皮手套、防毒衣具(带靴的下水衣)、安全救护绳、胶鞋以及救护用的药品，并应妥善放置在机房进口的专用箱内，以方便索取。

由于有些制冷剂的易燃性，若制冷系统发生大量泄漏时，还可能引起火灾或爆炸的危险。通常在发生火灾时，很可能造成大量的制冷剂泄漏，使车间内气相中制冷剂的含量进入爆炸极限的范围内，这是十分危险的。因此还应配备二氧化碳或“干粉”或“1211”(卤代烷)等灭火器材，以备扑灭油火、制冷剂火和电火。

3)紧急救护

(1)发生漏氨时的急救措施：

事故发生时，操作人员一定要沉着冷静，以免乱开或错关机器设备上的阀门，导致事故进一步扩大。必须正确判断情况，组织有经验的技工穿戴防护用具进入现场抢救。如果是高压管道跑氨，应立即停止压缩机运转，切断漏氨部位与有关设备相连通的管道。如果管道不长，可采用放空的办法，待管内余氨放完，并置换后进行修理。如低压系统管道跑氨，应迅速查明跑氨部位，关闭该冷间冷却设备的供液阀并调整有关阀门。在此情况下，由于氨气甚浓，可开动风机排除氨气，并用醋酸液喷雾中和，然后用管卡将漏点夹死，再恢复冷库工作，待货物出库升温后，再按国家相关规定进行维修。

(2)发生氨中毒的急救措施：

氨对人体所造成的伤害，大致可分为三类：

①氨液溅到皮肤上会引起冷灼伤；

②氨液或氨气对眼睛有刺激或灼伤；

③氨气被人吸入，轻则刺激呼吸器官，重则导致昏迷甚至死亡。

以上三种情况的急救措施是：当氨液溅到衣服和皮肤上时，应立即把氨液溅湿的衣服脱去，用水或2%硼酸水冲洗皮肤，注意水温不得超过46℃，切忌加热。当解冻后，再涂上消毒后的凡士林、植物油脂或万花油。

当呼吸道受氨气刺激引起严重咳嗽时，可用湿毛巾或水湿衣服，捂住鼻子和口，由于氨易溶于水，因此，可显著减轻氨的刺激作用；也可用食醋把毛巾弄湿，再捂住口、鼻，使醋蒸气与氨发生中和作用，这样，也可减轻氨对呼吸道的刺激和中毒程度。

当呼吸受到氨刺激较大而且中毒比较严重时，可用硼酸水滴鼻漱口，并让中毒者饮入0.5%的柠檬水或柠檬汁，但是，切勿饮用白开水，因氨易溶于水，将会助长氨的扩散。

当氨中毒十分严重，致使呼吸微弱，甚至休克、呼吸停止的人员，应当立即进行人工呼吸抢救，并给中毒者饮用较浓的食醋。有条件时，施以纯氧呼吸，并立即送往医院抢救。

不论中毒或窒息程度轻重与否，均应将患者移到新鲜空气处进行救护，使其不再继续吸入含氨的空气。

7.1.6 冷库节能减排技术

随着经济的发展和人们生活质量的提高，环境污染问题、能源紧张问题和食品安全问题越来越引起世界各国人民的关注。制冷空调行业发展的趋势是节能、环保和安全。在这里，主要对蒸气压缩式制冷系统运行与管理中的节能、环保和安全问题进行探讨。

(1)制冷机运行与管理中，应尽量降低冷凝温度。蒸发温度不变，冷凝温度越高，制冷机的单位耗功越大，单位制冷量越小。在制冷机实际操作和管理中，可采用以下方法降低冷凝温度：

①增加冷凝器的冷却水量，降低冷却水的水温；对于风冷式冷凝器，可增加冷却风量；对于蒸发式冷凝器，可增加冷却水量或增加冷却风量。

②冷凝器应定期清洁除垢，经常放空气、放油。因为不凝性气体会占据一定的空间，减少冷凝器换热面积，影响传热。水垢和油的导热系数都较小，在传热表面形成热阻，会使冷凝温度升高。

③冷凝器设计和安装位置应有利于通风。冷凝器布水应均匀。冷却塔布水亦应均匀。

④大型制冷机，若条件允许，可利用夜间开机。一方面，夜间环境温度较低，有利于降低冷凝温度；另一方面，可利用夜间低谷用电价格，不但降低制冷成本，而且能平衡电网负荷。

⑤制冷系统的设计应合理，冷凝器的选择应适当。

(2)制冷机运行与管理中，应保持适当的蒸发温度，防止制冷系统蒸发温度过低。在冷凝温度一定的情况下，蒸发温度越低，制冷机的单位制冷量越小，单位耗功越大。制冷机实际运行中，由于各种原因，导致制冷机在蒸发温度过低的条件下运行，为了防止这种不利情况发生，可从以下方面改进：

①合理匹配制冷机的制冷能力与制冷负荷。根据制冷负荷大小适当调整制冷压缩机的运行台数。还可使用容量调节装置调节制冷压缩机的制冷量，当蒸发温度过低时，可适当减少制冷压缩机的工作缸数。

②经常检查节流阀开启度是否适当，是否有堵塞现象，必要时进行调整和清洗。浮球阀的过滤器和氨泵供液系统的氨泵过滤器应定期清洗，氟利昂系统的干燥过滤器也应定期清洗。

③保证蒸发器供液适量。应根据制冷负荷变化情况适度调节所需制冷房间蒸发器的供液量。若制冷系统制冷剂太少，应灌注制冷剂。

④根据蒸发器结霜情况，选择适当的方法适时进行除霜，因为霜层太厚影响蒸发器的传热效果。

⑤制冷系统的低压蒸发器应定期放油、放空气。氨制冷系统可采用热氨冲霜的方法清除蒸发器中的油。低压循环桶和排液桶也应定期放油。

⑥转变观念，保持需要制冷或空调房间适度的温度。一般情况下，蒸发温度应比需要制冷房间的空气温度低8～10℃。冷库或空调房间的温度并非越低越好，因为室温越低，所需制冷系统的蒸发温度就越低，耗功增加。空调房间夏天不应使温度过低，室温保持在26～28℃为宜，室温过低，一方面浪费能源，另一方面不利于健康。冷库库房温度也不应过低，库温过低，一方面增加耗功，另一方面，降低制冷量。

(3)制冷系统运行与管理中，应保持蒸发温度、冷凝温度和制冷负荷相适应。在制冷机的实际运行中，外界环境温度是不断变化的，热负荷是不断变化的，因此，冷凝温度和蒸发温度也是不断变化的，制冷机的制冷量也是不断变化的。制冷系数是制冷量与耗功的比值，是衡量制冷机运行经济合理性的主要经济指标。制冷系数越大，制冷机运行的经济性越好，节能效果越好。而制冷系数又是蒸发温度与冷凝温度的函数。因此，要想提高制冷系数，就必须合理调整制冷系统参数。

①合理调整制冷机运行参数。蒸发温度一般应比库房温度低 8～10℃，冷凝温度般应比冷却介质的温度高 3～5℃。根据热负荷、蒸发温度和冷凝温度计算压缩机的制冷量，确定需投入运行的压缩机台数。实际操作中，一般根据绝对压力比确定是采用单级压缩还是双级压缩。绝对压力比≥8，采用双级压缩；绝对压力比＜8，采用单级压缩。

②合理调整中间压力和中间温度。中间压力和中间温度与冷凝温度、蒸发温度以及高低压机的容积比有关。值得注意的是，在实际操作中，必须保持中间冷却器的正常液面。这不仅有利于降低高压机排气温度，防止积灰形成，而且有利于降低节流阀前制冷剂液体的温度，提高单位制冷量，提高制冷系数。

③氨制冷系统中，节流阀前液体再冷却温度一般比中间温度高 5～7℃。低压机和单级压缩机的吸气温度应比蒸发温度高 5～15℃。

④冷凝压力应与冷凝温度相适应。若冷凝压力过高，应检查高压系统有关阀门是否开启，进行放空气、放油，加大冷却水量和冷却风量，降低冷却水温，减少热负荷，合理配置冷凝器。

⑤蒸发压力应与蒸发温度相适应。对于需要低温的场所，可根据实际情况选配多级压缩制冷机、深冷制冷机或低温制冷装置。

(4)制冷系统中，制冷压缩机一般按最大功率工况选配电机，为了安全运行，这是正确的。但实际运行中，制冷工况是不断变化的，配合式双级压缩机的低压机的电机往往负荷较低，导致电机功率因数低，为了节能，可按实际工况计算低压机电动机功率并考虑安全系数。选配电动机，以提高低压机电机的功率因数。对于其他长期处于低负荷运行，功率因数较低的电机，可选配电机节电器提高功率因数。电机节电器采用微处理器数字控制技术，控制瞬变电压和谐波电流，在不改变电机转速的情况下，动态调整电机运行过程中的电压和电流，减少电机铁损和铜损，合理匹配输出转矩与负荷，减少温升和噪音，并具有软启动功能。

(5)制冷系统的低温低压设备、管道和阀门应采用优质绝热材料和防水材料进行隔热处理。设备、管道和阀门绝热层厚度应符合设计要求。冷库绝热材料及绝热层厚度、防水材料及防水层厚度应符合设计要求。在运行管理中，冷库门要及时关闭，尽量减少冷量损失。

(6)应用现代计算机技术、通信技术、可编程逻辑控制技术、网络互联技术，实现制冷系统各子系统的自动化集中控制，有利于制冷系统节能。

(7)制冷系统，采用多级压缩循环，可降低压缩比、提高制冷机制冷量，有利于系统节能。

7.2 液化石油气储配站

7.2.1 液化石油气的物理化学性质

液化石油气是石油化工生产中的一种轻质碳氢化合物，它是开采和炼制石油过程中的副产品。其主要成分有：丙烷(C_3H_8)、丙烯(C_3H_6)、正丁烷(C_8H_{10})、异丁烷(C_4H_{10})、丁烯(C_4H_8)、顺丁烯(C_4H_8)、反丁烯(C_4H_8)、异丁烯(C_4H_8)等八种，并含有戊烷(即残液)、硫化物和水等杂质。

液化石油气是上述多种成分组成的易燃易爆气体混合物，是在一定压力条件下的液化气体。液化石油气在常温下无色透明，呈气态，具有烃类的特殊异味(臭味)，由于它比空气重，在气态下比空气重 2 倍左右，易在地面扩散，积聚在低洼处。其危险特性主要包括：

(1)在空气中的爆炸极限(体积分数)为 1.8%～9.5%。液化石油气的爆炸范围虽然不宽，但因其爆炸下限小，所以一旦泄漏时容易引起爆炸。又由于液化石油气比空气重，一旦泄漏易在地面及低洼处积存更容易形成爆炸隐患。

(2)自燃点为 446～480℃。

(3)液化石油气在高浓度时，使人因缺氧而引起窒息，液体触及皮肤可能造成冻伤。

(4)液化石油气的饱和蒸气压随温度的升高而急剧增加，以丙烷为例，10℃时丙烷的饱和蒸气压为 0.64MPa，20℃时为 0.84MPa，30℃时为 1.08MPa，40℃时为 1.38MPa，50℃时为 1.71MPa，60℃时为 2.11MPa。

(5)液态的液化石油气膨胀系数比较大，一般是水的 10～16 倍。由于液态的液化石油气膨胀系数大，在满液的气瓶中，温度每升高 1℃，压力将增大 2～3MPa。

(6)液化石油气气液比在 250 以上，即 1L 的液化石油气完全汽化后，体积在 250L 以上。

(7)临界温度：丙烷的临界温度 95.6℃，在 15℃时将丙烷加压 0.7～0.8MPa，丙烷即可液化。丁烷的临界温度 152.8℃，在 15℃时将丁烷加压 0.4～0.5MPa，丁烷即可液化。

7.2.2 液化石油气储配站的任务和分类

液化石油气储配站的主要任务是接收、储存和灌装液化石油气，并通过各种形式将其转售给各类用户。此外储配站还可以承担给以液化石油气为燃料的汽车充液，或将液化石油气气化并与空气或其他燃气掺混，送入燃气输配管网等任务。

其按规模可分为：

(1)大型储配站：一般供应规模 20000t/a 以上，供应户数在 100000 户以上，日灌瓶量在 3000 瓶以上。

(2)中型储配站(见图 7-14)：一般供应规模为 5000～20000t/a，供应户数在 25000～

100000 户，日灌瓶量在 1000～3000 瓶。

图 7-14　中小型储配站概貌

(3)小型储配站：一般供应规模为 5000t/a 以下，供应户数在 25000 户以下，日灌瓶量在 1000 瓶以下，中小型储配站如图 7-14 所示。

按灌装设备机械化、自动化程度分为：

(1)机械化、自动化灌瓶站：设有机械化、自动化的灌瓶和运输设备，以及完善的仪表控制系统，多用于大型储配站。

(2)半机械化、半自动化灌瓶站：设有半机械化、半自动化的灌瓶和运输设备。仪表控制系统均人工控制，适用于中型和某些重要的小型储配站。

(3)手工灌瓶站(简称灌瓶站)：采用手工操作，一般不设仪表控制系统，多用于小型储配站。

7.2.3　液化石油气的输送与储存

1)液化石油气的输送

由炼油厂或油气田所生产的液化石油气可以用管道、火车槽车、槽船、汽车槽车等方式输送。

液化石油气管道输送时，必须保证管道中任何一点的压力都高于液化石油气在输送温度下的饱和蒸气压，否则液化石油气在管道中汽化而形成“气塞”，将大大降低管道的输送能力，因此在管道的起点站应设置泵站进行加压输送，也可以用油气田或炼油厂的液化石油气泵站进行加压输送。

铁路运输主要是采用专门的铁路槽车运输，铁路槽车与汽车槽车比较，运输能力大，运费低。它与管道运输相比较为灵活。但铁路槽车运输的运行及调度管理都比管道运输和汽车运输复杂，并受铁路接轨和铁路专用线建设等条件的限制。因此，这种运输方式适用于运距较远，运输量较大的情况。

公路运输是以汽车槽车运输方式为主，它与火车槽车运输相比，其运输能力较小，运费较高，但灵活性较大。它适用于运输量小，近距离的输送。同时汽车槽车也可作为管道输送、铁路槽车运输的辅助运输工具。目前我国使用的液化石油气槽车主要有三种形式，即固定式槽车、半拖式槽车及活动式槽车。广泛使用的是固定式槽车。

2)液化石油气的储存

液化石油气的几种储存方法中，用固定储罐大量储存液化石油气较为普遍。由于它具有结构简单、建造方便、类型多、便于选择、可分期分批建造等优点，因此目前国内广为采用。在储存容积量较小时，多采用圆筒形常温压力储罐。储存容量较大时，多采用球形常温压力储罐，也可采用低温压力或低温常压式储罐。这类储罐绝大多数都建在地面上，也有的建在地下或半地下。

(1)储罐的安放位置

容量5t以上的液化石油气储罐，一般要用专用围墙围起来，并配备喷水装置和处理漏泄、失火和爆炸等偶然事故的设备。按国家规定，液化石油气罐区的布置应符合下列要求：

①罐区一般布置在储配站全年最小频率的上风向，或上风侧；

②液化石油气储罐之间的距离不小于相邻罐中较大罐的直径；

③储罐区应设置高度为1m的非燃烧体实体防护墙；

④液化石油气储罐与建筑物、堆场、铁路、道路都有一定的防火距离要求；

⑤罐区内设有环形消防车通道，必须满足汽车槽车和消防车的运行和回车需要；

⑥数个储罐的总容积超过3000m³时，应采取分组布置；

⑦液化石油气烃泵一般露天设置在罐区内，可加雨棚以防雨淋和日晒。当设置泵房时，应按规定与储罐保持一定安全距离。

(2)储灌站的工艺流程

储配站的工艺流程因站的规模和设备不同而异，一般分大中型站和小型站。也有专事储存的储存站。现将它们的工艺概况分别叙述如下：

①大型储配站工艺流程

我国液化石油气储配站工艺流程多采用烃泵-压缩机的组合系统，大型储配站采用机械化、自动化的灌装和运输设备，同时装设必要的自动化仪表控制系统，其工艺流程如图7-15所示。

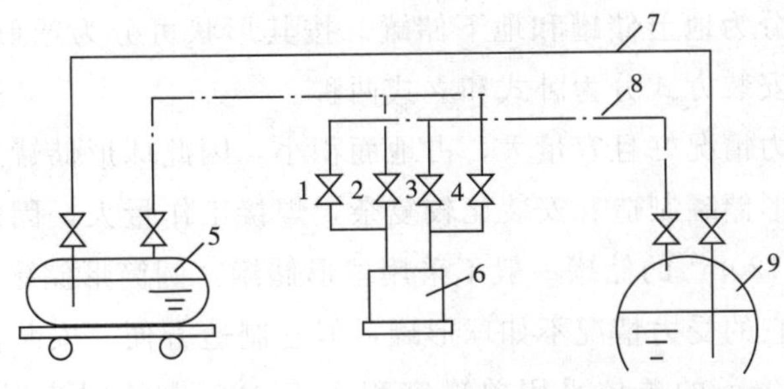

图7-15　大型储配站工艺流程

接收——液化石油气自气源厂用铁路槽车输送到储配站，铁路槽车与装卸栈桥对位后，将液相管、气相管与装卸液相管、气相管接好，用压缩机抽吸储罐的气体，加压后经气相管输入槽车，形成槽车的压力差，将液卸入储罐。卸液结束后，切换气相阀门，将槽车内气体抽回储罐，保持槽车余压不低于0.05MPa，卸车结束撤离栈桥。当采用管道输送时，液化石油气自气源厂用烃泵加压输送到储配站，经接收装置过滤、计量后输入储罐。

灌装——灌装钢瓶(或汽车槽车)，储罐的液化石油气通过烃泵加压后，输送到灌瓶车间(或汽车槽车装卸台)进行灌装。当灌装压力难以满足灌装需要时，可启动压缩机为储罐升压。

残液回收及处理——钢瓶内的残液必须在储配站集中回收并作处理。残液回收是通过残液回收装置将钢瓶内的残液回收到残液罐内。残液回收的方法目前多采用正压倒空法，倒残钢瓶的角阀与残液倒空嘴相接，由压缩机提供液化石油气气体充钢瓶升压，然后将残液输入残液罐。回收的残液可用泵输入锅炉房残液罐作锅炉燃料，也可用泵灌装槽车外运。

倒罐——当储罐检修或其他原因需要倒罐时，可使用泵、压缩机和管路阀门组进行。

②小型储配站工艺流程

小型储配站一般采用手工灌瓶，用汽车槽车运输液化石油气。其工艺流程流程包括：

接收——汽车槽车进站后，将槽车液相管、气相管与装卸台(柱)的液相管、气相管分别对接，使用压缩机为槽车升压后，将液输入储罐。

灌瓶——储罐的液经泵加压后，输送至灌瓶车间进行灌瓶．也可用压缩机为储罐升压后，进行灌瓶。

残液回收、处理及倒罐的工艺基本与大型储配站相同。

当城市液化石油气供应量很大，或设置了几个灌瓶站时，应在气源厂附近或适宜的地方设置储存站，其工艺流程略。

7.2.4 液化石油气储罐

1)储罐的结构

液化石油气储罐是储存液化石油气的压力容器。在我国目前普遍采用常温、压力储罐。按其安装位置可分为地上储罐和地下储罐。按其形状可分为球形储罐和圆筒形储罐。圆筒形储罐又可按其安装方式分为卧式和立式两种。

球形储罐壳体受力情况好且容量大，占地面积小，因此球形储罐对储存量大的单位比较适用。同时由于球形储罐制造、安装比较复杂，焊接工作量大，因此球罐的质量不易保证，所以对容积小于120m^3的储罐一般不采用球形储罐。圆筒形储罐是使用得最为普遍的一种压力容器。虽然它的受力情况不如球形罐，但它制造方便、安装简单、造价也低，因此在储存总量不到400m^3的单位采用单罐容积小于120m^3的圆筒形储罐比较经济。中、小型液化石油气储配站多采用圆筒形卧式储罐。

(1)球形储罐

球形储罐主要由壳体、人孔、接管、支柱、拉杆及各种附件组成。球形储罐外形如图7-16，基本结构如图7-17所示。

图7-16 球形液化石油气储罐外形

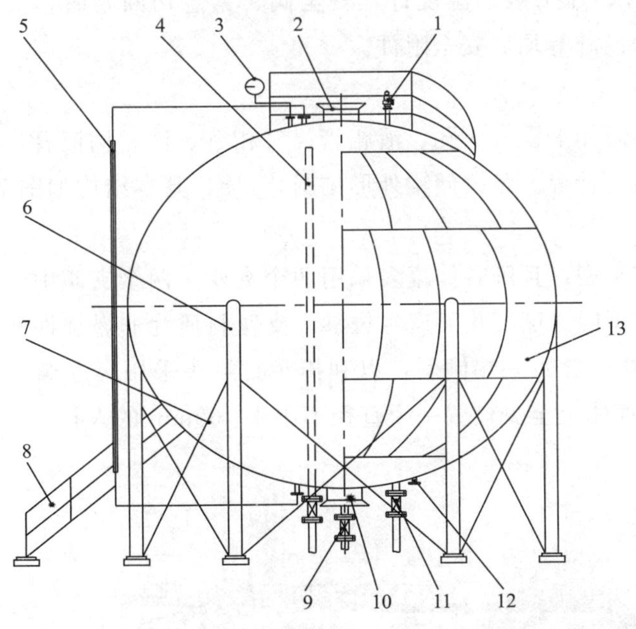

1—安全阀；2—上人孔；3—压力表；4—气相管；5—液位计；6—赤道正切柱式支座；7—拉杆；8—盘梯；9—排污管接管；10—下人孔；11—液相进出口接管；12—温度计接管；13—壳体

图7-17 球形液化石油气储罐结构

①壳体

壳体系按设计要求在加工厂分片压制成型并预组装后，运到现场焊接成形。其材质为Q345R、14Cr1MoR及符合国标等有关规定技术标准要求的其他钢材。

壳体按分带方法划为北极、北寒带、北温带、赤道带、南温带、南寒带、南极等七带。还有分三带和五带的，视板材规格和压制工艺条件而定。目前采用北极、北温带、赤道带、南温带、南极的五带球罐为多。

②人孔

球罐上、下各设一人孔，直径约在500mm以上，供检修人员出入用。人孔系球罐薄弱部位，在设计制造时应采取整体加强措施。

③支座

一般采有赤道正切柱式支座，并在相邻柱之间设有可调整其垂直度的交叉拉杆。

④接口管

接口管是储罐用以与外部设备(如液相管、气相管、排污管、放散管及安全阀、压力表、温度计、液位计等)连接的管件，一般按工艺要求在罐体上开孔制成。开孔部位均系储罐薄弱部位，在设计、制造时应视情况采取整体加强措施，同时其角焊缝应作为重点检验和维护部位。

⑤梯子与操作平台

梯子与操作平台系操作及检修人员工作时使用。一般梯子可分螺旋形、斜梯式和直笼式。平台按形状可分盘式、矩形式等。

⑥安全附件

储罐按规定要求设置的液位计、压力表、温度计、安全阀、紧急切断装置、二次仪表、避雷装置、消防、喷淋(降温)设施等均属安全附件。

(2)卧式储罐

卧式储罐由筒体和封头组成。罐体上设有人孔、液相管、气相管、液相回流管、排污管、安全阀、压力表、液位计、温度计等。卧式储罐外形见图7-18，基本结构如图7-19所示。

卧式储罐罐体安装一般采用鞍座型，且卧式储罐多采用两个支座。两个支座中，一个是固定的，另一个是活动的，使它可因温度变化而产生位移，支座材质为非燃烧性的。安装时罐体按1%～2%的坡度向有排污管的一端倾斜，以利排污。封头采用标准椭圆形封头，当罐容积大于50m³时，应在罐体上至少设置一个直径不小于400mm的人孔。

图7-18 卧式液化石油气储罐外形

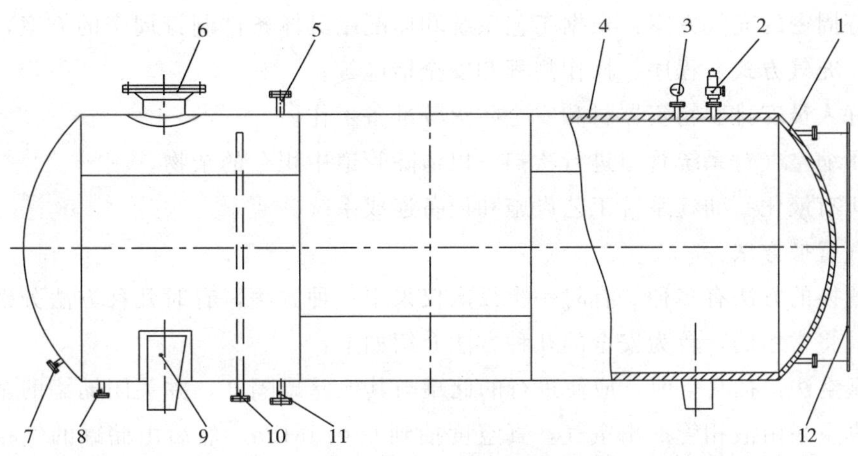

图 7-19 卧式储罐结构

1—封头；2—安全阀；3—压力表；4—筒体；5—液相回流接管；6—人孔；7—温度计；8—排污管；9—鞍式支座；10—气相进出口接管；11—液相进出口接管；12—液位计

平台及安全附件等设施基本与球形储罐相同。

2)储罐的基本操作参数

(1)设计温度和设计压力

储罐的设计压力应为最高工作温度时的液化石油气饱和蒸气压，加上机泵运行时加给储罐的附加压力。因此，过去制造的液化石油气储罐的设计压力为1.6MPa。但根据TSG21《固定式压力容器安全技术监察规程》的有关规定，由于液化石油气50℃时的饱和蒸气压高于50℃时异丁烷的饱和蒸气压，应取50℃时丙烷的饱和蒸气压为最高工作压力。因此，现在液化石油气储罐的设计压力多取为1.77MPa。

(2)储罐允许充装系数

储罐允许充装系数是指储罐内允许充装的液化石油气体积与储罐几何容积的百分比。因为液态的液化石油气膨胀系数比较大，在满液时，温度每升高1℃，压力将增大2～3MPa(有资料表明：若设储罐是刚性的，丙烷在常温条件下，当储罐满液时，温度每升高1℃，其压力就增加1.96～2.94MPa，所以有2℃的温升就可能使钢板屈服变形，有4℃的温升，其压力就可能达到10MPa左右，此压力足以使储罐破裂)。在一般情况下，液化石油气的实际充装量不允许超过储罐设计充装量，且绝对不允许超过储罐体积的95%。

3)储罐的操作

(1)投产

储配站建成投产，或储罐大修后投入运行时，应先进行充气试投产。充气投产是液化石油气工艺系统设施、设备投入运行的第一步，是将空气从系统中排除，并充以液化石油气使之达到运行状况。在充气过程中，由于液化石油气与空气混合有可能发生爆炸，所以充气投产是一项比较危险的作业，要求充气前制定完整的方案，做好充分的准备，全部过程应有领导、有组织地进行。

①制订周密的充气方案：根据工艺系统和储配站具体条件制订周密的方案，方案的内容应包括：充气方式、程序、操作规程和安全措施等。

②做好人员安排、物资器材和安全防火等准备工作。

③用压缩空气对系统管道进行吹扫，以清除管道中积存的杂物。

④将所有液化石油气系统工艺设施和设备连成系统。

⑤充气置换方法。

充气置换的方法有多种。有时一次投产仅采用一种方法，有时几种方法分别用于储罐和管道。现将常用的，较为安全的几种方法介绍如下：

a)抽真空法：抽真空前，应使进行的储罐与其他储罐隔开，并关闭储罐的全部进出口阀门，用真空泵由液相管抽出空气，真空度抽到0.075MPa，然后由储罐的气相管充进气态液化石油气，达到当时条件下的饱和蒸气压后，方可充液。在充气液过程中，要随时检查有无漏气现象，发现漏气应及时消除，不能消除漏气时，应停止置换工作。充液结束后情况正常，才能开启安全阀接管上的阀门，并加铅封。

b)氮气置换法：置换前关闭储罐的全部阀门，从液相管充进氮气，充气到0.2MPa时，停止充气，从气相管进行放散，压力降到0.01MPa左右停止放散，再充入氮气至0.2MPa，再次放散到0.01MPa，如此重复。对罐内气体取样进行分析，当罐内气体含氧量少于3%，可以从气相管充入气态液化石油气，待压力达到当地条件下的饱和蒸气压时，开始充进液相。

c)水置换法：是目前采用得比较多的一种方法。用水充满储罐，然后从气相管充进气态液化石油气，同时打开排污阀，将水排放出，气相全部充满储罐时已将罐内的水全部赶出，继续充气态液化石油气，直到罐内气态液化石油气压力达到当时条件下的饱和蒸气压时，即可充入液态液化石油气。

(2)装卸槽车(灌装和卸液)

装卸槽车在城市液化石油气系统中比较频繁，有汽车槽车灌装和卸车，铁路槽车的卸车。装卸槽车可以采用烃泵运行方式，或烃泵-压缩机联合运行方式，或压缩机运行方式，或烃泵-气化升压器联合运行方式等。采取哪种方式装卸槽车视罐区工艺流程和装卸槽车要求时间而定。但通常采用烃泵灌装汽车槽车，采用压缩机卸铁路和汽车槽车。

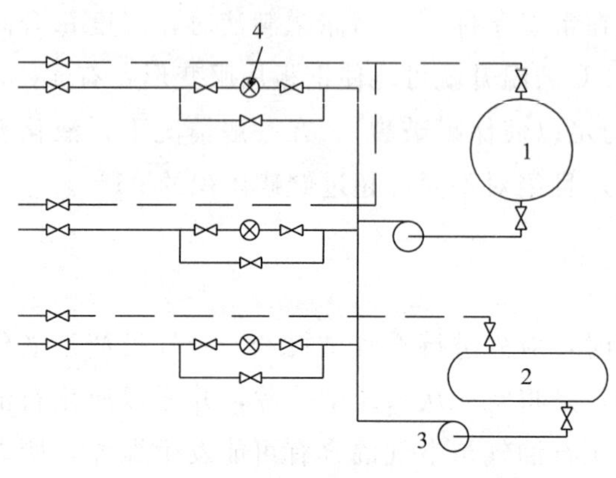

图7-20 用烃泵灌装汽车槽车工艺流程

1—储罐；2—残液罐；3—烃泵；4—流量计

注意：槽车属移动式压力容器，其操作者应由持有移动式压力容器操作人员证的人员操作，固定式压力容器操作工不能对槽车进行操作。这里为方便理解，仅介绍灌装和卸液的一般工艺流程。

①用烃泵灌装汽车槽车工艺流程见图7-20。如图所示，汽车槽车装卸台分为两

组，一组灌装液化石油气，另一组灌装残液。必要时通过阀门控制，两组可以互换操作。

a)准确连接槽车液相和气相软管。用液化石油气将软管内的空气由排泄阀门排净，不得使软管内空气进入槽车。

b)打开汽车装卸台上的液相和气相阀门，打开出液罐液相出口和气相口阀门。

c)打开烃泵进出口阀门，启动烃泵，开始灌装。

d)在灌装作业时，要随时观察和核对槽车的液位和变化。发现异常立即报告调度，并作好记录。

e)汽车槽车灌装不得超过槽车铭牌上规定的最大充装量。槽车采用液位计计量充装容积，应根据灌装的液化石油气组分、灌装时的气温，确定液化石油气密度，并将灌装容积换算成重量，在槽车液位计上确定最高充装位置。严禁超装。

一些较大的液化石油气储配站装有槽车地中衡，可准确和便利地确定灌装重量。

②用压缩机卸车工艺流程如图7-21所示。

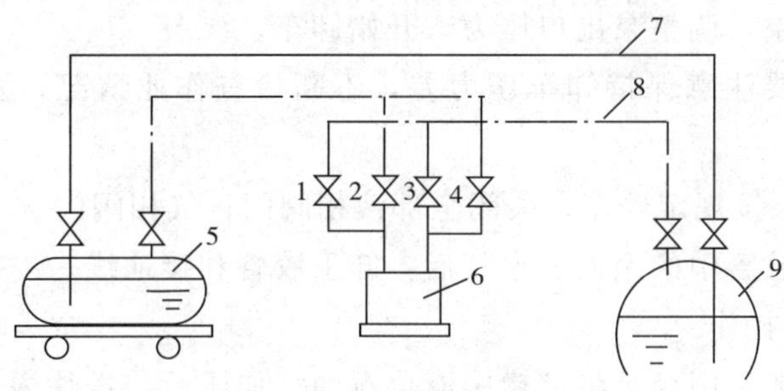

图7-21 用压缩机装卸车的工艺流程

1、2—吸气阀门；3、4—排气阀门；5—罐车；

6—压缩机；7—液相管；8—气相管；9—储罐

a)接好罐车接地及装卸管路的气相管、液相管。开启罐车气相紧急切断阀、气相阀。

b)开启储罐、栈桥(或装卸柱)气相阀门。

c)按规定启动压缩机，抽储罐气体给罐车升压。

d)当罐车达到规定压力时，开启储罐、栈桥(或装卸柱)的液相阀门；开启罐车液相紧急切断阀、液相阀门，开始卸车。

e)卸车过程中，要注意保持卸车压力差，不断检查作业情况，发现异常情况要及时处置。

f)卸液结束，关闭全部液相阀门。

g)压缩机改换进、排出方向，抽罐车气体输入储罐，使槽车降压。

h)当罐车压力降至0.05～0.2MPa时，压缩机按规定停车、关闭全部气相阀门。

i)安全处理连接软管中的余液、余气后，卸下胶管和接地线。

③用烃泵卸车工艺流程见图7-22，操作过程如下：

a)接好罐车接地线及装卸管路的气相管、液相管，开启罐车气相紧急切断阀、气相阀门。

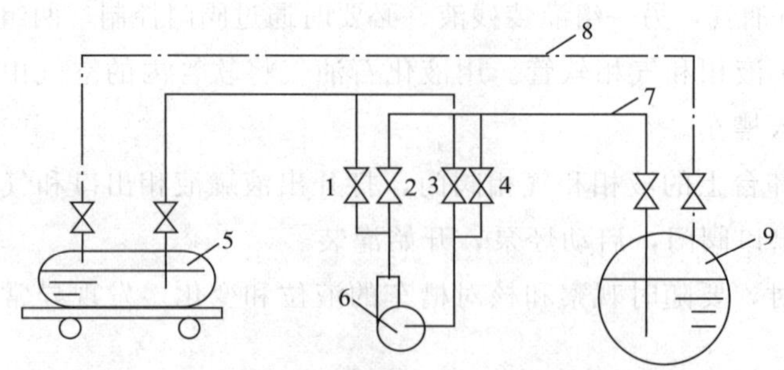

图 7-22 用烃泵卸车的工艺流程

1、2、3、4—阀门；5—罐车；6—泵；7—液相管；8—气相管；9—储罐

b)当储罐压力比罐车压力高时，应开启储罐、栈桥(或装卸柱)气相阀门，使储罐与罐车串气，使两者气相压力平衡。当罐车比储罐压力高时，不进行此项。

c)开启储罐、栈桥(或装卸柱)液相阀门；开启罐车液相紧急切断阀、液相阀门。

d)按规定启动烃泵，调整泵出口压力，开始卸车。

e)卸车过程中，要注意保持卸车压力差，不断检查作业情况，发现异常情况要及时处置。

f)卸液结束，烃泵按规定停车，关闭全部液相阀门、气相阀门。

g)安全处理连接胶管中的余液、余气后，卸下胶管和接地线。

(3)向灌瓶间供液操作

向灌瓶间供液一般采用烃泵将储罐中液化石油气加压后，送往灌瓶间灌装钢瓶。烃泵供液工艺流程见图 7-23。当烃泵供液压力较低时，为了提高灌瓶速度，可采用压缩机—烃泵联合供液方式，其工艺流程见图 7-24。在我国北方地区，冬季储罐内压力较低，也可采用汽化升压器给储罐升压，即采用烃泵-汽化升压器供液方式。

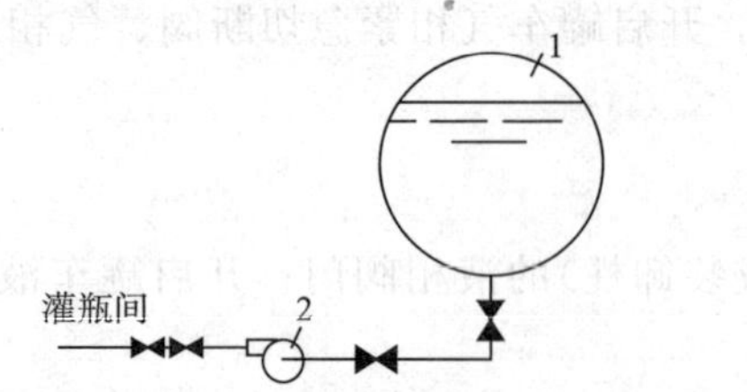

图 7-23 烃泵供液工艺流程

1—储罐；2—烃泵

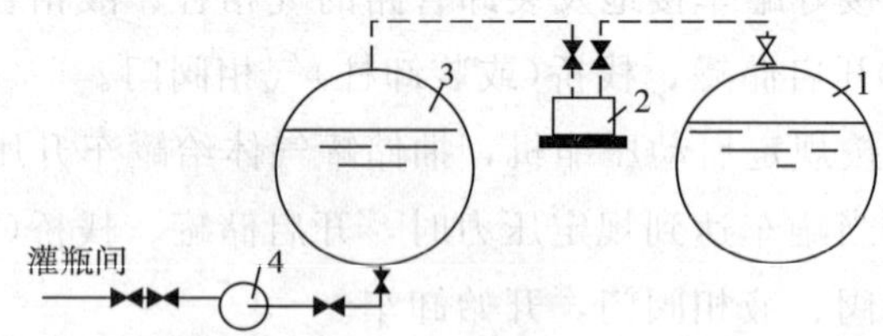

图 7-24 用烃泵-压缩机供液工艺流程

1、3—储罐；2—压缩机；4—烃泵

①用烃泵供液操作如下：

a)根据生产任务确定供液方案。

b)检查储罐液位、压力、温度及管路情况。

c)开启储罐紧急切断阀、液相出口阀门，开启管路液相阀门，导通通往灌瓶车间的管路。

d)在灌瓶车间生产准备完成后，按规定启动烃泵，调整烃泵出口压力符合规定要求后，供液灌瓶。

e)运行中应不断检查储罐、烃泵及灌瓶情况，保证灌瓶压力，发现异常情况要及时处置。

f)运行中，如临时停止灌瓶，要及时停泵。

g)灌瓶结束，烃泵按规定停车，关闭全部液相阀门。

h)检查储罐液位、压力、温度及管路情况，填写运行记录。

②用烃泵-压缩机供液操作如下：

a)根据生产任务确定供液方案。

b)检查储罐液位、压力、温度及管路情况。

c)按规定启动压缩机，给灌瓶用的储罐升压。

d)当灌瓶用储罐压力达到规定压力时，开启储罐紧急切断阀、液相出口阀门，开启管路液相阀门，导通通往灌瓶车间的管路。

e)按规定启动烃泵，调节泵出口压力，供液灌瓶。

f)运行中应不断检查储罐、烃泵、压缩机及灌瓶情况，保证灌瓶压力，发现异常情况要及时处置。

g)灌瓶结束前，可根据灌瓶情况，适时的将压缩机按规定要求停车。

h)灌瓶结束，烃泵按规定停车，关闭全部液相阀门、气相阀门。

i)检查储罐液位、压力、温度及管路情况，填写运行记录。

(4)倒罐

倒罐就是将一个储罐内液化石油气倒入另一个储罐。倒罐作业方式要根据工艺流程而定，一般采用压缩机运行方式进行倒罐作业。压缩机倒罐工艺流程见图 7-25。

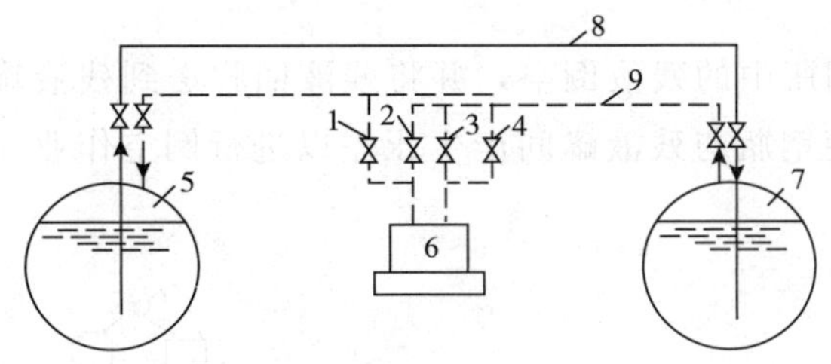

图 7-25 压缩机倒罐工艺流程

1、2、3、4—阀门；5、7—储罐；6—压缩机；8—液相管；9—气相管

如图 7-25 所示，储罐 5 为出液储罐，储罐 7 为进液储罐，其倒罐操作方法如下：

a)倒罐作业开始时，先打开出液和进液储罐的液相和气相阀门。

b)然后打开压缩机阀门组中至出液罐的排气阀门，打开至进液罐的吸气阀门。

c)启动压缩机，将进液储罐的气态液化石油气抽出压入出液储罐，则出液储罐的液化石油气经液相管道进入进液储罐。

d)倒罐过程中应随时观察和控制出液储罐和进液储罐液位压力、温度变化情况。当进液储罐达到液位规定高度时，压缩机立即停止。

e)按顺序关闭上述相关的阀门，倒罐作业结束。

需要指出，为了加快倒罐速度，可适当增加压缩机运行台数。在实际生产中，也可用压力较高的储罐给出液罐升压的办法进行倒罐作业。当冬季汽化升压器投入运行时，将利用汽化升压器工作的储罐气相管和出液罐气相管接通，给出液储罐升压，也可进行倒罐作业。

倒罐的目的有时将出液储罐列入检修计划，就需要将出液储罐的液态和气态液化石油气排空。观察出液储罐液位变化，当液位为零时即为排空。也可随时观察压缩机排气管温度变化情况，若压缩机排气管温度升温较快时即为排空。然后利用压缩机从出液储罐抽出气态液化石油气压入其他储罐，或送火炬处理。气态液化石油气不得任意排放，以免发生事故。

需要特别强调的是，当储罐出现超压、破裂导致泄漏或管线断裂等情况时严禁采用压缩机升压工艺进行倒罐。

(5)排污

储罐要定期排污，防止储罐内大量积水和污物。排污操作方法：

a)排污时先打开排污管第一道阀，待液体流出时，立即关闭第一道阀门，然后打开第二道阀门。

b)排污管两道阀门交替开关，直至排污作业完成。

c)排污作业进行中需随时观察排出物情况。当有液化石油气液体流出时，立即关闭排污阀。

d)排污时需一人排污，一人监护。

(6)倒空

倒空一般是指将钢瓶中的残液倒空，并将残液回收送到残液罐。倒空作业一般采用正压法，利用压缩机使钢瓶与残液罐间产生压差以进行倒空作业。倒空作业工艺流程见图 7-26。

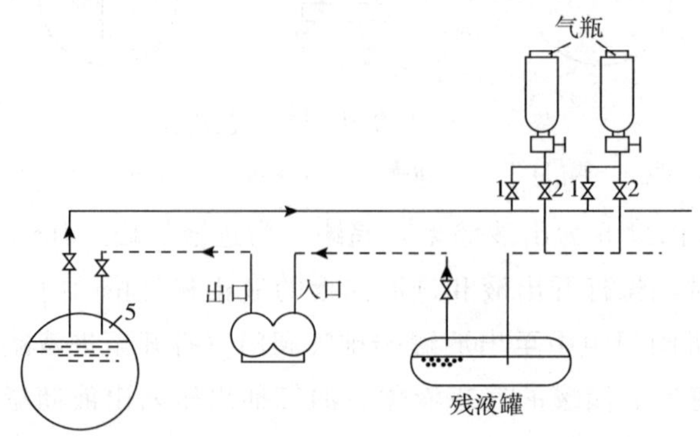

图 7-26　倒空作业工艺流程

①倒空作业前的准备工作

a)作业人员必须全面掌握各储罐、残液罐液位、压力及温度；压缩机及其附属设备完好状况；管道各阀门所处的工作状态；残液倒空任务情况等。

b)残液罐液位较高时要事先进行倒罐，降低残液罐液位。

c)给压缩机加注润滑油至规定位置，对气液分离器和油气分离器进行排污。

②倒空作业操作方法

a)将投入倒空作业的储罐、残液罐、压缩机、倒空装置有关的气相、液相、残液管的阀门打开，联成作业系统。

b)启动压缩机抽吸残液罐气态液化石油气压入储罐，降低残液罐压力，同时提高了倒空装置的压力，将钢瓶内残液倒空，并通过残液管道把残液送至残液罐。

c)在倒空作业进行中，作业人员要巡回检查灌瓶间中的倒空装置、压缩机、储罐、残液罐的运行情况。

d)若发现压缩机排气压力急剧上升，说明倒空装置用气量小，应立即打开压缩机旁通管阀门进行调节，直至稳定为止。

e)若发现压缩机排气压力下降，说明倒空装置处用气量大，应立即再开启一台压缩机投入运行，以保证倒空作业正常进行。

f)接到停止倒空作业通知后，先关闭压缩机，再关闭倒空作业系统的有关阀门，结束倒空作业。

(7)储存

a)采用常温储存时，应随时观察储罐液位、压力、温度的变化。

b)夏季，当储罐压力接近最高工作压力，并有继续上升的趋势时，必须立即开启喷淋冷却水系统，使储罐降温。

c)按规定给储罐排污，防止储罐内有大量的水和污物的积存。

d)冬季应根据液化石油气含水量的情况，加强排污次数。

e)进液半小时后，应进行数次间断排污作业。

f)排污时操作人员不得离开现场，需随时观察排出物情况。当发现液化石油气流出时，应立即关闭排污阀。

g)排污后检查排污阀不漏液后，操作人员方可离开现场。

h)据实做好运行记录。

4)储罐液位上、下限控制

为确保储罐安全生产，严禁超量充装，规定了储罐液位上限和下限，并且必须保证液位计正常、可靠。

储罐液位上限是按照储存液化石油气的密度与储罐制造容积，具体确定的。储罐液位是随液化石油气密度和温度变化而变化的。对以丙烷为主的液化石油气，在常温(15～20℃)时，其充装上限为储罐容积的85%左右，但温度较低时，其上限液位下降，当温度较高时，其上限液位升高。因此，有些企业为运行管理方便，规定液化石油充装容积上限为储罐容积的85%，但是这样规定不确切。

液位观察方法按液位计形式分成下三种：

(1)使用就地显示的玻璃板式液位计，在液位计上应刻有罐容的标志。

(2)使用就地显示的双色玻璃板式液位计，借助玻璃不同颜色的反差，可直接观察到储罐液面的准确高度。

(3)使用就地显示浮子式钢带液位计，可从指针刻度盘上直接观察到储罐液面高度。

5)罐区运行参数记录

罐区运行参数的记录一般按储罐区、残液罐、压缩机房、空压机间、总接收口等分别进行记录，并以单台设备作运行记录。因各设备的功能和作用不同，其记录内容也不尽相同，可区别列表记录。归纳起来运行参数应包括：

(1)压力参数：设备运行压力，液相、气相、残液、压缩空气、冷却水、蒸汽、油路等管道压力(包括机泵进、出口管)；

(2)温度参数：设备工作温度，液相、气相、残液、冷却水、蒸汽、油等介质的温度；

(3)液位参数：液化石油气储罐、残液罐、分离罐等液位；

(4)液化石油气储存量、进液量、灌装量和残液存量、进量、供出量，按每班和单体设备记录；

(5)机泵开启和关闭的时间；

(6)喷淋降温运行记录。

6)储罐的维护与保养

储罐的维护与保养必须执行 TSG 21—2016《固定式压力容器安全技术监察规程》有关规定。应在工艺操作规程和岗位操作规程中，明确提出储罐(含残液罐)安全操作要求，内容至少应包括：储罐最大充装量、储罐最高工作压力、最高和最低工作温度；储罐操作程序和注意事项，储罐重点检查的项目和部位，运行中可能出现的异常现象和防止措施，以及紧急情况的处置和报告程序。这是保养与维护工作的基础和前提。

当储罐发生下列异常现象之一时，操作人员应即采取紧急措施，并及时报告：

(1)当储罐工作压力、介质温度或壁温超过许用值，采取措施仍不能得到有效控制；

(2)储罐主要受压元件发生裂缝、鼓包、变形、泄漏等危及安全的缺陷；

(3)安全附件失效；

(4)接管、紧固件损坏，难以保证安全运行；

(5)发生火灾直接成胁到储罐安全运行；

(6)过量充装；

(7)储罐液位超过规定，采取措施仍不能得到有效控制；

(8)储罐与管道发生严重振动，危及安全运行；

(9)其他异常情况。

储罐的日常维修与保养项目包括：

(1)储罐的防腐层是否有破裂、脱落现象，若有应及时除锈及补救；

(2)储罐外表面有无裂纹，变形等现象。特别要注意检查在罐体安装焊接过程中，存在反复焊接的部位是否有异常现象；

(3)储罐的接管焊缝、受压元件有无泄漏；

(4)紧固螺栓是否完好，有无松动现象。基础有无下沉、倾斜等异常现象；

(5)静电接地线是否完好，有无腐蚀、断裂；

(6)消防水管及喷头是否完好、正常；

(7)梯子、平台等设施，是否完好；

(8)储罐基础是否完好，有无异常情况；

(9)消灭“跑冒滴漏”现象。由于液化石油气的易燃易爆性，“跑冒滴漏”不仅浪费能源并会导致重大灾难事故。

此外，按 TSG 21—2016《固定式压力容器安全技术监察规程》对安全阀每年进行一次校验，对液位计、压力表、温度计要定期进行校验；由压力容器专业人员进行储罐年度检查每年至少一次；按要求进行定期检验等。

7.2.5 气液分离器和稳压罐

气液分离器和稳压罐是液化石油气储配站常见的另外两类压力容器。根据 GB 50028《城镇燃气设计规范》，液化石油气压缩机进口应设置气液分离器，出口应设置油气分离器。同时为了缓冲气相系统中的压力波动，使系统工作更平稳，在压缩机的出口设置了稳压罐，该稳压罐同时具备油气分离的作用。

气液分离器和稳压罐分别设置于压缩机的进口和出口，如图 7-27 所示。气液分离器按工作原理划分属于分离容器，正常采用低入高出的方式，成直体筒形，在筒体底部装一个阀门控制液体排出，在气液分离器上还装有一个过滤网，可以防止杂物进入管路。液化气在进入气液分离器时，如果有液化的现象，就会自动沉入油水分离器的底部，同时还可以借助气液化分离器吸收外界温度，进行自然汽化，缓解过液，造成停气现象。在我国南方地区，由于储配站的气相管线绝大多数未加保温设施而暴露在大气中，当压缩机的功率比较大(会导致管线压力过高)或者是天气比较寒冷时，气相管线中的液化石油气会出现再液化的现象。如果在液化的液化石油气随着气流进入压缩机，会引起液化石油气压缩机经常自动强制性停机，甚至导致压缩机损坏事故，严重影响安全生产。但如果在压缩机入口前设置大于 1m^3 的气液分离器后，压缩机的运行非常平稳，基本未出现停机现象。

稳压罐按工作原理划分属于储存容器。液化石油气用稳压器在罐体底部也设置液体排出阀门，可以使经过压缩机后含油的液化石油气气液分离，集聚的液态杂质可以定期从底部排出。

图 7-27　气液分离器和稳压罐

7.2.6　液化石油气罐区安全与应急操作

1)液化石油气罐区安全规程

(1)建立健全工种岗位责任制，各工种人员应严格执行其职责范围的规定。

(2)运行班应进行三次巡回检查(上班后、班中间、下班前)，其检查内容为：核对液位高度与液量是否相符，液温、压力是否正常，有无跑、冒、滴、漏现象，罐下阀门冻结情况(冬季)以及周围环境情况(包括灌区围墙以外)等。遇有突变情况，如大雪、大风、暴雨、骤冷、酷热及断电等，应即时加强巡回检查。雷雨天气只准到罐体下部检查，不准到罐体顶部检查。

每次检查必须认真记录(重要数据宜在储罐前设置的记录板上定时标明)，值班记录必须由班长或代班人签字。

(3)阀门每年应加油一次，紧法兰等。当每次拆卸阀门或法兰时，必须更换垫片，法兰螺栓孔必须配足螺栓，其螺母应上紧，螺栓要高出螺母。

所有阀门必须配有手轮或扳把。对禁止任意开闭的阀门，应设有明显的指示标志或卸下手轮，妥善保管。

阀门的检修必须认真记录，并经技术负责人检查认可。未经批准不得随意更换阀门或改变阀门位置和零件。

(4)在液、气相管道上设置的紧急切断阀，发现失灵立即查明原因，并给予纠正或更换。

(5)安全阀应每年校验一次。大于 $100m^3$ 的储罐应设两个处于工作状态的全启弹簧式安全阀。发现安全阀铅封损坏时，必须及时重新校验，合格后重新进行铅封。在未调试更换前不得向储罐进液。

安全阀下设的阀门，应处于常开并有明显标志，加装铅封。安全阀放散管上应有雨罩，并保证放散时不受阻碍。

(6)仪表每班必须检查，发现失灵立即更换，压力表每半年校验一次。

(7)储罐的主要接管(气、液相管，回流管等)设在与储罐之间连接部位的阀门(截止阀、球阀)应处于常开位置。

(8)及时处理储罐的超装量，不得继续存放，找出原因及时纠正。

(9)经常对设备及管路系统进行检查，妥善处理跑冒滴漏，并记录。

(10)压缩机和泵开车前，应先检查所有软管接头质量，经检定确实牢固方可开车。要求每半年做一次软管强度试验，如发现泄漏或异常情况(如损坏、暴露出内部钢丝等)应予更新。开闭机时间及有关压力、温度要有记录。

(11)使用压缩机装卸时，为防止液体进入压缩机，要做到：

①清楚掌握储罐的接收能力；

②加强储罐液面高度观察；

③严禁擅离职守；

④启动压缩机前，应检查进气口有否液相。

(12)对消防要求

①应设有电动警报器或手摇警报器和风向标；

②每半月检查一次消火栓、消防泵及喷淋装置。每次检查应进行试喷，入冬前受作好防冻准备；

③每天检查一次消防水池储水量，并应及时补水；

④每年春、秋季检查一次干粉灭火器。入冬前将泡沫灭火器移入室内便于拿取的地方；

⑤门卫室设有一定数量的汽车防火罩；

⑥设有备用电源。当事故断电时，消防水应在3min内得到充分供应，消防水泵在5min之内启动供水。

(13)操作人员必须身着棉质工作服，工作帽及导电鞋、手套等防静电劳动保护用品。

(14)昼夜24h应有消防人员值班。消防用具、器材及钥匙等，应放置固定位置，排列整齐无缺，严禁挪作它用。

(15)每日应有电工值班，对电气设施进行巡回检查，发现问题及时解决。

(16)室外气温达到40℃，或储罐温度达到40℃时，或储罐压力达到1.2MPa时，应启动喷淋水装置。

(17)宜常年保证一定容量的倒空储存容积，以作事故状态倒空液化石油气之用，并要求管路畅通。

(18)储罐、钢瓶及其他容器的灌装，严禁采用“放气泄压法”。

(19)储罐进出液时，一般不得两个储罐同时进行。

(20)储罐进液时，当接近储罐最大允许充装量时，应严加监督。应以储罐最大充装量换算出储罐充装介质和充装温度时的最高液面。当达到此液面时，应立即停止进液。

(21)罐区照明电路及设备一律为防爆型。

(22)所有设施应有防静电措施。设备或管线对地电阻值不超过10Ω。各段管子应导电良好，每对法兰或螺纹接头间应设置导线接头跨接，其电阻值要小于0.03Ω，每组对地引线电阻值应不大于10Ω，每年检查两次。

(23)绝缘法兰应保持干净，不得受潮，并应设防雨淋装置。

(24)杜绝出现火源。

①设有醒目的"严禁烟火"警戒牌。

②入禁火区人员不得携带火柴、打火机等，且不得穿钉子鞋进入。

③装卸时发动机必须熄火，禁止一切车辆在区内修车、急刹车。

④作业时应使用不发生火花的工具。

⑤生产电源下班前必须切断。

(25)站内应建立消防组织，对上岗人员应进行防火防爆知识培训。

2)事故应急处理

液化石油气储配站及其罐区事故，通常是指两种情况，一是设备发生了大量的泄漏，随时有着火或爆炸的危险，二是已经发生着火或爆炸，并有延续扩大的更大危险。对于这两种情况，都必须及时采取紧急处理措施加以有效控制，对前者以避免形成灾害为主，对后者应尽量减少损失。

(1)设备泄漏事故处理方法

①立即切断电源，使设备停止运行。

②关闭设备进、出口管道阀门，同时关闭最近的上游阀门，切断介质来源，消除泄漏的延续和扩大。

③消除泄漏点附近的着火源，包括熄灭明火，不准动用非防爆电器，不用发生金属撞击和碰撞可能产生火花的物品等。

④事故现场设置警戒线，其范围大小应根据泄漏程度决定，并应在下风方向布置较大范围的警戒线。

⑤在确保警戒线内安全条件下，及时消除泄漏，搜集最重要的安全防范措施。消漏方法因泄漏部位不同而异，主要有关闭上游阀门切断气源，倒罐移走液化石油气等方法。当泄漏量小时，可采用堵漏法，如利用管卡、管箍堵漏效果较佳。

(2)储罐事故的处理方法

在储罐运行作业中，严格遵守安全操作规程，坚守岗位，忠于职守，认真检查储罐的液位、压力、温度，则不会发生超压、超液位的现象，更不会发生冒顶事故。但是，由于操作人员失职或操作失误，也会发生储罐的超压或冒顶事故。尤其在夜间进液，操作人员离岗、睡觉或看错液位以及液位计失灵等因素，更容易发生储罐超压、冒顶事故。

储罐发生泄漏除操作原因外，有的是由于代用材质不符合要求，现场组焊质量差，或由于受外界因素影响，或储罐排污阀冻裂，仪表接管、阀门不严等因素造成。储罐发生冒顶和泄漏是十分危险的，特别是液化石油气泄漏，会引发火灾、爆炸事故。对此，必须高度重视，既要果断，更要冷静，千万不能慌忙和蛮干。当发生此类事故时，应当：

①立即停止运行生产，停止一切机动车行驶；

②立即关闭进液阀门或储罐进液阀门；

③设置警戒线，禁止无关人员进入现场，消防着火源；

④现场人员必须关闭手机，着防静电工作服，穿无钉掌的鞋，使用防爆电器和维修工具；

⑤无关人员撤到安全地带，做好消防、抢修、抢救各项准备工作；

⑥安排熟悉工艺管路的人员，从上风或逆风向进入现场，关闭相关的重要阀门，进行检修和抢修、堵漏作业；

⑦待罐区、卸液台等生产区的空气中液化石油气浓度降至爆炸极限下限以下安全范围内时，采取相应措施做好善后工作；

⑧认真作好各项处理事故情况的原始记录。

(3)管线事故的处理方法

罐区液化石油气液相、气相管线长，而且各种阀门、管件、接头也多，造成泄漏的原因，除了制造、材质等缺陷外，更多的是维护保养不好，年久失修或操作不当造成的。也有少量的因设备急剧振荡引起金属疲劳、地基沉降等因素造成的。

管线液化石油气泄漏的臭味、声响、冒烟、结霜现象，是极易发现的隐患，若采用可燃气体泄漏报警仪检查还可发现微小的泄漏点。但这种现象往往又被忽视，未能及时采取有效的整改措施，将事故隐患消除在萌芽状态，反而养患成祸，酿成事故。管线泄漏事故的处理方法是：

①立即关闭泄漏管线相关的最近阀门，以减少或切断泄漏源；消除和防止着火源；

②及时采取临时堵漏措施，利用卡箍堵住泄漏点，操作时要认真细心，防止金属碰撞或摩擦产生火花引起着火或爆炸；

③当管线破裂泄漏着火或法兰处泄漏引起着火时，可先行灭火再进行堵漏；

④可利用开花灭火水枪驱散积聚的液化石油气，以降低液化石油气泄漏现场的浓度；

⑤情况稳定后，针对不同管段或部位的泄漏情况，采取检修、更换垫片或管段，做好善后各项工作；

⑥泄漏量较大时，还须停止作业、关闭总电源和设置警戒线；

⑦认真作好处理管线泄漏事故的原始记录。

(4)着火或爆炸事故处理方法

已经发生着火或爆炸事故后，处理的原则是有效控制火势扩大，避免二次爆炸，直至将火扑灭，尽快采取措施消除泄漏。通常采取的措施有：

①采取正确的灭火方法，掌握时机组织有效灭火。如对初起火灾，又是比较容易发现的泄漏部位，正确使用干粉灭火器可及时予以扑灭；

②对未着火的相邻储罐喷淋冷却，以免因热辐射作用造成压力升高，造成储罐破坏，发生二次爆炸。当储罐破裂，倒罐已不可能时，灭火是不可取的，只有采取冷却和扩大警戒区，控制着火源，让液化石油气燃尽的方法，防止燃爆造成更大的损失；

③尽快消除泄漏，泄漏的严重程度和能否立即消除，是决定灭火措施的关键。尤其对已扩大的火势，若有可能消除泄漏，则可灭火、堵漏同时进行或先灭火后堵漏，反之则不宜急于单纯灭火，应控制着火范围，使其稳定燃烧，作为一个“火炬”使用，以争取消除泄漏的时间；

④事故现场情况复杂，因此必须由专人负责，统一指挥和调度，防止混乱，并应指定专人负责通讯联络，及时报警。

3)应急操作实例(注意：以下应对措施仅供参考，各单位应根据各自具体情况制定应急操作规程)

(1)罐体液相接管根部泄漏

①关闭进液阀门，停止一切装卸活动；

②确定警戒范围，设立警戒标志，布置警戒人员，严控无关人员进入；

③切断警戒区内所有电源，熄灭明火；关闭警戒区内抢险工作人员的通信工具，切断电话机线路；不准穿化纤类服装和带铁钉的鞋进入警戒区，不准携带铁质工具进入扩散区参加救援，警戒区内防止静电和火花产生；

④组织足够数量的喷雾水枪，驱散、稀释沉积飘浮的气体；

⑤关闭压缩机和气相进口阀门，开启烃泵抽泄漏罐中的液体，倒向备用罐；

⑥用沾水棉被堵住泄漏处减少泄漏量，进一步组织堵漏处置；

⑦因螺栓松动引起法兰泄漏时，应使用无火花工具，紧固螺栓，制止泄漏。若法兰垫圈老化导致带压泄漏，可利用专用法兰夹具，夹卡法兰，并在螺栓间钻孔高压注射密封胶堵漏。管道破裂泄漏，应使用专用的管道内封式、外封式、捆绑式充气堵漏工具进行迅速堵漏，或用金属螺钉加黏合剂旋拧，或利用木楔、硬质橡胶塞封堵。

(2)灌区工艺管道法兰泄漏或着火

当管道阀门上方法兰处泄漏时的救护措施：

①消除着火源；

②紧急堵漏；

③倒罐，把液化石油气移到其他储罐；

④用开花水枪驱散积聚的液化石油气以降低其浓度；

⑤检修。

当阀门下方法兰泄漏时的救护措施：

①迅速关闭上方阀门，切断气源；

②消除着火源；

③降低液化石油气浓度并消除泄漏。

(3)工艺管道破裂泄漏或着火

当泄漏时：

①消除着火源；

②关闭管道破裂处前后阀门，切断气源；

③临时堵漏；

④降低液化石油气浓度；

⑤检修。

当着火时：

①关闭破裂处前后阀门，切断气源；

②准备好堵漏用具及灭火设备；

③消除着火源，灭火、堵漏。

(4)储罐排污阀泄漏或着火：

①消除着火源；

②临时堵漏；

③当容器根部阀门损坏时应倒罐移走液化石油气，并降低储罐压力；

④检修或更换阀门。

(5)储罐液位计泄漏

一般先关闭液位计上、下两端的阀门，切断气源，进行检修或更换液位计。当阀门损坏时，应采取临时堵漏方法，然后检修。

(6)储罐破裂事故

由于一般无法切断气源，应尽量采取倒罐工艺，立即消除着火源，设置大范围警戒区，消防车停在上风向待命。一旦发生火灾，全力对罐体冷却降温，孤立燃烧罐，控制火势。

7.3 快开门式压力容器

快开门式压力容器，是指进出容器通道的端盖或者封头和主体间带有相互嵌套的快速密封锁紧装置的容器。用螺栓(例如活节螺栓)连接的不属于快开门式压力容器。

快开门式压力容器操作时将门盖旋转某一角度或将锁紧件移动一定距离，就可以完成启闭，由于不需要逐个拧紧或松开紧固螺栓，启闭时间很短，物料装卸相当方便，因而在频繁间歇操作场合获得了广泛应用。例如医院和实验室的消毒锅、高压氧舱，建材工业中硅酸盐制品的蒸压釜，木材制品的木材干馏罐、枕木防腐罐，化工工业中橡胶制品的硫化罐，食品工业中罐头制品的灭菌罐、食品高压杀菌釜，纺织工业中的染色机、蒸煮罐等。

快开门式压力容器是一种常用而又易于发生事故的压力容器，门盖开关频繁，在容器泄压未尽前打开端盖，以及端盖未完全闭合就升压，是快开门式压力容器事故的主要原因之一。因此要求容器本身具备防止误操作导致事故的能力，必须具备能控制门盖开闭动作的安全联锁功能。TSG 21—2016《固定式压力容器安全技术监察规程》第 3.2.16 条规定，快开门式压力容器应当具有满足以下要求的安全联锁装置：

①当快开门达到预定关闭部位，方能升压运行；

②当压力容器的内部压力完全释放，方能打开快开门。

目前，大多数快开门式压力容器属于中、低压容器，工作压力一般在 0.4～6.4MPa 之间，工作温度在 100～200℃左右。但随着科学技术的发展，高压甚至超高压快开门式压力容器也在不断出现，例如中草药中有效成分提取用的超临界二氧化碳萃取釜，金属、陶瓷烧结用的等静压装置。

7.3.1 快开门式压力容器的工艺过程

快开门式压力容器为间歇性操作设备。图 7-28 为快开门式压力容器的一般工艺过程。

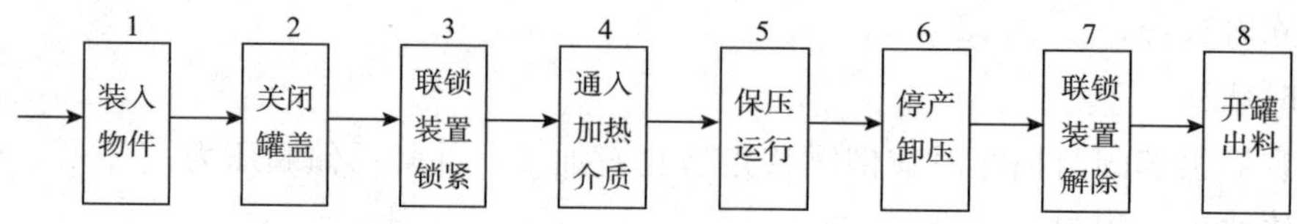

图 7-28 快开门式压力容器一般工艺过程

(1)检查小车进出是否畅顺，若有碰撞或干涩，应马上检修校正。如正常，将需加热的物品推入容器内。

(2)启动开闭罐盖装置，将罐盖与罐口进行良好对接，并关闭到位。

(3)检查联锁装置的完好性，并进行安全锁紧，使容器进气时能升压。

(4)通入加热介质，检查管路系统有无漏气现象，若漏气应立即卸压并检修或更换密封件等。

(5)严格按生产工艺的要求加温加压，并检查压力表、安全阀、温度计等安全附件有否异常。

(6)生产结束后，打开排气阀，使容器上压力表的指示为零。

(7)启动安全联锁装置，开启安全联动的排气球阀，使容器内部与大气相通。

(8)保证容器内的温度应降至符合要求时，启动开盖装置，打开端盖。出料时过桥铁轨要放平摆正，小车过轨轻拉稳推，不准快速碰撞。

7.3.2 快开门式压力容器的主要结构特点

快开门式压力容器大都呈单壁圆筒状结构，由筒体、封头、罐盖及其开关安全联锁和报警装置等构成。快开门装置的结构形式有抱卡箍、齿啮式、撑杆式、平移式四种。

1)抱卡箍连接结构

图 7-29、图 7-30 所示的是一种常用的卡箍式染色机机械联锁装置，这是一种直接作用式安全联锁装置。

图 7-29 卡箍式染色机

1—挡圈；2—固定销；3—通气阀；4—锁紧销；5—安全联锁

图 7-30 卡箍式染色机

1—封头；2—筒体；3—挡圈

其工作原理是：在动作卡板，关闭快开门的过程中，如左右挡圈未关闭到位，固定销被挡圈挡住，锁紧销被固定销挡住，通气阀无法关闭。只有当左右挡圈关闭到位，固定销刚好插入挡圈上的固定孔内，让出锁紧销锁紧的位置，通气阀才能关闭，容器才能进气升压。同时，挡圈亦被固定销固定而无法松开。当容器内的温度加热至 100℃时，联锁装置 5 上的安全销上升并锁紧。生产结束时先打开通气阀，退出固定销，此时容器内带压气体亦经通气阀由排空管排出，当容器内的温度小于 100℃时，联锁装置 5 的安全销下降，此时门盖才能被打开。

2)齿啮式结构

齿啮式快开门装置在硫化罐、蒸压釜和灭菌器中广泛应用，如图 7-31、图 7-32 所示。门盖法兰和端部法兰在圆周方向加工出均布的齿，通过将门盖法兰旋转某一角度，可实现门盖法兰齿和端部法兰齿之间的啮合和错开，从而达到快速开关盖的目的。

图 7-31 齿啮式硫化罐

1—控制箱；2—气缸；3—锁紧杆

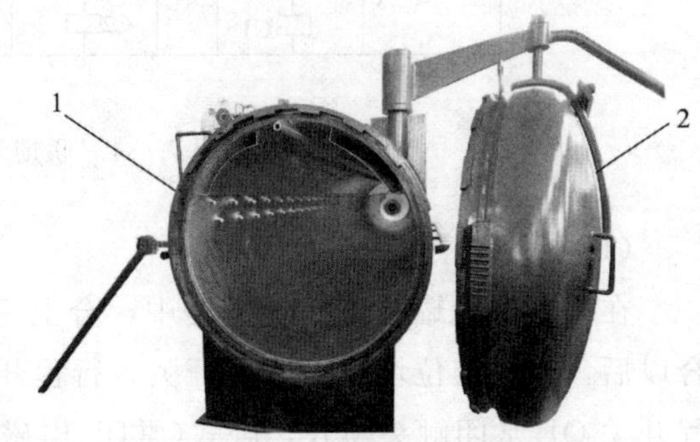

图 7-32 齿啮式硫化罐

1—筒体；2—封头

蒸压釜和部分卧式硫化罐设有前、后两个罐盖，物料从前面罐口进罐，从后面罐口出罐，罐底中间支座为固定，两侧均为活动，当罐体在升温的周期性循环操作中，罐体能沿两侧自由伸缩活动，以免罐体产生温差应力。

如图 7-31 所示的是一种常用的齿啮式硫化罐安全联锁装置，是一种间接作用式安全联锁装置。这种安全联锁装置包括气动联锁装置和控制装置两部分。气动联锁装置部分由行程开关、封头定位板、锁紧杆、气缸及进出气管组成，气动联锁装置简图如图 7-33 所示。气动联锁装置气源采用压缩空气与容器分开，单独设置。控制装置部分由压力控制器、时间继电器、相关继电器、电磁阀、接近开关等组成，控制气缸工作，电气控制原理图如图 7-34 所示。

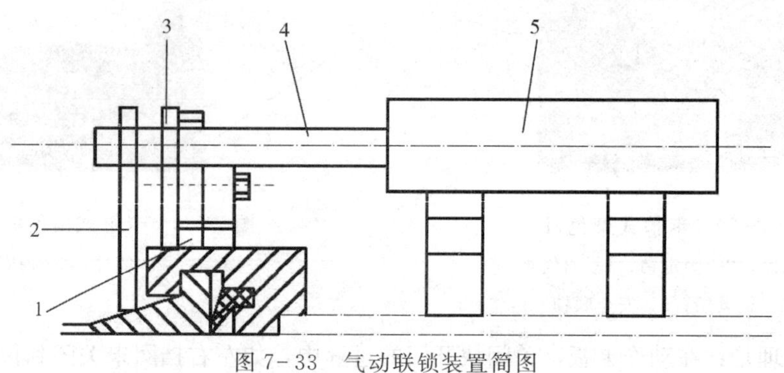

图 7-33　气动联锁装置简图

1—行程开关；2—封头定位板；3—筒体定位板；4—锁紧杆；5—气缸

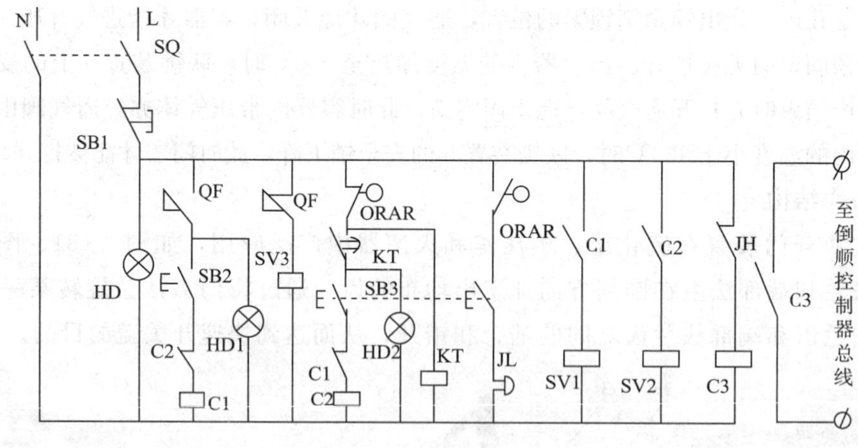

图 7-34　联锁装置电气控制原理图

(1)关闭程序

在关闭硫化罐快开门的过程中，合上主电源开关 SQ，指示 HD 亮，当快开门完全啮合以后，封头定位块碰上行程开关，行程开关 QF 常开触头闭合，HD1 指示灯亮，同时行程开关 QF 常闭触头断开，卧式(常闭)电磁阀 SV3 复位，封闭排气管，防止气体外泄。再按常开按钮 SB2 使开门电源闭合，继电器 C1 工作，常开触头闭合，电磁阀 SV1 工作，气缸内的压缩空气推动锁紧杆插进封头及筒体定位块的锁孔内，实现联锁，同时继电器 C1

常闭触头断开，以防止电磁阀SV2(开门)工作。锁紧杆插进封头及筒体定位块的锁孔后，接近开关(JH)接近联锁杆而工作，常闭触头断开，继电器C3常开触头复位，使电动开(闭)门装置的主电路的倒、顺接触器无法工作(HD1指示灯亮)，这表明安全联锁装置已经正常启动，容器内可以进气升压，压力控制器工作，常闭触头断开(常开触头闭合)。

若快开门盖未完全旋转到位(即齿啮合不到位)，则指示灯HD1不亮，气缸无法工作，电磁阀SV3在通电情况下为常开状态，容器内无法进气升压。

(2)开启程序

在开门的过程中，容器内气体先由排气管向外排出，待容器内压力降至压力控制器所设定的压力值0.001MPa时，压力控制器常闭触头复位，时间继电器(KT)得电延时，延时5min以后(可调节)，容器内压力完全释放，指示灯HD2亮，表明联锁装置可以打开，此时可按动按钮SB3使电路闭合，继电器C2工作，常开触头闭合，电磁阀SV2工作，(同时常闭触头断开，实现联锁保护作用)，锁紧杆退出锁孔，快开门盖即可打开。若容器内存有压力或警示灯不亮(延时不到5min)，按动按钮SB3，警报器将发出警报声，锁紧杆不能退出锁孔，快开门盖不能打开。

3)撑杆式快开门结构

压紧式结构主要是利用活节螺栓、旋柄、手轮、凹轮等快速拧紧或松开门盖来达到快开的目的。一般采用强制式密封结构，即通过活节螺栓、旋柄的拧紧或凸轮的压紧来达到预紧密封，因此其承压能力不高，一般只适用于常压、低压或真空容器。医院中的消毒锅有部分采用此结构，如图7-35、图7-36所示。

图7-35 撑杆式消毒锅(一)

1—盖；2—撑档杆；3—手轮；4—自锁轮；5—筒体

图7-36 撑杆式消毒锅(二)

图7-37所示的是一种撑杆式快开装置的安全联锁装置的电路图。它由自锁轮、电磁阀R1、电磁铁R2、继电器J1和J2、限位开关K1、开关K2、电接点压力表P，以及指示

灯 D1 和 D2 组成。自锁轮固定在螺纹的内端面，电磁铁 R2 固定在撑挡盘内端面上，其芯销与自锁轮上的齿口相对应。在容器外壳对应其中一根撑挡杆的一端处安装限位开关 K1。电磁阀 R1 串在容器的进气管中。电接点压力表 P 安装在容器外壳上，与容器内腔连通。电气控制盒内安装继电器 J1、J2，面板上接开关 K2 和指示灯 D1、D2。交流电源输入端串接限位开关 K1 后，分别连接继电器 J1、J2 线圈的并接点和电接点压力表 P 的固定接点。继电器 J1、J2 的并接点和电接点压力表 P 的固定接点之间并联电磁铁 R2 线圈、继电器 J2 的常闭触点 J2－1、指示灯 D2 的串联支路和开关 K2、电磁阀 R1 线圈、继电器 J1 的常闭触点 J1－1、指示灯 D1 的串联支路。继电器 J1、J2 线圈的另一端分别连接电接点压力表 P 的额定压力值接点和压力零值接点。

它的工作原理是：使用时，先移动手轮带动螺母旋转，撑挡杆压紧盖并触动限位开关 K1，电源接通，再打开开关 K2，指示灯 D1 亮，同时接通电磁阀 R1 电源而动作，容器内开始进气。当容器内气压大于零时，电接点压力表 P 活动触片离开零值接点，断开继电器 J2 线圈电源，其常闭触点 J2－1 闭合，指示灯 D2 亮，同时接通电磁铁 R2 线圈电源而推动其芯销插入自锁轮的齿口内，使螺母不能回转而达到盖只能压紧、不能松开的自锁目的。当容器内气压达到额定值时，电接点压力表 P 接通额定压力值接点，继电器 J1 线圈接通电源，其常闭触点 J1－1 断开，指示灯 D1 灭，断开电磁阀 R1 电源而停止进气。开门时，先断开开关 K2，待容器内气体排尽时，电接点压力表 P 活动触片回至压力零值接点，接通继电器 J1 线圈电流，其常闭触点 J2－1 断开，电磁铁 R2 也断开电源，其芯销被推出自锁轮上的齿口，再转动手轮带动螺母旋转，将撑挡杆退出，盖方可打开。

4)平移式快开结构

移动式快开结构的特点是门可以沿轨道水平移动，如图 7－38 所示，需要用起吊装置将盖吊出，通常门呈方形，工作时门受轨道防护，因而操作较安全。该结构适用于低压场合，现在很多医院的灭菌器就采用这种结构。

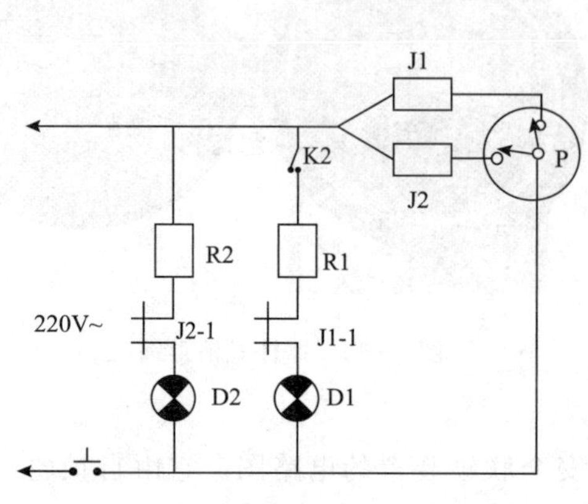

图 7－37　消毒锅联锁装置电气控制原理图

图 7－38　平移式灭菌器

7.3.3 操作管理要求

下面，以硫化罐为例，介绍快开门式压力容器操作管理的要求。

(1)使用单位应严格遵守国家有关压力容器法律、法规和技术标准的要求。要选购有设计、制造资格单位设计、制造的产品，并定期进行检验。

(2)使用单位的管理人员要了解压力容器基本知识和法律法规，操作工人应持质量技术监督部门颁发的特种设备作业人员证。

(3)使用单位应制订完善设备管理制度、操作规程、设备的登记、注册及检修制度。不得采用超过原设计允许的工艺条件，严禁超温超压运行。保证安全联锁装置处于完好功能状态。

(4)安全附件应在检验有效期内，并保持完好、正确的状态，压力表应在操作区内可见。疏水阀、信号仪表等附件应处于完好状态并定期检修。

(5)物料进出罐时，过桥铁轨要放平摆正，小车过轨轻拉稳推，不准快速碰撞，防止倾倒伤人。

(6)确定罐盖闭合到位后才能进气，生产结束，放气后压力表指示零位后才能打开罐盖。

(7)生产时，操作工人应在硫化罐侧面巡视，罐盖前面及罐盖合缝处严禁站人。

(8)罐盖前面、轨道上和附近禁止堆放杂物。

(9)对罐口密封圈与罐盖接触表面，罐盖关闭前后可适当涂上一层润滑剂，以减少摩擦，提高密封圈的寿命。

(10)硫化罐外露的齿轮、齿条、皮带等传动部件应有安全防护装置。

(11)生产时外表面人体可接触的部位最高温度不高于60℃，绝热层外表面温度与环境温度之差不大于20℃。绝热材料不允许使用含石棉的材料。

(12)硫化罐内部每年须至少涂防锈漆一次。

(13)热风循环装置的机械密封要求每月用机油冲洗一次。

(14)安全联动排气装置(球阀手柄)旋转部分和罐盖调正柱与压板间摩擦面，须定时、定期在活动摩擦部位添加润滑油以减少磨损。

7.3.4 快开门式压力容器常见故障判断、处理和报告

(1)操作中发现罐体、管路、阀门、仪表等有漏气时，应立即关闭进气阀，并打开排气阀，检查密封圈外表面是否有脏物、外表面的质量好坏，是否老化以及法兰是否变形等，并及时报告主管领导。

(2)罐盖关闭不到位，是由于操作不当造成安全联锁装置的安全圆盘和盖限位块的变形、损坏使安全连杆与球阀不同步，造成安全联锁装置失效，应立即停用，报告检修。

(3)控制箱常见故障：

①主电源开关闭合后，若电源指示灯不亮，应检查输入电源是否正确，接触点是否可

靠连接。

②门盖关闭到位而指示灯不亮，应检查行程开关是否正常。

③确保容器内没有压力，延时时间已过，而开关指示灯不亮，应检查压力控制器和延时继电器是否完好。指示灯亮而门无法打开，应检查开关继电器是否正常。

④容器在加压、加气的工作过程中，按关门按钮无反应，按开门按钮时，发出警报声，属正常现象。

(4)排放出现故障，应检查排放管是否与大气相通，是否有妨碍介质流动的弯曲或断面收缩，排污阀、疏水器能否正常工作。

(5)筒体法兰失圆、法兰密封面变形，由于承重的原因，使筒体水平方向的直径大于垂直方向直径，从而引起法兰失圆。同时由于使用不当，筒体上部与底部存在较大的温度差，从而使筒体上部膨胀伸长量大于筒体下部的膨胀伸长量，筒体向上挠曲，引起法兰的变形。发现上述情况应立即停止运行。使用时不能超重运行，径向和径向的温差要尽量控制在允许的范围之内。

(6)罐底部容易产生腐蚀和裂纹，卧式容器底部60°范围受冷凝水、污泥及介质中的有毒成分和拉应力的共同作用下易产生应力腐蚀，有时还伴随着裂纹产生。发现严重腐蚀和裂纹应立即停用并报有资质的单位进行检验、修理。

(7)齿啮式快开门的齿根产生裂纹，由于长期的交变载荷和应力集中的作用，在此处容易产生疲劳裂纹。卡箍式的不锈钢法兰在拉应力和纺织染料介质的作用下，容易产生应力腐蚀裂纹。发现这种情况应立即停止使用，并报有资质的单位进行检验、修理。

(8)罐内的小车用钢轨与罐体连接部位易产生裂纹。由于钢轨承重，并在使用中容器进汽加压受热后，筒体热胀冷缩时，筒体与钢轨的膨胀率、收缩率不同而连接处产生较高的应力，引起罐体产生裂纹。因此罐内的小车用钢轨与罐体的连接应采用活动的连接方式，并按规定进行检修。

7.3.5 应急处置方法

快开门式压力容器发生下列异常现象之一时，操作人员应立即采取紧急措施排气降压，并及时报告有关部门：

(1)容器内工作压力、温度超过许用值，采用各种措施仍不能使之下降。

(2)快开门盖、容器本体、管道发生裂纹、鼓包、变形、泄漏、大面积腐蚀等缺陷危及安全。

(3)安全附件(包括安全阀、压力表、温度计、安全联锁装置、阻汽排水、疏水、排污装置、冷凝水液位计等)失灵或失效，快开门关闭不到位，紧固件损坏等，难以保证安全。

7.4 造纸烘缸

7.4.1 废纸造纸生产工艺流程简介

废纸经过解包、抽除铁丝后，由板式输送机运送到水力碎浆机进行碎解、打浆脱墨，进入浆池。提浆泵把纸浆从浆池提入高频振动筛，进行筛选、分离杂物，经过圆网浓缩机进行浓缩，经过漂洗机进行洗浆、漂白纸浆，经过磨浆机磨成细浆后重新进入浆池。经过沉沙盘将沙粒等杂质沉淀、分离。再经压力箱调浆、去除杂质后，纸浆送入稳浆箱，进行再次调浆后制成纯浆。纯浆流经网槽、网笼进行脱水后，形成湿纸页。湿纸页在上下毛毯夹持下通过压榨棍进行压榨，再经过造纸烘缸进行烘干。烘干后的纸卷经过光泽缸压光处理，提高质量后，经复卷、分切、包装、标识，制成成品纸。废纸造纸工艺流程图，见图7-39。

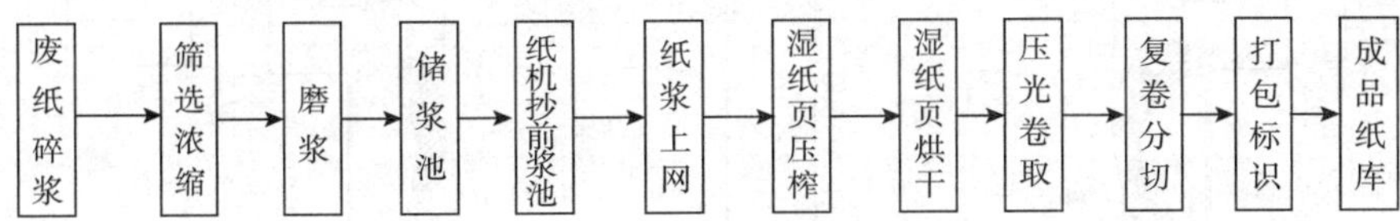

图7-39 废纸造纸工艺流程图

7.4.2 铸铁烘缸

1)概述

铸铁烘缸(或称造纸烘缸)是造纸行业生产线上的主要设备，一条生产线由几台或几十台烘缸上下交错排列，烘缸与烘缸之间空间较小，大部分烘缸端盖外还有封板。造纸企业为了车间整洁、节约能源，往往将整条造纸机封闭起来。造纸烘缸生产线一般为连续生产工况，管理维护工作难度较大。

铸铁烘缸容器类别为Ⅰ类，直径一般有1.0m、1.5m、1.8m、2.5m、3m、3.6m等，设计压力一般为0.3MPa、0.5MPa，材质主要有HT200、HT250、HT300等，筒体厚度一般为20～50mm，工作介质主要是饱和水蒸气，用于加热铸铁烘缸，烘干紧贴在烘缸表面的纸页。铸铁烘缸材质属于脆性材料，超压运行或产生裂纹后，容易引起爆炸事故，往往爆炸前烘缸没有变形、泄漏等异常现象出现。铸铁烘缸的安全附件主要有安全阀、压力表，一般安装在烘缸进汽管道系统中。造纸烘缸生产线如图7-40所示。

图7-40 造纸烘缸生产线

2)结构简介

铸铁烘缸主要由缸体、缸盖等组成，如图 7-41 所示。缸体、缸盖均为铸件，是主要受压元件。缸体内外表面经过车削加工，外表面粗糙度一般为 R_a0.4～0.8。缸体与两端缸盖采用螺栓连接，一端缸盖上设有一个人孔。为保证烘缸转动平衡，在封头上装有配重块，并经过静平衡试验。烘缸内部冷凝水由排水装置及时排出。

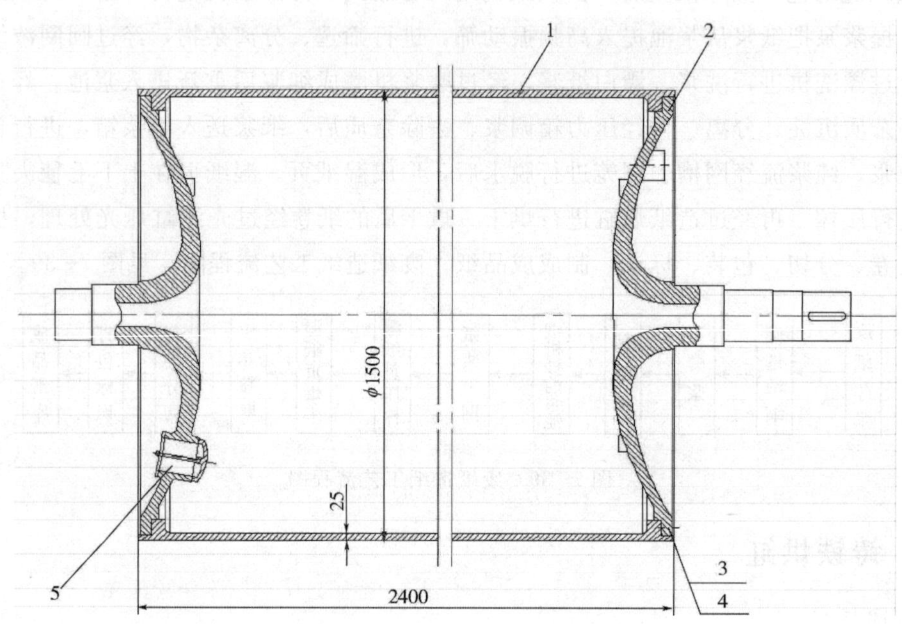

图 7-41　铸铁烘缸结构示意图

1—缸体；2—缸盖；3—螺栓；4—螺塞；5—人孔

7.4.3　铸铁烘缸安装验收主要要求

(1)铸铁烘缸安装单位必须有压力容器安装资质，在安装前，安装单位应按相关规定到当地安全监察机构办理告知手续，并向当地特种设备检验机构申请检验。

(2)安装单位必须按照设计图纸和安装使用说明书等有关技术要求和规定进行施工。

(3)烘缸进气管路系统应装设可靠的压力控制装置(如减压装置)、压力表和安全泄压装置(如安全阀)。

(4)烘缸检验合格后，使用单位应及时到当地安全监察机构办理使用证。

7.4.4　铸铁烘缸运行中注意事项

(1)控制进气压力，不允许超压运行，经常检查进气管路的压力。

(2)检查安全阀、压力表是否灵敏可靠。安全阀开启压力不得大于烘缸的设计压力，一般应每月进行一次排放试验。

(3)应保证疏水装置排水畅通，经常用红外线温度仪测量缸面温度，烘缸工作温度应不大于规定的最高工作温度，如发现异常，及时检修疏水装置等。

(4)检查烘缸及传动系统运转情况。若有异常变形、响声、震动，应立即停车进行维修。

(5)烘缸停机检修时，应控制降温速度，不应采用冷却水通入缸体急剧降温。

7.4.5 烘缸安全操作规程

烘缸操作规程至少包括以下内容：

(1)操作工艺参数，包括最高工作压力、工作压力、工作温度；

(2)操作方法，包括开停烘缸的操作程序和安全注意事项；升压升温和降压降温程序等，防止急剧升温和降温；

(3)运行检查，包括运行中应重点检查的项目和部位，运行中可能出现的异常现象和防止措施，以及紧急情况的处置和报告程序；

(4)运行中冷凝水排放检查；

(5)烘缸停用时的封存和保养办法。

7.4.6 烘缸异常情况的处理

烘缸使用过程中出现下列异常现象之一时，操作人员应立即采取紧急措施，关闭进气阀、开大疏水阀进行降压，停止运行并及时报告相关部门和人员：

(1)烘缸工作压力或工作温度超过许用值；

(2)缸盖或缸体产生裂纹、泄漏等严重缺陷，危及安全生产；

(3)安全附件(包括安全阀、压力表)失效，难以保证安全运行；

(4)疏水装置损坏，经采取措施仍不能恢复。

7.5 搪玻璃反应釜

搪玻璃反应釜(图7-42)，亦称搪玻璃反应锅、搪瓷反应釜、搪玻璃反应罐，顾名思义，是由于内筒(壳程)金属基层上覆盖有一层烧制的非金属层，称之为搪玻璃衬里(图7-43，这也是其区别于钢制反应釜的重要特征之一。这层搪玻璃衬里是由含硅量高的玻璃质釉喷涂在钢板表面经920～960℃多次高温搪烧，使玻璃质釉密着于金属胎表面而成。

由于搪玻璃反应釜大多数带有减速搅拌装置，又被称作搪玻璃搅拌容器，常用于石油化工、橡胶、农药、染料、医药等行业，用以完成磺化、硝化、氢化、烃化、聚合、缩合等工艺过程，以及有机染料和中间体的许多其他工艺过程的反应设备。

但是，需要注意的是，搪玻璃反应釜作为一个统称，主要是指用作反应容器的搪玻璃设备，其实，有相当一部分口头上称之为搪玻璃反应釜，用于完成储存、分离、换热等过程。

图 7-42 搪玻璃反应釜

图 7-43 搪玻璃反应釜衬里

7.5.1 搪玻璃反应釜结构特点及工作原理

由于工艺条件和介质的不同，反应釜的材料选择及结构也不尽相同，但基本组成是相同的，它包括传动装置、搅拌装置、釜体、工艺接管等。

从结构上来讲，一般的搪玻璃反应釜釜体分为三个部分(图 7-44、图 7-45)：

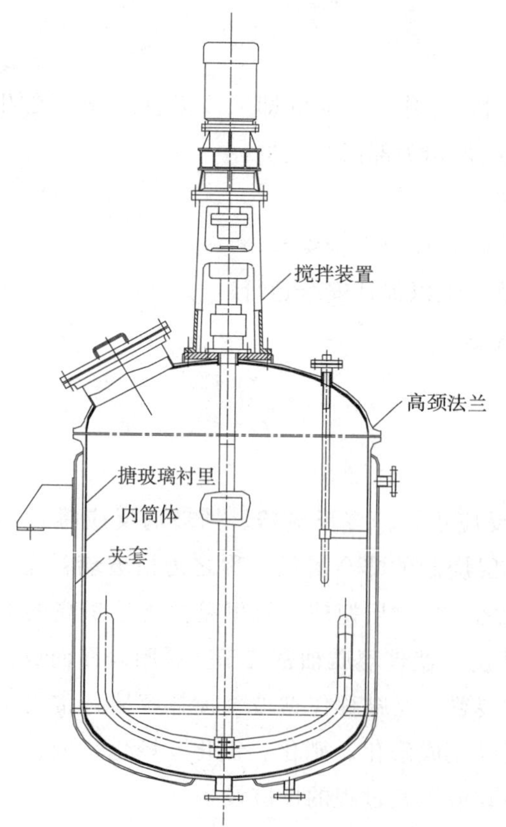

图 7-44 搪玻璃反应釜结构图

图 7-45 搪玻璃反应釜整体结构

(1)内筒体：用以酸碱等物料进行化学反应或其他用途的空间，由普通碳钢板卷焊而成，常见的材料为 Q235B、Q245R(原牌号为 20R)、Q345R(原牌号为 16MnR)；主要承载来自夹套的外压和反应时产生的内压；一般来讲，内筒体是由上下封头、筒体组合而成，通常封头是椭圆形。值得注意的是，上封头有时是平盖结构，而下封头常常采用比内筒体稍厚的钢板，即封头加厚。

(2)夹套：即外筒体，用以给内部物料反应加热或者降温的介质循环流动的空间，也是由普通碳素钢卷焊而成，常见的材料为 Q235B；主要承受来自内筒体反应的内压。

(3)搪玻璃衬里：用以隔开对不适宜与内筒材质相接触的酸碱或内筒体材质对物料品质有影响的搪玻璃层。

7.5.2 搪玻璃反应釜分类

搪玻璃反应釜按照其性能分，有耐酸、耐碱、耐高温、高强度等类型，其性能的差异主要决定于所采用的搪玻璃配方。

从结构上来分，搪玻璃反应釜一般分为闭式、半开式和开式三种。

搪玻璃闭式反应反应釜(罐)(图 7-46)是在封头上设置高颈法兰连接结构的搅拌装置或端盖，端盖直径(或高颈法兰)与筒体直径之比小于 0.5，代号为 F。这类反应釜一般容积不小于 3000L，内筒设计压力不大于 1.0MPa，夹套设计压力不大于 0.6MPa，设计温度 −19～200℃。

搪玻璃半开式反应釜(罐)(图 7-47)是在上封头设置与筒体直径不同的小封头，其小封头与主筒体同样采用高颈法兰连接结构，一般高颈法兰与筒体上封头之比大于 0.6。这类反应釜一般容积在 10000～15000L，内筒设计压力不大于 0.4MPa，夹套设计压力不大于 0.6MPa，设计温度 −19～200℃。

搪玻璃开式反应釜(罐)(图 7-48)是在筒体上设置与筒体相同直径的高颈法兰，上封头与下部筒身的一对高颈法兰使用铸铁或其他金属卡箍连接，代号为 K。这类反应釜容积范围大，设计参数同闭式相同。

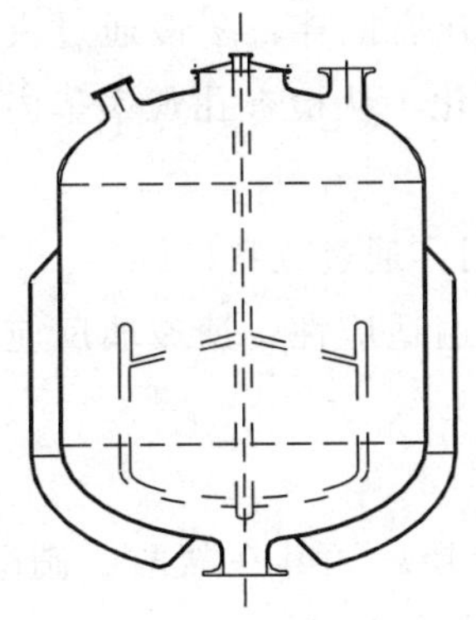

图 7-46 搪玻璃闭式反应釜

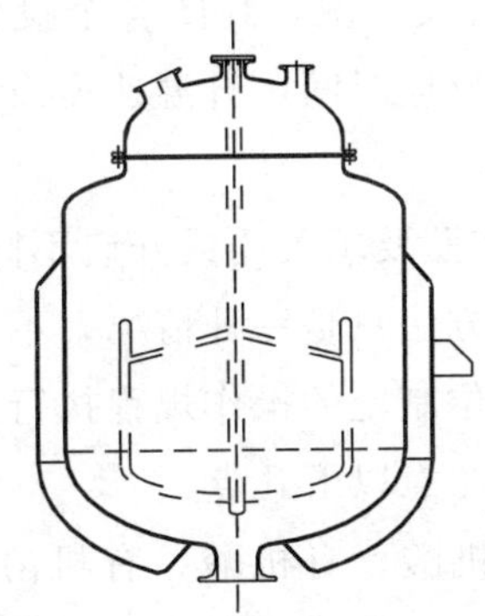

图7-47 搪玻璃半开式反应釜

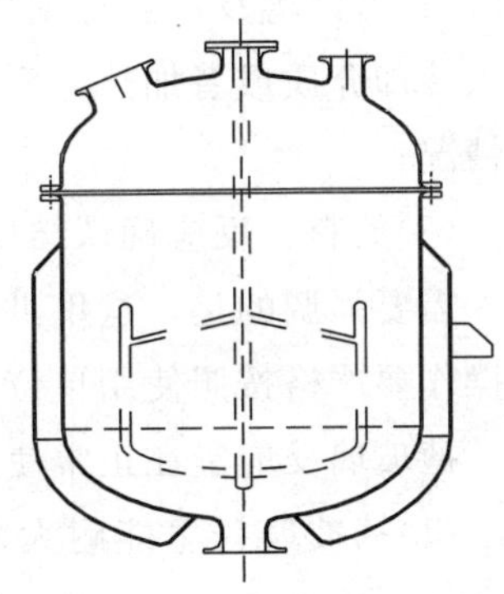

图 7-48 搪玻璃开式反应釜

7.5.3 使用、维护、保养

1)使用前检查内容及要求(表 7-4)

表 7-4 搪玻璃反应釜使用前检查项目及内容

检查项目	检验内容及要求
设备本体	目视检查并确认设备及附件的外观无异常，各连接处卡子数量足够、连接紧固，螺栓连接处无明显松动，视镜干净，各个连接部位密封完好、无泄漏。搅拌桨锁紧螺母无松动。初次试车时，应先盘动电机，带动搅拌器转至少一圈以上，观察并确认搅拌器转动时无异常声响，且不与釜内件相碰
电气检查	目视检查并确认电机外观完整、接地线接好、电源线完整、搅拌器开关完好、釜盖与釜体间及减速机、搅拌电机间的静电接线完好，试验并确认视孔灯完好。使用易燃易爆物料时，应确认搅拌电机为防爆电机，并已按防爆要求进行接线盒配置防爆开关，否则严禁使用
润滑系统	目视检查填料密封处填料压盖是否已到底、单端面机密封的油杯内是否有油、双端面机械密封的润滑系统中油量是否充足、减速机内油量是否到达油视窗 1/3 处、各润滑系统有无漏油处
管路系统	检查各联接管路上的阀门、管路、管件和保温层是否完好、有无泄漏处，手动阀门的操作手柄或手轮是否完好，阀门是否处于关闭状态、阀门的开启和闭合是否顺利
仪表系统	检查并确认温度计、液位、压力表其他仪表的显示处于正常状态，相关指示正确
安全附件	检查设置的安全附件是否齐备：安全阀是否完好且校验合格，且在有效期内，特别是内筒体不是常压(使用压力小于 0.1MPa 即认为是常压)使用的反应釜，内筒体安全阀必须设置。对于爆破片，检查使用工况是否与实际工况相符，检查其使用寿命是否超期，检查安装的方向及完好程度

2)正确的使用方法

以间歇反应为例，反应釜的操作分为投料、升降温反应、放料三个过程。

(1)投料：投料前检验所用原料，确保物料正确、顺序加入、数量合适、比例准确，防止物料中带有金属、杂物或硬块带入釜，并做好投料记录；

(2)升降温反应：根据反应物料及工况，封闭各个投料口，开启搅拌，缓慢通过夹套通入冷却介质或者加热介质，记录反应时间、升温速度及压力变化，从检查孔观察釜内反应情况；

(3)放料：反应确认结束后，按照要求关闭或开启不同的阀门，通过放料口卸料。

需要强调的是，这里讲的使用方法只是一种情况，不具有普遍适应性，搪玻璃反应釜的操作要严格按照使用单位所在岗位制定的操作规程执行。

搪玻璃反应釜在正常使用中应注意以下几点：

(1)搪玻璃衬里能耐大多数无机酸、有机酸、有机溶剂等介质，尤其在盐酸、硝酸、王水等介质中具有优良的耐腐蚀性能，但不适用于下列介质或物料的化工过程：

①任何浓度和温度的氢氟酸(HF)及含有氟离子的介质或物料；

②浓度大于 30%、温度大于 180℃的磷酸(H_3PO_4)介质或物料；

③pH 值大于 12 且温度高于 80℃的碱性介质或物料，如烧碱(NaOH)；

④硫酸：浓度 10%～30%，温度高于 200℃；

⑤盐酸：浓度 10%～20%，温度大于 150℃；

⑥酸碱物料交替进行的反应过程；

⑦承受剧烈温差变化的反应过程。

(2)搪玻璃反应釜加料要严防金属硬物(如铸铁扳手、铁锹、铁棍、铁榔头等)掉入设备内；运转时要防止设备振动，损坏反应釜；进釜检查要用木头梯子、穿胶鞋，以保护搪玻璃层。

(3)搪玻璃反应釜使用过程中严禁骤冷、骤热，以免损坏搪玻璃表面，如使用冷冻盐水和蒸汽交替进行加热和冷却的工况。搪玻璃反应釜耐温急变(即反应釜加热或冷却介质温度之差)为：热冲击＜100℃，冷冲击＜90℃。在通入蒸汽加热时，夹套内的水要先放净。开启蒸汽或冷却水进口阀时，不可一次性全开，要预先通入至夹套压力在 0.1MPa 左右，温度变化保持应保持在 3℃/min 左右，最大不宜超过 5℃/min；

(4)按工艺要求将物料投入釜内，一般釜内物料不宜超过全釜容积的 2/3，对于 K 型搪玻璃反应釜，物料在搅拌状态下的液面不宜高于反应釜体与釜盖的高颈法兰面；

(5)最低气温≤0℃时，应在使用完毕后放尽夹套内的存水，避免设备因冰冻而损坏；在正常使用中，也应当注意，在使用蒸汽加热的工况下，及时排出积存在夹套内的冷凝水；

(6)搪玻璃反应釜尽量避免在酸碱液介质中交替使用，否则，将会使搪玻璃反应釜表面失去光泽而腐蚀；

(7)如果清洗夹套一定要用酸液时，不能用 pH＜2 的酸液，酸液进入搪玻璃反应釜夹套会产生氢效应，引起搪玻璃表面像鱼鳞片大面积脱落，一般清洗夹套可用 2%的次氯酸钠溶液，最后用水清洗夹套；

(8)搪玻璃反应釜出料口堵塞时，可用非金属棒(如竹竿或塑料棒、木棒)轻轻疏通，禁止用金属工具铲打。对黏结在反应釜罐内表面上的反应物料要及时清洗，不宜用金属工具，以防损坏搪玻璃衬里；

(9)夹套与筒体连接的过渡接环，在使用过程中应注意检查其连接的角焊缝是否完好，是否有破损和渗漏现象；

(10)夹套内因蒸汽升温或蒸汽阀门内漏，夹套内的水要放净。否则可能导致反应釜上下温度差异较大，使残存应力较大，搪瓷釜温度低的部位应力释放而导致大面积爆瓷。搪玻璃设备在运行一段时间后，夹套顶部就会有不凝性气体聚积，而且越积越多，占据夹套空间，降低夹套的换热性能。因此，建议用户在设备运行一段时间后，应打开放汽孔排除不凝性气体，提高设备的换热效率。

3)维护保养的主要项目及要求

搪玻璃反应釜需要经常进行维护保养，维护保养的项目及要求见表 7-5。

表 7-5　搪玻璃反应釜保养项目

项目	推荐周期/月	维护保养要求
温度计套管、进气管等取出检查其腐蚀情况	1～6	1. 搪玻璃温度计套管的外表面搪玻璃要求无破损 2. 不锈钢的温度计套管及进气管要检查腐蚀情况； 3. 其与法兰焊缝的腐蚀情况；发现异常，进行更换或补焊
搅拌浆、釜内壁搪玻璃检查	1～2	本体及搅拌桨层无爆瓷、破损、开裂
机械密封检查	3～6	要检查动环的磨损程度，磨损太多的要更换
减速机换油	12～24	放净减速机内的机油，加入新油至油标 1/2 至 2/3 处，且确保油位清晰
反应釜外部防腐、保温保冷检查	12	反应釜外表面、卡子及连接螺栓除锈、防腐，外部保温、保冷要求无破损。

7.5.4　搪玻璃反应釜常见故障及损坏形式

1)搪玻璃衬里损坏(图 7-49、图 7-50)

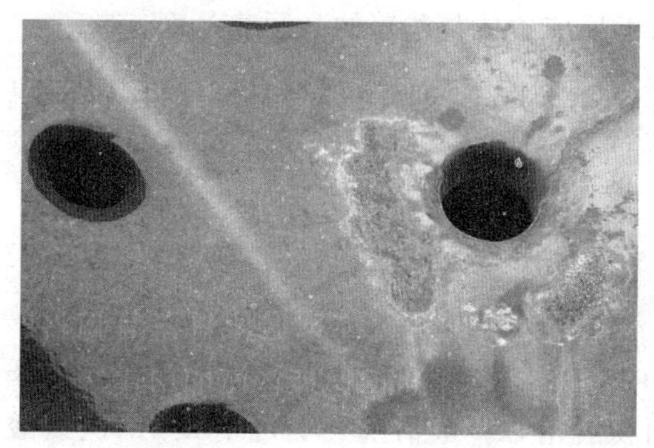

图 7-49　搪玻璃破损

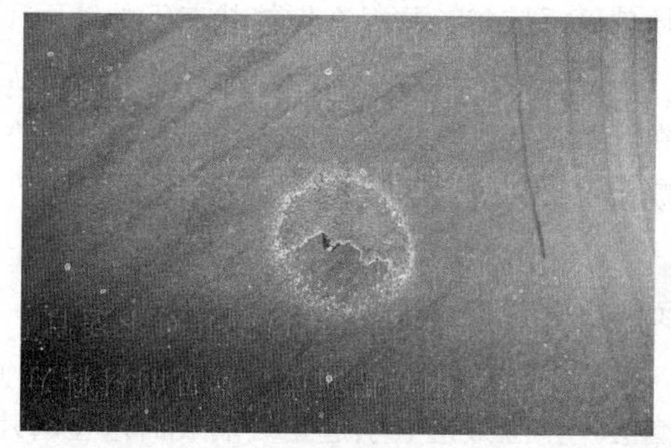

图 7-50　搪玻璃破损

需要注意的是，只要发现搪玻璃衬里破损，该设备应立即停用，进行处理，并及时向厂内负责人进行汇报，采用可靠措施后方可继续使用。搪玻璃衬里常见损坏类型及产生原因见表 7-6。

表 7-6　搪玻璃衬里常见损坏类型及产生原因

主要类型	产生原因	
机械冲击	尖锐物或硬物落入搪玻璃层，对其产生冲击效应，如金属梯、撬棍、铁榔头	
腐蚀	酸腐蚀	85%以上的浓缩磷酸和亚磷酸，及其他低浓度酸在临界温度以上，如浓度 20%的盐酸，在温度大于 150℃时
	氢氟酸和氟化物杂质	处于水分环境的氢氟酸和氟化物，无水条件不会产生
	碱腐蚀	液态的碱溶液，一般来说，碱性越强，温度越高，腐蚀越快
	水蒸气	当水珠冷凝在蒸汽中较冷的玻璃表面时，其要与玻璃中渗出碱离子，形成碱溶液，产生腐蚀

续表

主要类型	产生原因
磨损	主要是反应介质颗粒对壁面摩擦造成
热冲击	操作不当等原因造成的剧烈温差变化引起的破坏
接孔应力过量	管道的扭矩过量和压力过量
钽钉缺陷	钽钉修补位置密封面存在空隙，导致介质进入钽钉与搪玻璃金属基层

2)其他常见故障及损坏形式

搪玻璃反应釜在使用过程中往往会出现故障，主要表现形式、产生的原因及通常的处理办法参见表 7-7。

表 7-7 搪玻璃衬里常见故障类型及原因分析

故障或损坏形式		常见原因分析	常见处理方法
夹套腐蚀（图 7-51）		1. 受介质辐射(点蚀、晶间腐蚀)； 2. 热应力影响产生裂纹或碱脆； 3. 磨损变薄或均匀腐蚀	1. 采用耐腐蚀材料衬里的壳体需重新修衬或局部补焊； 2. 焊接后要消除应力，产生裂纹要进行修补； 3. 超过设计最低的允许厚度，需更换本体
超温超压		1. 仪表失灵，控制不严格； 2. 误操作； 3. 原料配比不当，产生剧烈反应； 4. 因传热或搅拌性能不佳，产生副反应； 5. 进气阀失灵进气压力过大、压力高	1. 检查、修复自控系统，严格执行操作规程； 2. 根据操作法，采取紧急放压，按规定定量定时投料，严防误操作； 3. 增加传热面积或清除结垢，改善传热效果修复搅拌器，提高搅拌效率； 4. 关总汽阀，断汽修理阀门
釜内异常杂音		1. 搅拌器摩擦釜内附件(蛇管、温度计管等)或刮壁； 2. 搅拌器松脱； 3. 衬里鼓包，与搅拌器撞击； 4. 搅拌器弯曲或轴承损坏	1. 停机检修找正，使搅拌器与附件有一定间距； 2. 停机检查，紧固螺栓； 3. 修鼓泡，或更换衬里； 4. 检修或更换轴及轴承
密封处泄漏	填料密封	1. 搅拌轴在填料处磨损或腐蚀，造成间隙过大； 2. 油环位置不当或油路堵塞不能形成油封； 3. 压盖没压紧，填料质量差，或使用过久； 4. 填料箱腐蚀	1. 更换或修补搅拌轴，并在机床上加工，保证粗糙度； 2. 调整油环位置，清洗油路； 3. 压紧填料，或更换填料； 4. 修补或更换
	机械密封	1. 动静环端面变形，碰伤； 2. 端面比压过大，摩擦副产生热变形； 3. 密封圈选材不对，压紧力不够，或 V 形密封圈装反，失去密封性； 4. 轴线与静环端面垂直误差过大； 5. 操作压力、温度不稳，硬颗粒进入摩擦副； 6. 轴窜量超过指标； 7. 镶装或黏接动、静环的镶缝泄漏	1. 更换摩擦副或重新研磨； 2. 调整比压要合适，加强冷却系统，及时带走热量； 3. 密封圈选材，安装要合理，要有足够的压紧力； 4. 停机，重新找正，保证不垂直度小于 0.5mm； 5. 严格控制工艺指标，颗粒及结晶物不能进入摩擦副； 6. 调整、检修使轴的窜量达到标准； 7. 改进安装工艺，或过盈量要适当，或黏接剂要好用，牢固

续表

故障或损坏形式	常见原因分析	常见处理方法
搪瓷搅拌器脱落	1. 被介质腐蚀断裂； 2. 电动机旋转方向相反	1. 更换搪瓷轴或用玻璃钢修补； 2. 停机改变转向
高颈法兰泄漏(图 7-52)	1. 法兰瓷面损坏； 2. 选择垫圈材质不合理，安装接头不正确，空位，错移； 3. 卡子松动或数量不足	1. 修补、涂防腐漆或树脂； 2. 根据工艺要求，选择垫圈材料，垫圈接口要搭扰，位置要均匀； 3. 按设计要求，有足够数量的卡子，并要紧固。

图 7-51　夹套腐蚀

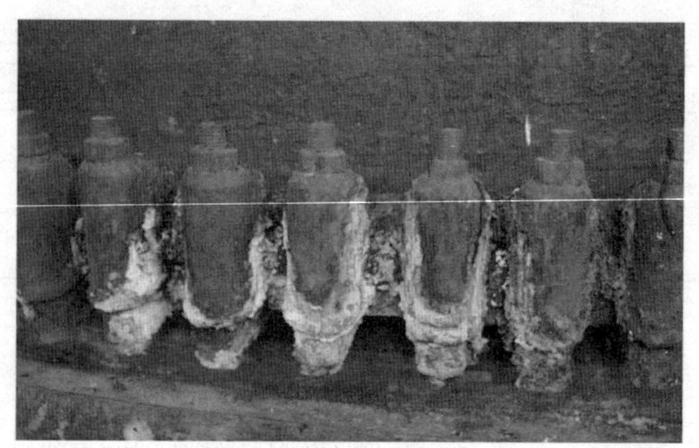

图 7-52　高颈法兰泄漏

7.5.5　搪玻璃反应釜常见应急处理

搪玻璃反应釜涉及的介质多种多样，介质可以产生的危害包括泄漏对人身体的毒害、燃烧发生的烧伤及次生危害、反应过程的失控导致的超压爆炸等等，因此，对于搪玻璃反应釜，应依据工艺及其介质来制定应急预案。特别强调的是，这里所说的应急处理不具有普遍适应性，各个岗位应根据工厂自行制定的应急处理措施，严格妥善处理。

1)泄漏应急处理

迅速撤离泄漏污染区人员至安全区，并进行隔离，严格限制进入。切断火源。建议应急处理人员戴自给正压式呼吸器，穿消防防护服。尽可能切断泄漏源，防止进入下水道、排洪沟等限制性空间。

①小量泄漏：用活性炭或其他惰性材料吸收。也可以用不燃性分散剂制成的乳液刷洗，洗液稀释后放入废水系统。

②大量泄漏：构筑围堤或挖坑收容；用泡沫覆盖，降低蒸气灾害。用防爆泵转移至专用收集器内，回收或运至废物处理场所处置。如有大量甲苯洒在地面上，应立即用砂土、泥块阻断液体的蔓延；如倾倒在水里，应立即筑坝切断受污染水体的流动，或用围栏阻断甲苯的蔓延扩散；如甲苯洒在土壤里，应立即收集被污染土壤，迅速转移到安全地带任其挥发。事故现场加强通风，蒸发残液，排除气体。

2)停电或设备故障停止搅拌

立即停止进料，关闭蒸汽进气阀，排尽夹套内蒸汽，必要时手动盘车搅拌，严密注意釜内液体反应清空，并根据反应清空，采取放空排压等措施。

3)停水

暂停投料及升温操作，关闭工业水冷却阀门，采用应急冷却自来水冷却；无冷却水时，根据釜内反应情况，适当放空泄压。

4)反应失常

因反应失控出现超温超压趋势时，切断加热源，开大冷却水，控制温度；装设安全阀的反应釜，在其出现失灵的情况时，手动泄压。

5)蒸汽阀门泄漏

及时关闭总阀，开启其他旁路管泄压，将压力降到常压及温度降低到可进行更换的范围，立即更换蒸汽阀门。

7.6 石油化工

7.6.1 石油化工生产工艺概况

石油化工是指以石油与天然气为原料，生产石油产品和化工产品的加工工业。根据石油组分沸点的不同，可通过石油炼制来获得燃料油、液化气、润滑油、石蜡、沥青等产品，对炼油得到的产品进一步化学加工可获得石油化工产品，如乙烯、甲苯、合成纤维、合成树脂、塑料、农药等。目前企业将炼油厂与石油化工厂进行联合，组成石油化工联合企业，利用炼油厂提供的馏分油、炼厂气为原料，生产各种有机化工产品和合成材料。

石油炼制主要炼制燃料油、润滑油、石蜡、沥青、焦炭等石油产品，工艺流程见图7-53。通常人们习惯将石油炼制过程分为一次加工、二次加工和三次加工。常减压蒸馏属于一次加工。二次加工是将一次加工的产物再次进行加工，主要包括催化裂化、加氢裂化、催化重整、延迟焦化等工艺。而三次加工主要是将原料进一步加工生产高辛烷值汽油和各种化学品的过程，主要包括石油烃烷基化、异构化、烯烃叠合等。原油经过脱盐脱水处理后，经过一次加工装置，即常减压蒸馏装置，根据原油中各组分沸点不同，分馏出液化气、石脑油、柴油、煤油等低沸点组分，以及蜡油、渣油等高沸点组分。将一次加工后的高沸点组分再进入加氢裂化、催化裂化、催化重整、延迟焦化等二次加工装置，经过一系列复杂的化学反应和再次蒸馏，精制出汽油、柴油、航煤、润滑油基础油等产品。

7.6.2 典型的石油加工过程

1)原油脱盐脱水

原油中一般含有一定量矿化度的水(主要为氯化物)，可导致管道及设备腐蚀、结垢等，同时也增加了能量消耗。为了降低盐及水的影响，在炼制之前需进行脱盐、脱水处

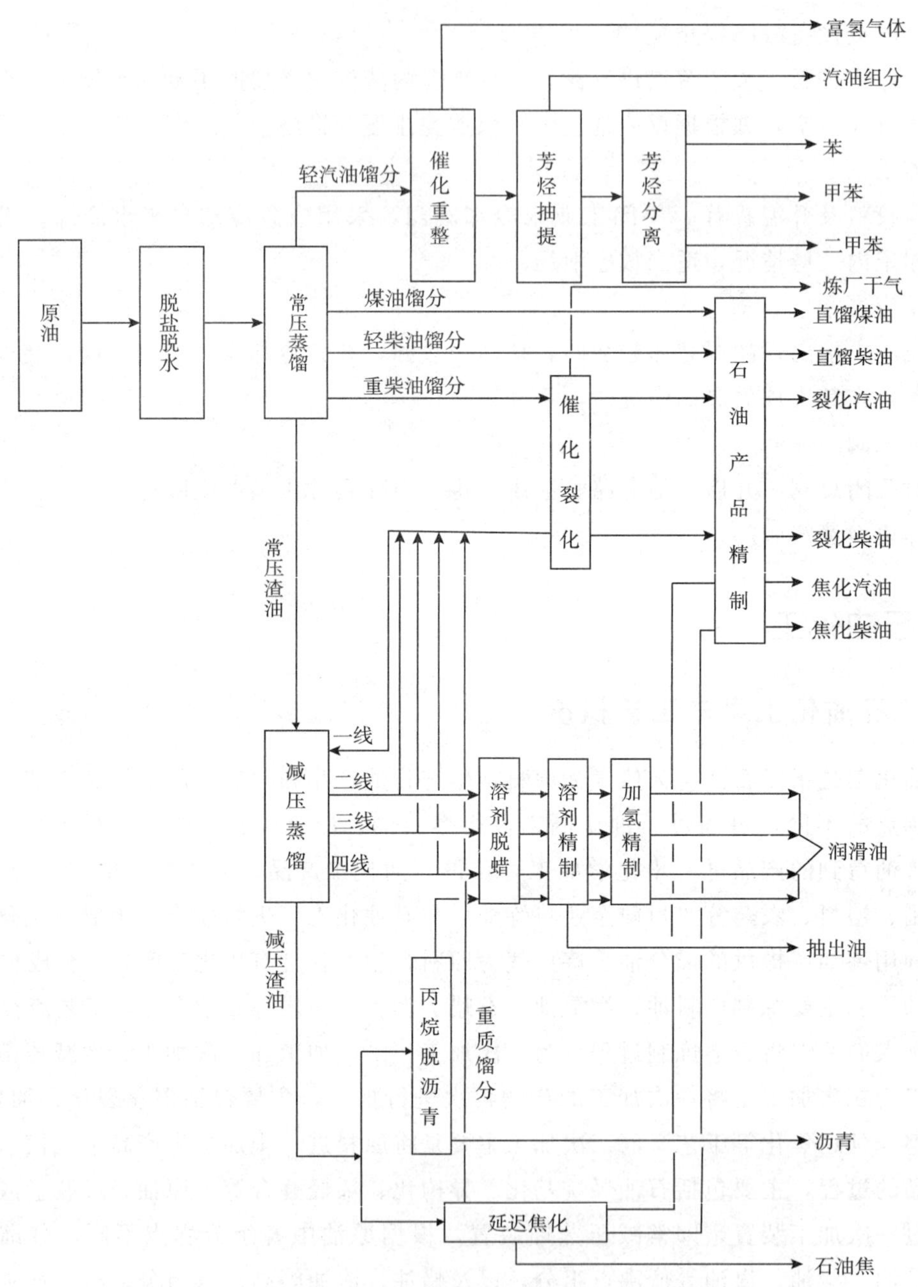

图 7-53　石油炼制工艺流程简图

理。脱盐脱水处理要求：脱盐后原油中的含盐量小于 3mg/L，含水量小于 0.2%。

目前采用的脱盐脱水技术主要为电化学法脱盐脱水，在破乳剂与高压电场作用下，微小水滴逐步聚集成大水滴，在重力作用下实现分离，从而达到脱盐脱水目的。

2)常减压蒸馏

常减压蒸馏主要是利用蒸馏的原理将原油按馏程切割成不同馏分范围的半成品(如航空煤油、军用柴油、溶剂油)和中间原料(如重整原料、催化原料和焦化原料)及 0 号柴油的基础油。既采用了常压蒸馏又采用了减压蒸馏的原油蒸馏工艺，流程见图7-54。

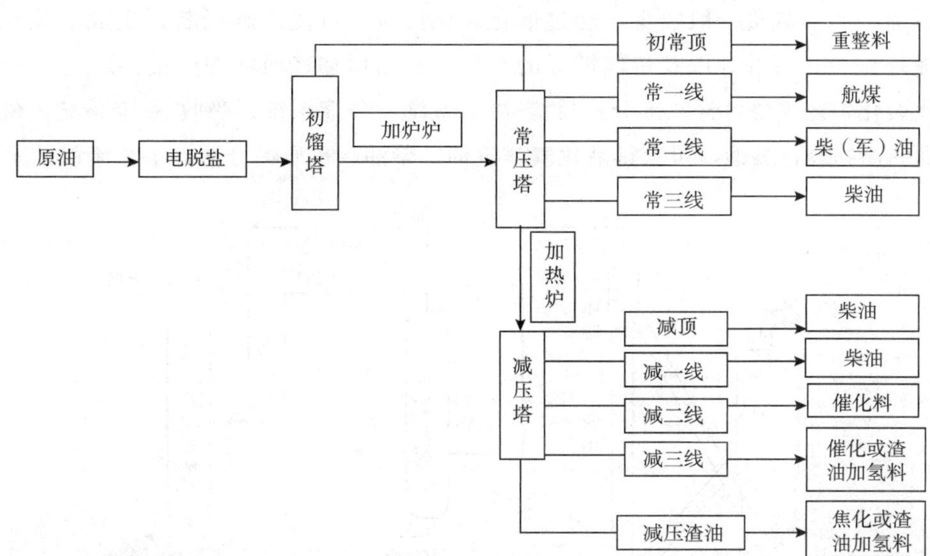

图7-54 常减压蒸馏工艺流程简图

常压蒸馏是根据原油中各组分沸点不同实现其分离，可从原油中分离出沸点小于350℃的轻质馏分，脱盐后的原料油经常压蒸馏后得到的产品从轻到重主要包括重整料（初常顶）、航空煤油（常一线）、军用柴油（常二线）、柴油（常三线），以及常压渣油（沸点＞350℃）。然而高沸点的常压渣油馏分在常压蒸馏高温下易发生热化学裂化、缩合反应，而导致油品分子结构破坏及严重结焦等，无法得到所需的润滑油馏分等产品。因此需对常压渣油通过抽真空进行减压，降低蒸馏塔的压力，使高沸点馏分在低温下沸腾，防止裂化。当绝对压力为2～8kPa时，在390～400℃的减压蒸馏塔中对常压渣油蒸馏得到的产品主要包括柴油（减顶线和减一线）、减压蜡油（减二线和减三线，作为催化裂化原料或渣油加氢原料）、减压渣油（作为焦化或渣油加氢原料）。

常减压蒸馏属于物理分离过程，是原油炼制的第一道工序，该过程为下游生产装置提供石脑油、煤油、柴油、石蜡、渣油及一些轻质馏分油，为了生产更多的产品，还需对各馏分进行二次加工，譬如催化裂化、催化重整、催化加氢、延迟焦化等加工，二次加工采用的是化学方法，改变了馏分的化学组成，以获得更多更好的轻质油品。随着汽柴油质量的升级，常减压装置基本上不能直接生产满足质量要求的产品，必须经过加氢精制、调合才能出厂。

3）催化裂化

催化裂化是炼油厂提高原油加工深度，生产高辛烷值汽油、柴油的一种重油轻质化的工艺过程。催化裂化的工艺原理主要是大分子的烃类物质经过换（加）热与高温催化剂接触发生裂解反应，生产汽油、柴油、液化气等产品，同时在反应过程中产生干气和焦炭等副产物，结焦后的催化剂循环到再生器进行烧焦，恢复催化剂的活性，恢复活性的催化剂再循环到反应器与原料油反应，如此反复。轻质油的市场需求量较大，然而通过常减压蒸馏得到的直馏轻质油数量一般较少，通过催化裂化反应，可使高碳烃断裂生成低碳烃，另外也可增加环烷烃、芳香烃以及带侧链烃的数量，从而增加轻质油的产量。

催化裂化工艺主要包含三部分：反应-再生系统、分馏系统、吸收-稳定系统。催化裂化后所得到的产物经过分馏，可获得液化气、汽油、柴油、重质馏分油，工艺流程见图 7-55。

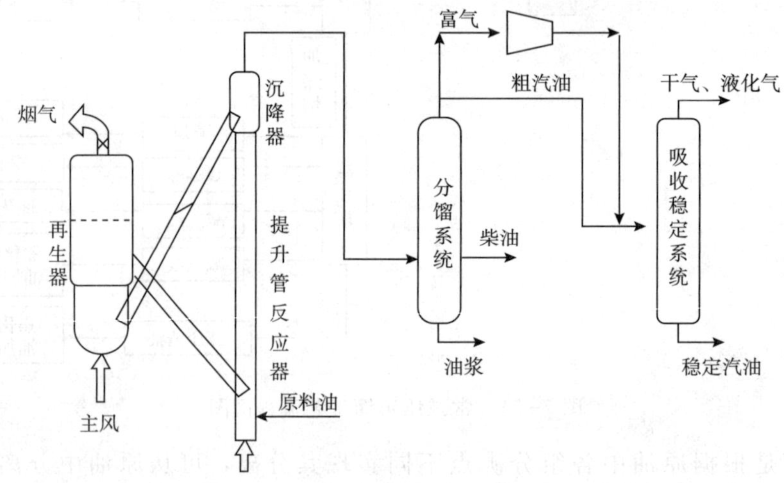

图 7-55　催化裂化工艺流程简图

4)催化重整

在一定的条件和催化剂作用下，使轻质原料油($C_6 \sim C_{11}$)的烃类分子结构重新排列整理，转化为富含芳烃的高辛烷汽油，并副产液化气和氢气的过程。该工艺流程主要包括原料预处理和重整两个工序，原料油预处理后进入重整工段，与循环氢混合后加热至 490～525℃，然后进入反应器中，由于反应会吸收热量，因此在串联的反应器间安装加热炉。从反应器中出来的物料进入分离器，分离出富氢循环气，所得到的液态烃由稳定塔脱去轻质组分后作为重整汽油。工艺流程见图 7-56。

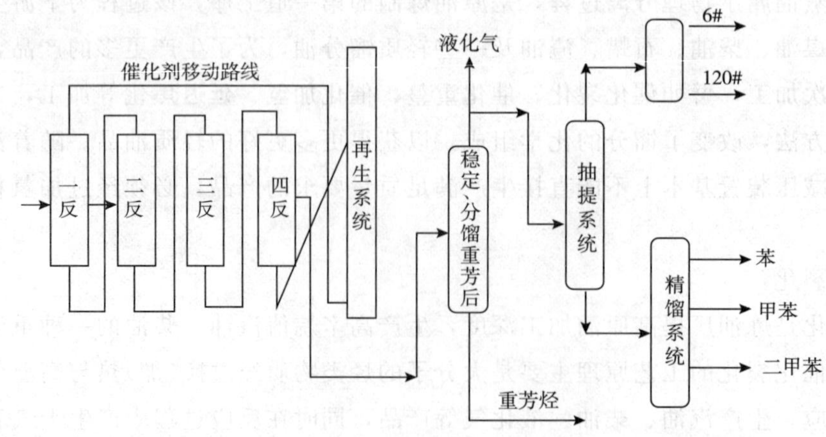

图 7-56　催化重整工艺流程部分简图

5)加氢裂化

在压力10～20MPa、温度400℃以及采用裂化和加氢两种作用的双功能催化剂存在的条件下，将重质油转化为饱和的轻质馏分，通常与催化裂化工艺同时使用。该工艺可减小重质油的相对分子质量，减小碳氢比，将减压渣油制成重芳烃、航空喷气燃料以及优质轻柴油。即加氢裂化是将品质较差的重油转化为高价值的汽柴油等。

加氢裂化主要反应包括芳环饱和、环烷烃开环和裂化反应等。

6)延迟焦化

延迟焦化是原料油在加热炉中被急速加热，达到大约500℃的温度后迅速进入焦炭塔内，停留较长反应时间，使原料油深度裂化反应，获得石油焦炭，生焦过程不在炉内而延迟到塔内进行。工艺流程见图7-57。

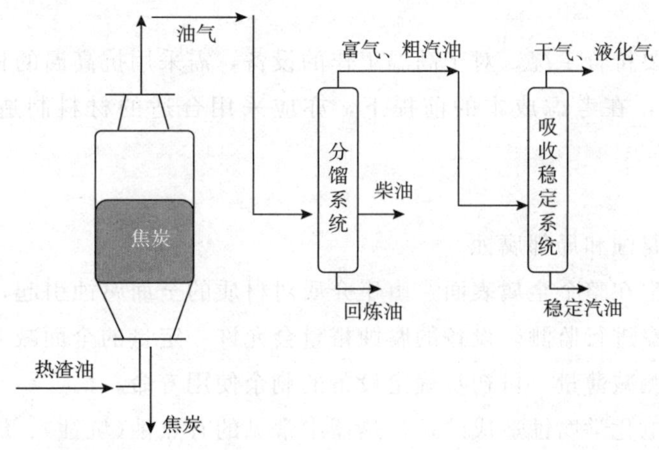

图7-57 延迟焦化工艺流程简图

7)加氢精制

在一定温度和压力以及氢气存在的条件下，脱除油品中的硫、氮、氧杂质原子和金属杂质，并使烯烃饱和，改善油品使用性能，使油品完全符合质量标准。

加氢精制最重要的反应是加氢脱硫，以满足汽柴油的质量标准及化工原料对硫的要求。工艺流程见图7-58。

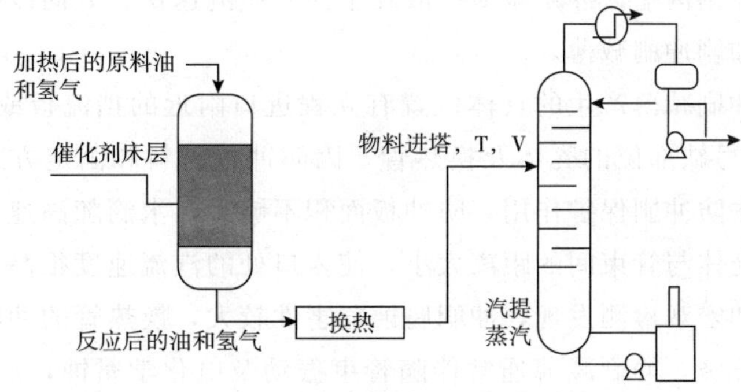

图7-58 加氢精制工艺流程简图

7.6.3 压力容器常见的失效机理

1)高温材质劣化

材质劣化主要发生在高温情况下，如碳钢及0.5Mo钢在427～593℃下长期工作产生石墨化，表现为材料强度、韧性及抗蠕变性能降低；珠光体耐热钢在440～551℃下运行产生珠光体球化，表现为材料强度和抗蠕变性能降低，金相结构改变；由于工作温度反复变化而导致开裂，即热疲劳裂纹，多发生在固定管板式换热器壳体及管束焊缝上。材质裂化如发生在局部，可对设备进行挖补，并做好后续工作；如设备无挖补价值，则需更换设备。对于发生材质劣化的零部件和设备，考虑到维修成本大，维修效果不明显，宜考虑更换相应零部件和设备，且新的零部件和设备应根据工况设计，避免或减轻类似失效模式再次发生。

设备的材质需要符合工况，对于高温工作的设备，需采用抗高温的材质制造；对于含氢、硫过多的设备，在考虑成本的前提下，亦应采用合适的材料制造，以防产生安全隐患。

2)腐蚀

腐蚀分为全面腐蚀和局部腐蚀。

全面腐蚀可发生在整个金属表面，由于介质对材质的全面腐蚀引起，通过年度检验和定期检验中超声测厚进行监测。设备的腐蚀裕量会允许一定量的全面减薄，因此，危害性不大。通过定期监测减薄量，可初步确定设备的剩余使用寿命。

局部腐蚀是由电化学腐蚀造成的，换热器中常见的有点蚀(坑蚀)、缝隙腐蚀等。设备表面材质分布不均或结构不连续的部位，在介质作用下，产生材质小范围内电位差或介质小范围内浓度差，并进行电腐蚀作用，将材质不断溶解，进而产生局部腐蚀。局部腐蚀形貌多样，且孔蚀孔径小，深度大，仪器检出难度大，且容易造成渗漏，危害程度大。局部腐蚀可发生在容器内表面任何部位，主要取决于材料及焊接质量。

3)冲刷减薄

冲刷减薄是由于介质流动对设备磨损导致的厚度减薄，形态多为被冲刷局部材质减薄，也偶尔会产生冲刷沟槽。冲刷减薄一般发生在介质流速快、方向改变大的部位，介质中含有固体杂质会加剧冲刷减薄。

在换热器中，冲刷减薄产生的具体位置有壳程进口附近的挡流板或换热管(如无挡流板情况下)、折流板弓缺部位的壳体及换热管。因防冲板材料和固定方式不合理；在运行中破碎或脱落，失去防冲刷保护作用；防冲板面积不够大，水滴随高速气流运动，撞击防冲板以外的管束；壳体与管束间的距离太小，使入口处的汽流速度很高。冲刷腐蚀一般可通过超声波测厚仪和宏观检测发现，冲刷腐蚀危害性较大，换热管的冲刷减薄直接导致多条相邻换热管同时开裂，冲刷减薄通常伴随管束振动及电化学腐蚀，形成复合减薄模式，使有效厚度减薄速率加快。

4)氢损伤

氢损伤是由于物料中含有氢导致的，形成氢鼓包及氢腐蚀等损伤模式。氢鼓包的检测方法是用手电筒贴近壳壁沿着容器轴线方向均匀投射，注意受观察部位不应有其他强光(如直射阳光、灯光等)照射，如在一定区域内分布有黄豆大小的亮点，即可能是氢鼓包，如有明显黑色部位，即腐蚀凹坑，具体结果需要进一步确认。氢损伤属材质裂化，需进一步研究，确定损伤范围，采用挖补或更换设备等手段进行处理。

5)机械损伤

机械损伤是指在制造、安装及检修作业中由于作业不当，导致设备表面发生破损。如不及时处理，在其他因素的作用下，将会产生局部腐蚀，甚至穿孔或开裂。机械损伤可通过打磨至与母材圆滑过渡，消除其发展趋势，如设备厚度损失小于腐蚀裕量，可不做进一步处理；如打磨过深，经校核不满足继续使用要求，需做补焊处理。图7-59为2016年茂石化炼油分部大修期间，某换热器抽出管束作业产生的机械损伤，呈鱼鳞状拉伤，长度1500mm，宽度12～15mm，深1～2mm，已对其进行打磨消除。

图7-59　换热器内壁拉伤

7.6.4　换热器的失效模式

换热器通常是生产工艺中介质首先经过的设备，通过换热器对介质进行传热，以达到工艺需要的温度参数。在换热器中的介质工况比较复杂，有些介质含有较高的有害物质(如P、S、H等)，对换热器内部产生严重的腐蚀作用；有些介质含有大密度、大硬度固体，高流速工况下，造成换热器内部严重冲刷、减薄；有些介质状态介于饱和蒸气压附近，随时产生汽化或液化现象，冲击换热器内部件，严重者造成变形，甚至开裂；有些介质含有悬浮微粒较多，在换热器内部流速较低的空间沉积，即死区，严重影响换热器的传热效率及管束安全运行；更有些工艺要求较高，需要达到精确换热温度或极高的传热效率等，为了适用于如此复杂工况，基于基础的强化传热理论，换热器衍生出不同的结构形式，本节将对换热器结构及失效情况进行阐述。

1)管壳式换热器

管壳式换热器是石油炼厂中应用最广的一类换热器，如图 7-60 所示，其优点是结构简单，强化传热形式多样，经过几代科研人员对其进行深入研究，其设计、制造、应用、维护等环节已经具有相当成熟的工艺，操作人员对其了解也最多，因此，运行相对可靠。管壳式换热器可分为固定管板式、异型管式、异形折流板式、无折流板式等，换热器作为装置中的传热容器，对其压力一般不做特殊要求，因此，无安全阀、压力表等安全附件。由于管壳式换热器应用量大、型式较为统一，国家将换热器按照结构型式编排换热器的代号。下面将对这些换热器进行简单介绍。

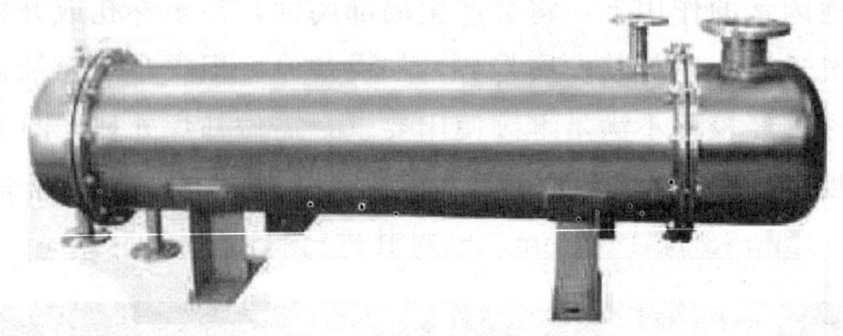

图 7-60 管壳式换热器

(1)固定管板式换热器(图 7-61)

管板直接焊接在壳体上，管板即壳体的设备法兰，无法单独将管束抽出，因而称之为固定管板式换热器。造价较低，应用于无腐蚀或轻微腐蚀、危害程度不高的工况。由于无法进行壳程内检，不易对壳程及管束进行维护，如管束出现较严重缺陷，需更换壳体。

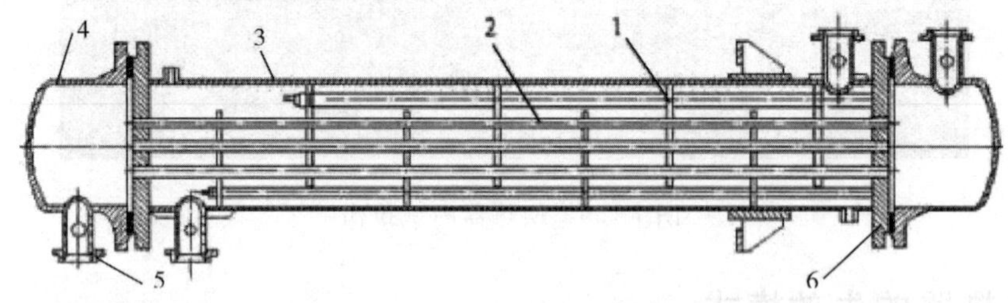

图 7-61 固定管板式换热器

1—折流板；2—管束；3—壳体；4—封头；5—接管；6—管板

(2)U 形管式、浮头式换热器

此类换热器采用双管程或多管程，通过管束 U 形部位和浮头部位达到回流的目的。两者对比，U 形管式换热器设计时要精确计算弯管半径及直段长度，中小半径弯管不易加工；浮头式换热器在装配时比较繁琐，要先穿入管束，再加浮头，最后装壳程管箱，检修中需要将这一过程反过来(图 7-62)。装配时，需要注意浮头密封圈的装配，装配后需对管程试压。由于浮头式换热器密封面较多，工作中要求管、壳程介质压力差小。

管板通过螺栓与管箱和壳体固定，管束的另一端(即 U 形部位和浮头部位)为非固定形式，在设备轴线方向上有一定空间，可使管束在设备轴线方向上伸缩，用于传热介质温

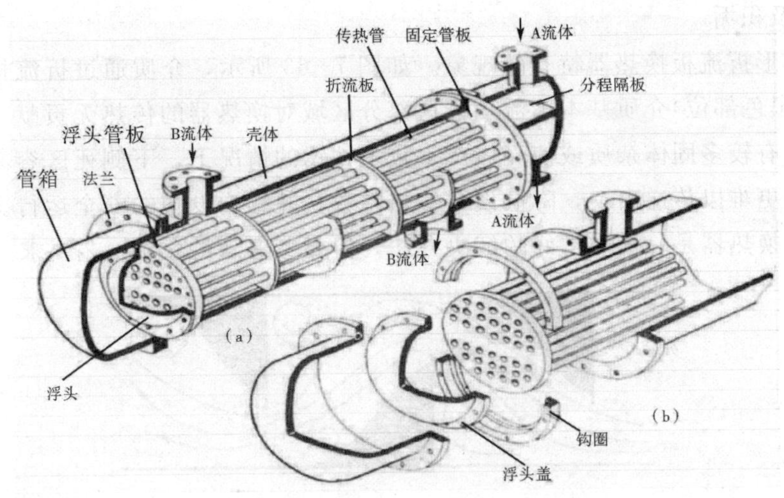

图 7-62 浮头式换热器

度较高的工况。

(3)异形管、异形折流板式换热器

根据最新的传热理论，新型管壳式换热器主要改变了传统换热器的管束，即管子的形状(如翅片管式、波纹管式、管子内插扰流元件式)和折流板的形状(如折流板式、错开窗式)，有些管束则无折流板(如交错扁管、螺旋扁管)。研究认为，新型换热器通常有较高的传热系数，稳定的工作状态，更少的震动，死区小，甚至无死区，以及更少的后期保养维护费用，因而经济效益可观。但是，由于对新型换热器的研究不够完善，设计和制造中会产生较大误差，通常不能得到精确的传热系数。

2)换热器的失效模式及处理方法

(1)腐蚀减薄

换热器的减薄可发生在管箱、壳体及换热管。腐蚀发生在管箱及壳体，可使壁厚减薄，影响换热器使用寿命；发生在管程、壳程分层隔板，将导致隔板腐蚀穿孔，造成介质流通短路，降低传热效率；发生在管束，将使管壁减薄，甚至腐蚀，导致管壳程介质混合；发生在换热管与管板连接(焊接或胀接)处，将导致焊缝或胀接部位泄漏，导致管壳程介质混合；发生在密封面，将导致密封不良，甚至介质泄漏。

发生在换热管的局部腐蚀较多，且不易察觉，一经发现，需要立即堵管或更换管束；如发生在管箱及壳体的介质一侧(主要根据宏观检测)，要彻底清理腐蚀坑，如有需要，应补焊厚度不足的部位。

对于管子本身泄漏，应先查清管束泄漏的形式及位置，并选用合适的堵管工艺，堵塞管子的两个端口。无论采用何种堵管工艺，为保证堵管的质量，被堵管的端头部位一定要经过良好处理，使管板、管孔圆整、清洁，与堵头有良好的接触面。在管子与管板连接处有裂纹或冲蚀的情况下，一定要去除端部原管子材料及焊缝金属，使堵头与管板紧密接触。

(2)死区及积垢

死区是弓形折流板换热器特有的现象。如图7-63所示，介质通过折流板弓缺时，弓缺的另一侧(黑色部位)介质基本不流动，这部分区域对换热器的传热无贡献，且易集聚高温；当介质含有较多固体杂质或使壳体产生较多铁锈的情况下，下侧死区容易积垢，积垢后集聚的热量更难以传递出去，降低设备传热系数，并影响设备的安全运行。选择适当的非弓形折流板换热器是一个非常好的解决办法，但要考虑满足介质工艺要求。

图7-63　弓形折流板换热器的死区

(3)振动

进入换热器的介质流动状态、相变、冲击管壁频率接近管束的固有频率或固有频率的整数倍就会引发管束的共振，现象是换热器在工作中较大振动和噪音。振动会导致管束零部件相互磨损，而减少使用寿命。具体整改措施是严格按照设计参数运行换热器；适当降低(或升高)介质流速，避开使换热器产生共振的流速；加固管束各部件及换热器底座，减少空隙，降低共振产生的影响。

(4)密封面泄漏

换热器为两相甚至多相介质共同在同一容器内传热但不传质，密封面较多，在压力、温度作用下，极易在密封面产生泄漏。因此，需在换热器开始运行时，压力升高、温度升高情况下，密切监控密封面泄漏情况。如遇泄漏，需将压力、温度降低后，加强密封效果，不宜在带压、高温情况下对密封面进行加固处理。

(5)结垢

介质在高温下反应或析出固态物质附着于换热管的内外壁，导致传热系数降低，传热效果不能满足工艺要求。解决方法有化学除垢和物理除垢：化学除垢可将合适的除垢剂以一定浓度通入管程(或壳程)，必要时采用壳程(或管程)加热以达到更好的除垢效果；物理除垢法将换热器管束拆除，采用高压水枪冲刷换热管外壁，达到除垢的目的。

3)换热器的日常维护

(1)启动

①首先利用壳体上附设的接管，将换热器内的气体和冷凝液(如果流体为蒸汽时)彻底排净，以免产生水击作用，然后全部打开排气阀。

②先通入低温流体，当液体充满换热器时，关闭放气阀。

③缓缓通入高温流体，以免由于温差大，流体急速通入而产生热冲击。

④温度上升至正常操作温度时间，对外部的连接螺栓应重新紧固，以防垫片密封不严

而泄露。

(2)运行和维护

①对于采用法兰连接的密封面，因螺栓温度上升而伸长，紧固部位发生松动，因此，在操作中应重新紧固螺栓。

②对于高温、高压和危险有毒的流体，对其泄漏要严格控制，应注意以下几点：

a)从设计角度出发，尽量减少法兰连接，少使用密封垫片。

b)从安装角度出发，紧固操作要方便。

c)采用自紧式结构螺栓，这样在升温升压时不需要重新紧固。

③换热器操作一段时间后，换热性能会降低，应注意以下几个问题：

a)传热表面上结垢严重，传热效果显著下降。

b)结垢将使管内流通截面积变小，流速相应增大，压力损失增加。

c)产生管子胀口泄漏及腐蚀。

d)操作条件不符合设计要求，而使材料产生疲劳破坏。

④为使换热器长期连续运行，必须定期进行检查与清洗。

(3)停车检查

①首先切断高温流体，待装置停车前再切断冷流体。当石油化工生产需要先切断低温流体时，可采用旁路或其他方法，同时停止高温流体供给。如果较早地切断冷流体，则有可能因热膨胀而使设备遭到破坏。

②换热器停车后，必须将换热器内残留的流体彻底排除，以防冻结、腐蚀和水锤作用。

③排放完液体后，可吹入氮气，使残留液体全部排净。

4)流程的选择

在换热器中，管壳程流体的选择，可考虑下列几点做为选择的一般原则：

(1)不洁净或易于分解结垢的物料应当流经易于清洗的一侧。对于直管管束，上述物料一般应走管内，但当管束可以拆出清洗时，也可以走管外；

(2)需要提高流速以增大其对流传热系数的流体应当走管内，易于采用多管程以增大流速；

(3)具有腐蚀性的物料应走管内，这样可以用普通材料制造壳体，仅仅管子，管板和封头要采用耐蚀材料；

(4)压力高的物料走管内，这样外壳可以不承受高压；

(5)温度很高或很低的物料应走管内以减少热量的散失。当然，如果为了更好的散热，也可以让高温的物料走壳程；

(6)蒸汽一般通入壳程，因为这样便于排出冷凝液，而且蒸汽较清洁，其对流传热系数又与流速关系小；

(7)黏度大的流体，一般在通入壳程空间，因在设有挡板的壳程中流动时，流道截面和流向都在不断改变在低 Re 数下(Re 大于 100)即可达到湍流，有利于提高管外流体的对流传热系数。

7.6.5 反应器失效模式

反应器多为塔式反应器或罐式反应器。由于反应产物一般对罐体材料有腐蚀性，或不允许在物料中有容器的材料渗入，因此，反应器内表面多为衬里结构。

1)反应器结构特点

塔式反应器的特点是长径比较大，立式结构，下封头设有物料引出管，折边边缘设裙座或其他立式支承，筒体上设有多个接管及人孔，人孔处外设有平台及笼梯，筒体为直筒或有缩颈结构的锥壳，塔内设有塔盘或填料。衬里多为不与物料反应的材料，如不锈钢、蒙乃尔、钛等，填料多见陶瓷或玻璃材质。

罐式反应器的长径比较小，可设施裙座支承，也可根据工艺要求采用支耳悬空支承，如需恒温可外加保温层或伴热，有内设搅拌器，用以加速反应。如图 7-64 所示。

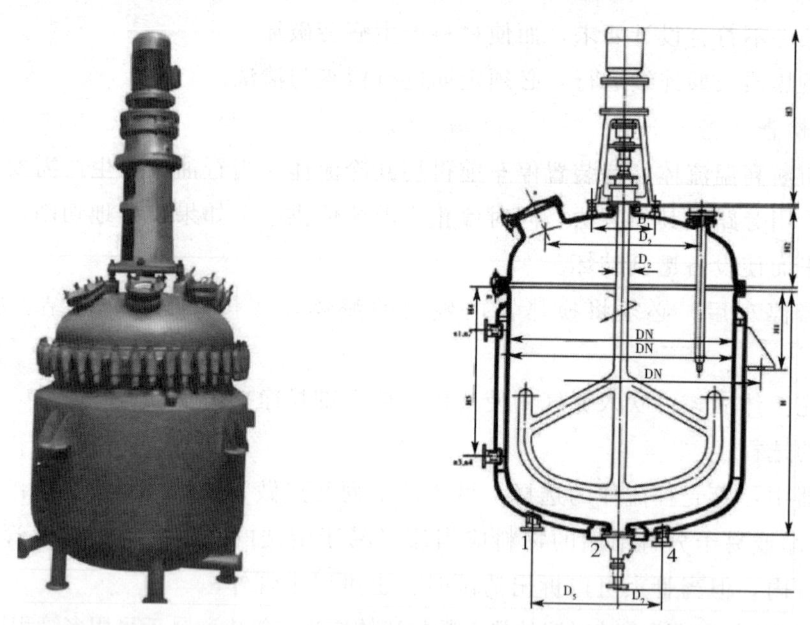

图 7-64　罐式反应釜器

2)塔器特有失效模式

除物料对设备产生的失效机理外，塔式反应器还需要考虑的载荷特点为自振周期、地震载荷、风载、物料温度及腐蚀性对罐体的影响，所产生的失效模式有塔体失稳、裙座开裂及衬里失效。

(1)塔体失稳

实例：1994 年 6 月，某乙烯装置中直径 2700mm、高 75000mm 的乙烯精馏塔，当刮 3～4 级风时，便沿与风垂直的方向剧烈振动，振幅达半米多。

任何设备都有其自振周期，当外部载荷频率接近自振周期，即使外部载荷很弱，也会对设备的安全运行产生严重影响。自振周期包含基本自振周期、第二振型自振周期和第三振型自振周期，自振周期是设备装配、投入运行后固定不变的关于设备本身的常数。一旦自振周期与地震载荷、风载荷所产生的振动频率同步，即发生共振，产生很大的振幅和内力，其内力值将数倍于顺风向振动所产生的内力值，塔体会急剧失稳。

(2)裙座开裂

实例：2016年4月，茂石化炼油分部一焦化两台焦炭塔在定期检验期间，在裙座与塔体链接的焊缝上发现大量裂纹，如图7-65所示。

图7-65 塔体与裙座焊缝开裂

裙座焊接于塔体下封头直段上，起到固定、支撑塔体的作用。塔体与裙座焊缝开裂的原因有多种，此例中的开裂是介质生产工艺导致的。焦炭塔内部介质需要周期性地加热到高温、急剧降温，使塔体产生周期性的热胀冷缩，处于塔体外的裙座基本无类似的体积变化，局部内应力无法释放，于连接处积累，使原本就应力集中的焊缝处周期性承受最大应力。长期作用下，应力在最薄弱处释放，导致此处焊缝开裂。

消除方法：裂纹可采用打磨的方法消除，要注意需要彻底消除，不残留裂纹源。如裂纹较深，打磨后应核算厚度是否满足继续使用要求，如不满足使用要求，需进行补焊，将打磨坑填满，并打磨至与母材平齐。

(3)衬里失效

塔器的介质一般有较强的腐蚀性，对塔体造成严重损害。塔器一般高度较高、体积较大，如筒体采用抗腐蚀材料成本高，不易满足机械性能。因此，在碳钢的塔体内侧附加一层抗腐蚀材料的衬里是经济、合理的。衬里的材料有不锈钢、蒙乃尔等常用抗腐蚀材料，也有钛、锆等单质金属，以及搪瓷、玻璃等非金属(常见于搅拌釜等反应器)。衬里与母材结合的方法有堆焊、爆炸焊等。衬里的失效是指衬里无法满足工艺生产的要求，严重者出现母材与介质直接接触的现象，失效形式包括衬里金属的失效、衬里与母材分离、非金属衬里开裂等。

衬里金属的失效形式有冲刷减薄、氢损伤、腐蚀等。其中，腐蚀的产生主要由于衬里金属不能有效抵抗介质的腐蚀性，进而快速产生局部腐蚀，甚至穿孔，严重危害设备安全运行。

衬里与母材分离主要是在加工制造时未能完全将衬里与母材结合，导致分层。可以采用超声测厚的方法进行检测分离区域范围。

非金属衬里一般质地较脆，开裂的原因较多，主要是介质工作温差大导致衬里和母材热胀冷缩，若衬里和母材的热膨胀系数相差较大，即发生衬里开裂，此外，容器振动、介质含有固体坚硬杂质也是导致非金属衬里失效的原因。

3)典型塔器的失效案例及原因分析

鉴于塔器应用广泛，且多为装置的主要设备，不同装置的塔器均带有各自特定工况，本节将介绍典型塔器的失效模式及原因分析。

(1)焦炭塔

焦炭塔是一种处于温度与载荷同时周期性变化的高温设备，塔内壁温的变化约为30～460℃，塔外壁温变化约为30～430℃。工况苛刻，且由于开车时引起的热载荷、变动的机械载荷的影响，问题就更加复杂了。因此，焦炭塔的失效模式可认为有热疲劳及机械载荷共同作用下的结果，于裙座与塔体连接焊缝处产生疲劳裂纹。

腐蚀在焦炭塔内部主要有高温硫腐蚀及硫化氢腐蚀。高温硫腐蚀发生在渣油中的硫在高温下与塔壁产生腐蚀；硫化氢腐蚀发生在冷却和切焦时，冷却水进入塔内，产生硫化氢水溶液，在常温或停工时，对塔体内部产生应力腐蚀。由于塔体下部内表面有结焦层，硫化氢腐蚀一般发生在塔体上部焊缝内表面。可将腐蚀部位打磨至无腐蚀产物，且与母材平滑过渡，在塔体内表面堆焊抗腐蚀材料。

此外，温差应力可使焦炭塔产生筒体鼓胀变形，多始发于筒体下部。由于在充焦和除焦水冷时，筒体内外壁温差最大(分别是75℃和73℃)，产生温差应力引起的，且鼓胀变形在达到一定程度后，不再变形，但变形趋势会向上蔓延。可采取的措施有：削去焊缝余高，减小材料的刚性约束，减小变形量；选用合适的材料；采用合适的保温结构，如焦炭塔波形保温结构，可以大大减小温差应力。

(2)盐酸塔

盐酸塔的塔体由不锈钢制成，工况特点是内部无腐蚀(无液态水)，操作温度为－25～80℃，外部有保温层，设备置于室外。失效模式是应力腐蚀开裂，外壁产生大量裂纹，与塔器轴线平行，裂纹由外壁延伸至内壁，产生穿透性裂纹。裂纹原因是由于保温层渗入外界大气中富含氯离子的液体，并被不断浓缩，致筒体保温层中含氯离子溶液浓度超标，对筒体外壁产生腐蚀作用，在应力作用下，产生应力腐蚀开裂。整改措施是更换相应筒节，并在筒体外壁喷涂环氧树脂等涂料，以隔断腐蚀环境，避免损失。

(3)精馏塔

精馏塔的特点是塔体较高，长径比大，塔体组对焊接在室外进行，运行期间受风载作用。失效模式为塔体环焊缝、塔体与裙座焊缝连接处开裂。原因有焊工强行组对，工况不合格，强行施焊，焊接工艺控制不当，焊缝产生了大量超标缺陷，是裂纹产生的根源；风载及风载导致的振动使塔体产生失稳和疲劳开裂，是裂纹发展的助力。整改措施是制定的焊接修复方案严格控制焊接工艺，避免产生超标缺陷。

(4)减压塔

减压塔及内构件采用奥氏体不锈钢制造，采用填料提高反应效率，填料材质为不锈钢，负压、高温操作，物料中含有有机酸及硫。主要失效模式是第七、八段填料表面钝化膜完全被破坏，存在大量腐蚀坑，明显减薄，甚至穿孔、残缺，填料失效。原因是在减压蒸馏的过程中，由于原油中含有有机酸和硫等杂质，有些因沸点接近而高浓度地集中于设备的某一部位，当达到一定温度，快速发生腐蚀；有些因分解产物而腐蚀设备。此外，高温硫腐蚀速率很快，腐蚀产物是硫化铁，可以在金属表面形成一定的保护膜，但随着保护膜厚度增加，产生开裂、剥落现象；物料流速高的部位保护膜会被冲刷脱落，加速腐蚀，硬度较高的腐蚀产物对下游保护层及塔壁进行磨损，加剧腐蚀。

7.6.6 储罐失效模式

储罐是临时存储物料的静设备，无热交换、无化学反应、无搅拌设备，因此，腐蚀情况较为简单。储罐分为卧式储罐、球形储罐、常压储罐等。

1)结构特点

卧式储罐为卧式筒状，水平或稍倾斜放置，鞍座支承，鞍座下部有立柱支撑，容积视工艺条件而定，一般卧式液化气储罐 50～200m^3，如需存储体积过大，则不宜采用卧式储罐；球形储罐壳体为球状，受力效果最好，同样压力条件下，设计壁厚可为卧式储罐的1/2，且节省占地面积，焊缝橘瓣状分布，沿赤道垂线均布支腿，支腿下部有立柱支承，容积一般为 200～10000m^3，如存储容积过大，则不宜采用单个球形储罐。储罐应设有排空(水)、排污、物料进出口、人孔等进出口。安全附件有安全阀、压力表、液位计、温度表及相应警报联锁装置等，安全附件需定期校验。

2)失效模式、预防手段及处理措施

储罐的工况一般较为简单，失效模式以缓慢失效为主，主要有全面腐蚀减薄、氢损伤、表面裂纹及非承压部件失效。

(1)表面裂纹

储罐的表面裂纹分布于内外表面，内表面主要由于长期与介质接触，导致储罐金属表面材质裂化，在反复充装介质的周期性压力作用下，内部表面开裂，尤以焊缝上的裂纹居多；外表面的裂纹主要由于长期与大气接触，且在充装介质作用下，外表面承受较大拉应力，容易发生开裂，裂纹生长快。

(2)非承压部件失效

由于球罐反复充装介质，导致支腿焊缝疲劳开裂；地基未稳或介质充装过量，导致立柱下沉，球罐倾斜。严重危害设备安全运行，发现后应立即停止运行，并妥善处理。

此外，在检验工作中，经常发现附属设施(如平台、阶梯)与罐体的T形接头部位容易腐蚀。原因是T形接头本身残余应力大、受集中应力；在工作中漆皮容易开裂，雨水渗入并浓缩；多种失效模式叠加，导致此类接头失效，危害设备管理人员和检验人员安全，发现后应及时将腐蚀部位彻底消除，并做好防腐。

7.6.7 分离器失效模式

分离器是将物料中不同相态的介质分离的压力容器，按照工艺要求，将物料中的气相、液相、固相介质分离。

1)油水分离

气液混合流体经气液进口进入分离器进行基本相分离，气体进入气体通道通过整流和重力沉降，分离出液滴；液体进入液体空间分离出气泡，同时在重力条件下，油向上流动水向下流动得以油水分离，气体在离开分离器之前经捕雾器除去小液滴后从出气口流出，油从顶部经过溢流隔板进入油槽并从出油口流出，水从排水口流出。

油水分离器是将油水混合液中的无损分离出来的压力容器，经处理后，油中的含水量降至0.5%～15%，利于原油进一步净化，见图7-66。

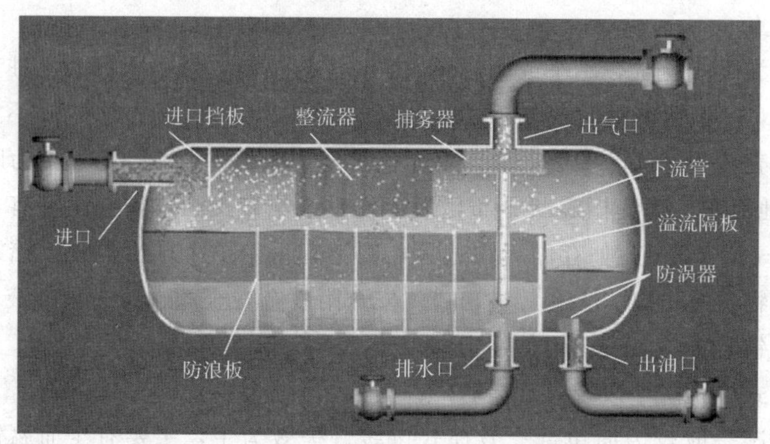

图7-66 油水分离器

2)气液分离

气液混合流体经气液进口进入分离器进行基本分离，气体进入气体通道进行重力沉降分离出液滴，液体进入液体空间分离出气泡和固体杂质，气体在离开分离器之前经捕雾器除去小液滴后从出气口流出，液体从出液口流出。

卧式分离器在运行中易出现震荡现象，主要由于内部物料摇晃导致，后果是影响分离效果，损坏设备，应尽量减小各进出口的介质流速，防止容器内部物料震荡。此外，高速流动流体中的固体颗粒对管壁产生冲蚀，产生严重安全隐患，可将分离器底部开多个排污口，见图7-67。

气液分离器一般设置三个安全保护装置，即过压/欠压保护装置、油液位高/低保护装置、油水界面低保护装置。分离器的操作故障与这三方面有关。

表7-8列举了以上两种分离器的失效模式及处理措施。

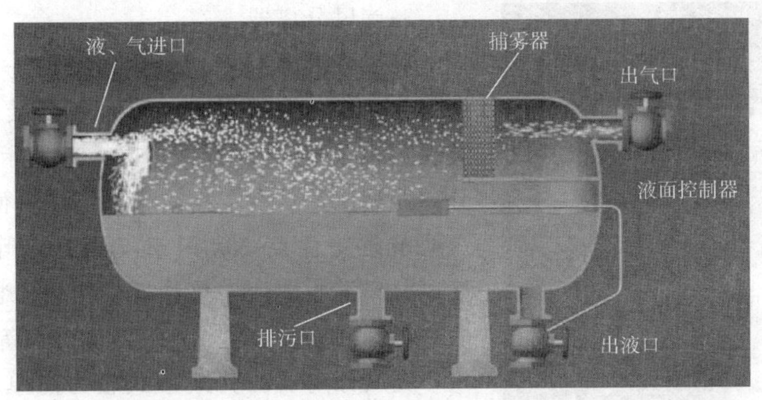

图 7-67 气液分离器

表 7-8 气液、油水分离器的失效模式及处理措施

失效模式	产生原因	处理措施
操作压力过高	①天然气管线冻结或严重堵塞； ②压力控制系统失灵； ③报警系统失灵	通过压力表检查分离器的操作压力；若压力正常，属原因③，检修报警系统；若压力过高，属原因①，检查天然气及燃料气系统，解堵或解冻即可；若属原因②，则检修压力控制系统
操作压力过低	①管线或容器渗漏； ②压力控制系统失灵； ③报警系统失灵	通过压力表检查分离器的操作压力；若压力正常，属原因③，检修报警系统；若压力低于阈值，属原因①，关闭系统进行检修；若属原因②，则检修压力控制系统
操作水位过高	①水排出管线堵塞； ②水位控制系统失灵； ③报警系统失灵	通过液位计检查分离器的水位；若液位正常，属原因③，检修报警系统；若液位低于阈值，属原因①，检查出口截止阀；若属原因②，则关闭上下游截止阀，由旁通阀条件水位控制系统
操作水位过低	①容器或管线渗漏； ②水位控制系统失灵； ③报警系统失灵； ④排放阀打开； ⑤设置阈值偏高	通过液位计检查分离器的水位；若液位正常，属原因③，检修报警系统；若液位低于阀值，属原因①，关闭系统进行检修；若属原因②，打开旁通阀并关闭上下游截止阀，，由旁通阀条件水位，对水位控制系统进行检修；属原因④，关闭排放阀；原因⑤，调整阈值
操作油位过高	①出油管线堵塞； ②油位控制系统失灵； ③设置阈值偏低； ④报警系统失灵	通过液位计检测分离器的油位，如果油位高于设定值，属原因①，检查油出口管线上截止阀；属原因②，打开旁通阀并关闭上下游截止阀，由旁通阀调节油位，并对油位控系统进行检修；属原因③，重新调整阈值；如果油位正常，属原因④，检修报警系统
操作油位过低	①管线或容器渗漏； ②油位控制系统失灵； ③容器出口堵塞； ④排放阀打开； ⑤设定阈值偏高； ⑥报警系统失灵	通过液位器检查分离器的操作油位，如果油位低于阈值，属原因①，关闭系统后全面检查；属原因②，检修油位控制系统；属原因③，检查分离器入口阀门；属原因④，关闭排放阀；属原因⑤，重新调整阈值；如分离器油位正常，则属原因⑥，检修报警系统

图 7-68 旋风分离器

3)旋风分离器

旋风分离器是应用最为广泛的一类分离器，利用物料中各相介质做旋转运动时所受向心力不同来实现各相介质的分离，如图 7-68 所示。与其他各类分离器相比，具有结构简单、维修方便、造价低廉、占地节省等优点，应用于气固分离等工况。目前，旋风分离器主要用于炼油厂催化裂化装置的再生器、电站锅炉的烟气除尘、汽包汽水分离等。

旋风分离器的失效形式较为简单，主要是由于介质对设备的影响，即高温导致内构件焊缝开裂及固体颗粒高速撞击外壁致磨损减薄。

重要的失效诱因是材料及制造缺陷，由于设备用材在铸造或轧制时存在气孔、重皮，在焊接中存在未熔合、夹渣等缺陷，在设计运行工况下，此类缺陷成为设备局部减薄、开裂的主要原因。处理方法是将开裂的焊缝重新开坡口、补焊；对于局部减薄的设备，将分层、气孔、重皮等缺陷彻底打磨消除后，对壁厚进行校核，如不满足使用要求，需要对减薄部分进行堆焊，并打磨与母材平齐。预防措施是严格按照国家法规规定，加强材料生产及设备制造监督检验，对有缺陷的设备禁止出厂、使用。

由于烟气温度较高，材料长时间在高温下运行(如 1Cr18Ni9Ti 奥氏体不锈钢在 870℃以上作业)，表面的金属过烧，导致表面金属材质裂化，在焊缝处由于应力集中且结构不连续，极易成为裂纹源；加之工质易诱发设备振动，加速裂纹生长。如发现开裂，应立即查明原因，如由于材质裂化造成，应更换相关设备。预防措施：①确保物料参数要在设备设计规定范围内；②定期检查旋风分离器内构件。

由于内部工质流速过快，固体颗粒撞击内部材质表面，导致材料磨损减薄。如发现筒体减薄，需进行宏观检查(必要时进行无损检测)，并进行壁厚校核，如不满足使用要求，需进行修补或更换设备。预防措施：①确保物料参数要在设备设计规定范围内，如有流速过快现象，采用可靠方法降低工质流速，减少工质对设备内表面的磨损；②如工质确实含有大量固体颗粒且流速无法降低，宜对其进行定期测厚监控，确保外壁厚度满足使用要求；③对设备进行设计寿命监察，超期服役的设备要监控使用，并在停产大修期间重点检查，确定使用寿命。

此外，部件及焊缝疲劳破坏是旋风分离器壳体断裂失效的原因之一。激振力是旋风分离器内部气固两相流的脉冲压力。脉冲压力来源一方面是旋风分离器内旋转气流在旋转过程中具有的不稳定性，另一方面是气固两相流颗粒浓度的不均匀分布，颗粒速度的脉动变化。当脉动压力的主频接近旋风分离器系统的固有频率时，就会产生共振，在旋风分离器系统交变应力和变形较大的局部区域造成疲劳破坏。这种破坏形式可以通过改变旋风分离器系统固有频率的方法进行预防。

7.6.8 石油炼厂常见的其他容器

1)板式换热器的工艺特点

常见的板式换热器是可拆卸板式换热器(如图7-69),其传热部件是传热板,为可拆卸结构,厚度较薄,一般0.4～1mm,且压有多种折流纹路,用以增强湍流效果、扩大传热面积,因而是一类传热效率非常高的换热器。但由于密封性能较差,无法用于较高压力,一般应用于压力较小、介质泄漏无害、需要经常拆卸清洗的工况。由于传热板较薄,如发现介质泄漏,可将设备拆开,更换损坏的传热板即可。

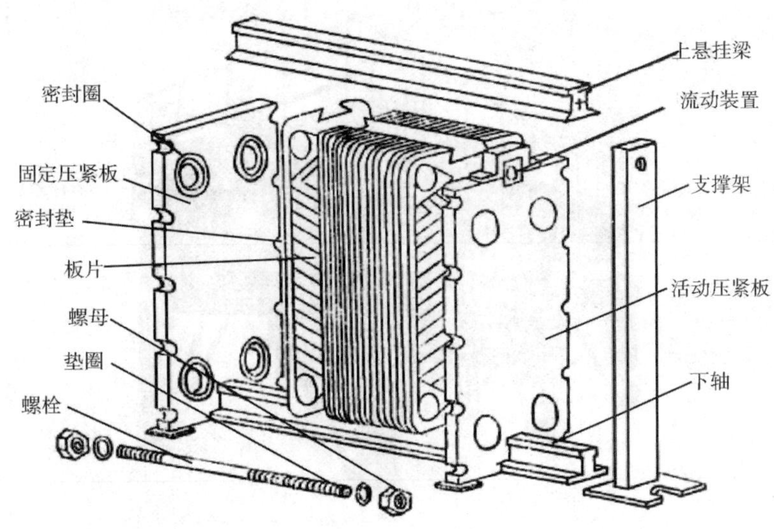

图7-69　板式换热器

此外,螺旋板式换热器越来越多应用于炼油化工行业,换热板采用焊接密封,可承受较高压力。

2)螺旋板式换热器

螺旋板式换热器(图7-70)是一种高效换热器,冷热介质通过螺旋隔板进行热量交换,换热面积大,换热系数高达90%以上。由于隔板边缘一般采用焊接密封,冷热介质的温差会作用在焊缝上,产生温差应力,是潜在的裂纹源;由于无法对换热器进行内部检验,不能对其内部腐蚀及冲刷减薄进行监测,一旦内漏,无法第一时间确认,易造成介质相互污染;无封

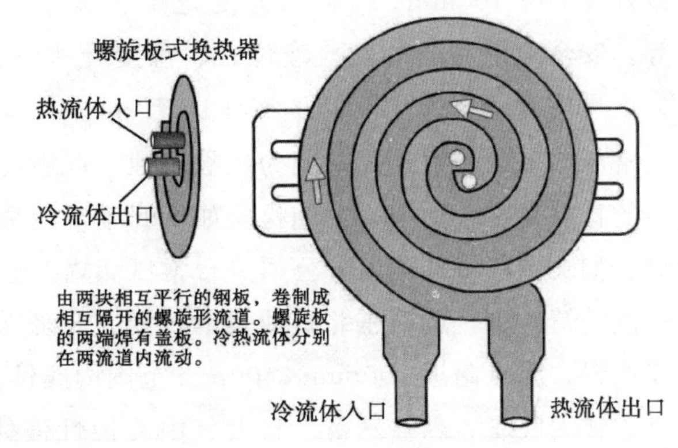

图7-70　螺旋板式换热器

头的设计使螺旋板式换热器不能承受过高压力。

螺旋板壳式换热器是一种改进型的螺旋板式换热器，即将原螺旋板式换热器的两端加装封头，并加厚壳体。改进后的换热器具有传热效率高、流道宽度可优化设计、承压更大等特点。

3)空冷器

除以上介绍的各种换热器外，石油炼厂、发电厂还经常用到空冷器，如图 7-71 所示。空冷器一般采用翅片管做换热管，并采用风机垂直管束吹风降温，两侧管箱多采用方形焊接结构，因此用于压力不高、冷却量大、冷却精度要求不高的工况。如发现换热管泄漏，可将管箱上对应的螺栓旋出，采取在管板端堵管的方式进行应急处理。

图 7-71　空冷器

4)常压储罐

常压储罐为圆柱立式结构，底部为焊接平底板，筒壁下部采用 T 形接头焊接于底板，底板外伸 50～100mm，外伸部分及壳体下部有防水措施，附属设施有加热设备及搅拌设备等。安全附件有通气阀、液位计、温度计等。存放介质为液态油料，如原油、润滑油等，不易挥发，容积几百立方米到 15 万 m^3。

常压储罐的失效模式一般为底板腐蚀，严重者腐蚀穿孔，损失较大，后果严重。底板腐蚀的特点是隐蔽性强，定期检验如不开罐，无法对底板进行检测，无法确定底板的腐蚀情况。如长城润滑油茂名分公司一台常压储罐发生泄漏，通过常规开罐检查，均无法确定渗漏点的情况下，邀请东北石油大学教授进行研究分析，采用漏磁检测法发现漏点在罐体出口位置，漏点附近 500mm×400mm 范围内腐蚀达 60%以上(如图 7-72 所示)，原因是出口位置无底座，悬空暴露，与大气中腐蚀性液体(含 S^{2-}、H^+ 等雨水)反应，发生腐蚀减薄。

另一个腐蚀减薄的位置是底板与壳壁的 T 形焊接接头部位，由于底板受容器和物料重

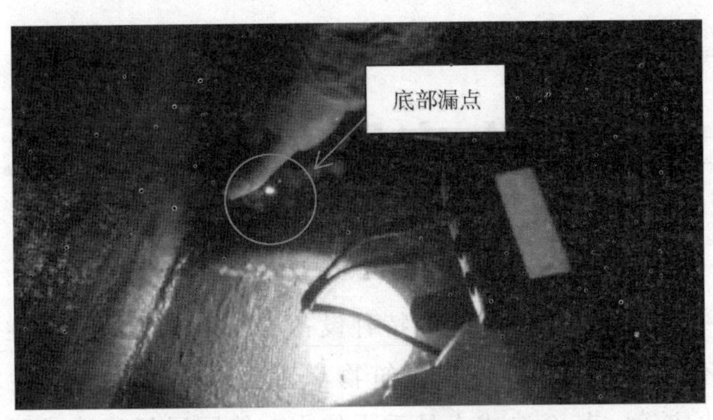

图 7-72 常压罐底板腐蚀穿孔

力下，容易发生下沉，导致底板外伸部分翘起，防水材料与底座分离，雨水渗入，在缝隙尖端浓缩，加之T形焊接接头残余应力大、应力集中，极易引发应力腐蚀。

发现底板产生腐蚀后，应对腐蚀程度进行评估，监控运行或立即停用设备。待设备停用后将腐蚀部位彻底打磨或挖补，改善防腐措施，避免类似事故再次发生。

第 8 章　压力容器事故与应急处置

压力容器是一种具有潜在爆炸危险的特种设备。压力容器一旦发生事故，不仅设备本身遭到破坏，往往还会破坏周围设备和建筑物，甚至诱发一连串恶性事故，如烫伤、烧伤、大面积中毒、火灾等，甚至造成人员重大伤亡，给国民经济造成巨大损失。

一般压力容器的结构并不复杂，但在载荷作用下，应力的分布比较复杂，如开孔处的应力分布要比不开孔处复杂得多。尤其是在高温、高压、低温、腐蚀等恶劣的运行条件下，如果管理不善、使用不当，就容易发生事故。例如 2005 年 11 月 13 日下午中石油吉林石化公司双苯厂一车间发生爆炸事故，数万人疏散，事故造成 8 人死亡，60 人受伤，直接经济损失 6908 万元。爆炸造成约 100t 左右的苯类污染物进入松花江水体，造成松花江严重污染，致使哈尔滨饮用水停水四天并波及影响到俄罗斯边境城市的供水，造成了恶劣影响。又如 1979 年 12 月 18 日吉林市煤气公司液化石油气站，一只容积为 $400m^3$ 的液化石油气球形储罐爆炸，引起大火，并导致邻近的三只储罐和千余只气瓶爆炸，酿成一片火海，使一个投资 600 万元，投产仅两年的新企业付之一炬，大火持续 23h，造成 32 人死亡，54 人受伤。

8.1　压力容器事故和故障的形式及危害

压力容器在使用过程中发生异常情况，引起人身伤害，导致生产中断或财产损失的所有事件，统称为压力容器事故。压力容器的某些方面虽然出现了异常情况，但经过及时妥善处理后，又恢复正常运行，这种异常情况一般称为压力容器故障。压力容器故障如果不及时处置或处置不当，极易发展成事故。

压力容器常见故障或事故形式有：超压、超温、异常声响、异常变形、异常振动、泄漏、爆炸等。其中常见的是超压，而最严重的是压力容器爆炸事故。

1)超压

由于压力容器内的介质不同，发生压力突然升高造成超压的原因也各不相同，大体可归纳为下面六种：

(1)反应容器中介质在化学反应时会发生升温升压现象；

(2)压力容器上的自动控制设施(仪表或装置)损坏或失灵，起不到自动降压降温的调节作用；

(3)压力源来自器外的储存容器在进气量增大时会发生压力升高现象；

(4)液化气体介质在环境温度升高时明显提高汽化率而造成压力升高；

(5)介质在容器内发生爆炸而形成超压；

(6)操作工误操作而致超压。

2)爆炸

爆炸是大量的能量(物理能量或化学能量)在瞬间迅速释放或急剧转化成机械能、光、热等能量形式的现象。压力容器的爆炸按其爆炸的原因和性质可分为两种：

(1)正常压力下爆炸

正常压力下爆炸是指容器在工作压力下发生的爆炸，爆炸的原因有：因介质腐蚀造成实际壁厚减薄或设计壁厚过薄；因缺陷造成低应力脆性破坏、发生疲劳破坏、应力腐蚀破坏或蠕变破坏。

(2)超压爆炸

超压爆炸是指容器在超过工作压力下发生的爆炸。爆炸原因主要有：操作失误、高压窜入低压，液化气体储罐过量充装或意外受热等。超压爆炸有两种：容器内化学爆炸和二次爆炸。容器内化学爆炸是指容器内由于发生不正常的化学反应，使容器内压力急剧升高导致的容器爆炸，也是一种化学因素引起的超压爆炸。爆炸原因主要有：器内化学反应失控，器内混合气体爆炸，器内发生燃烧反应等。二次爆炸也是一种化学爆炸，是指容器爆炸以后逸出器外的气体与空气混合达到爆炸极限后发生的空间爆炸。

压力容器发生事故的危害主要有震动危害、碎片的破坏危害、冲击波危害、介质毒害、二次爆炸危害等。

压力容器发生爆炸事故时，一般会发出巨大的声响。这种声响可使物体发生震动，设备损坏，也会伤及人的耳膜和内脏，甚至危及人的生命。

压力容器发生爆炸事故时，壳体可能破裂成大小不等的碎块或碎片向四周飞散。这些具有较高速度或较大质量的碎片，在飞出的过程中具有较大的动能，可击穿房屋，损坏设备，危及人员生命，也可能引起连续爆炸、酿成火灾或中毒等。

压力容器发生爆炸事故时，容器内的高压气体大量冲击，它使周围的空气受到冲击而发生扰动，使压力、温度、密度等发生突然变化，这种扰动在空气中传播就成为冲击波。容器80%以上的能量以冲击波的形式向外扩散。空气冲击波中状态的突然变化，最显著地表现在压力上，开始时突然升高，产生一个很大的正压力，接着又迅速衰减，在很短的时间内正压降为零，而且还要继续下降至小于大气压的负压。如此反复循环数次，压力一次比一次小，直到趋于平衡。在爆炸中心附近，空气冲击波波阵面上的超压可以达到几个甚至十几个大气压。在这样高的压力下，建筑物将被摧毁，设备均会遭到严重破坏，即使0.005MPa的超压就可以使门窗玻璃破碎，0.1MPa的超压就可使人死亡。

如果压力容器内的介质为有毒液化气体，当容器破裂时，有毒介质外泄，部分介质流入地沟，就会造成环境污染；部分介质汽化蒸发向外扩散，造成大面积毒害区域，使得人和动物中毒，甚至危害生命。大多数液化气体生成的蒸气体积为液体的200左右，如液氯为240倍，液氨为150倍，液化石油气为180～200倍。如1t液氯容器破裂时可造成8.6×$10^4 m^3$的致死伤亡区，5.5×$10^6 m^3$的中毒范围。

充装可燃液化气体的压力容器，如液化石油气压力容器等破裂时，液化气体大量蒸发，与周围空气混合，遇到引火源或达到爆炸极限，会在容器外发生二次爆炸，酿成更大的火灾事故。据介绍，一个15kg民用液化石油气瓶破裂爆炸时，其燃烧范围可达到20m，一个1t的液化石油气储罐破裂爆炸时，其燃烧范围可达78m(即以容器为中心，以39m为半径的半球形区域)。

8.2 压力容器事故的定义、分类和调查处理

根据《特种设备安全监察条例》规定，特种设备事故分为特别重大事故、重大事故、较大事故和一般事故。

特别重大事故是指特种设备事故造成30人以上死亡，或者100人以上重伤(包括急性工业中毒，下同)，或者1亿元以上直接经济损失的；或者压力容器、压力管道有毒介质泄漏，造成15万人以上转移的。

重大事故是指特种设备事故造成10人以上30人以下死亡，或者50人以上100人以下重伤，或者5000万元以上1亿元以下直接经济损失的；或者压力容器、压力管道有毒介质泄漏，造成5万人以上15万人以下转移的。

较大事故是指特种设备事故造成3人以上10人以下死亡，或者10人以上50人以下重伤，或者1000万元以上5000万元以下直接经济损失的；或者压力容器、压力管道爆炸的；或者压力容器、压力管道有毒介质泄漏，造成1万人以上5万人以下转移的。

一般事故是指特种设备事故造成3人以下死亡，或者10人以下重伤，或者1万元以上1000万元以下直接经济损失的；或者压力容器、压力管道有毒介质泄漏，造成500人以上1万人以下转移的。

8.2.1 事故调查分析

压力容器发生事故时，事故发生单位应立即启动事故应急预案，组织抢救受伤人员，采取有关紧急措施保护现场，防止事故蔓延和扩大，并及时向事故发生地县以上特种设备安全监督管理部门和有关部门报告。

特别重大事故由国务院或者国务院授权有关部门组织事故调查组，进行调查。重大事故由国务院特种设备安全监督管理部门会同有关部门组织事故调查组，进行调查。较大事故由省、自治区、直辖市特种设备安全监督管理部门会同有关部门组织事故调查组，进行调查。一般事故由设区的市特种设备安全监督管理部门会同有关部门组织事故调查组，进行调查。

事故调查的程序如下：

1)成立调查组

事故发生后，应立即成立调查组。调查组成员包括：特种设备相应安全监察机构人员、事故单位有关人员、检验机构有关专家、设计制造或科研等单位专家等等。参加事故调查组的专家应具有事故调查所需要的相关专业知识，与事故发生单位及相关人员不存在任何利益或者利害关系。

2)事故现场调查

事故现场是分析事故的依据，所以必须进行详细的检查记录，现场调查一般应包括以下几个方面。

(1)容器破坏情况的检查和测量

包括设备原来的安装位置，事故发生时设备的破坏型式(膨胀、泄漏、裂口、爆炸)和碎片飞出情况，以及与设备相连部件的损坏情况，并取样作进一步的试验、分析。

调查时注意作以下记录：断口的形状、颜色、晶粒和断口纤维状等特征；裂口的位置、方向，裂口的宽度、长度及其壁厚；碎片的重量等。可以从断口和破坏情况初步判断事故性质，是塑性、脆性破裂还是疲劳破裂等。

(2)对安全附件装置情况的调查

容器发生事故后，在初步检查安全阀、压力表、温度测量仪表后，再拆卸下来进行详细检查，以确定是否超压或超温运行。若有减压阀，应检查是否失灵。装设爆破片的，应检查是否已爆破等情况。

(3)对建筑物破坏情况和人员伤亡情况的调查

建筑物损坏情况，与爆炸中心的距离以及门窗破坏情况，从现场破坏情况可进行爆炸能量估算。人员伤亡情况，包括受伤部位及其程度，便于确定受害程度。

3)了解事故发生前设备运行情况

为了准确了解事故发生前设备运行的真实情况，应尽量收集各种操作记录，包括容器在事故发生时的操作压力、温度、物料装填量、物料成分及进出流量等，事故发生过程是否出现不正常情况，采取的紧急措施，安全装置的动作情况。操作人员的操作水平，有无经过安全培训、考核合格等情况，是否持证上岗，便于判断是否有无误操作现象。

4)了解设备制造和使用检验情况

了解包括容器的制造厂、出厂日期，有无产品合格证、质量证明书及监检证书等情况，材质情况及制造时存在的缺陷。容器的使用情况及使用年限、定期检验日期、内容及所发现的问题。容器的工作条件，压力、温度、介质成分及浓度，是否对容器构成应力腐蚀、晶间腐蚀及其他腐蚀的可能性。以便判断是因设计、制造不良引起事故，还是使用管理不当造成的事故。

5)取样分析

对取样进行金相分析、化学成分分析、机械性能试验，并对断口作技术分析。通过材料的性能试验和断口的外观及金相分析等，可以确切地查明事故原因。

8.2.2 事故结论

通过事故现场调查及技术鉴定分析，必要时对爆炸能量进行估算，广泛听取各有关专家的意见，分析事故原因，给出调查结论，明确事故责任，出具事故调查报告，并上报相关部门。

8.3 压力容器故障或事故应急处置

8.3.1 压力容器常见故障或事故的应急处置程序

超压、超温、异常声响、异常变形、异常振动、泄漏、爆炸等情况均属于压力容器故障或事故。

当压力容器出现故障时，操作人员应根据操作规程或事故应急预案的要求，及时采取紧急措施，并立即报告安全或设备管理部门。相关部门和人员应及时排除容器故障，消除事故隐患。

当已经发生压力容器事故时，操作人员应根据事故应急预案程序的要求，立即逐级上报事故情况，如企业安全管理部门、消防部门、急救中心和各级主管部门等，并做好事故现场的保护工作，协助做好事故处置工作。

8.3.2 压力容器常见故障或事故的应急处置方法和步骤

1)超压

(1)操作人员根据操作规程或事故应急预案的要求，操作相应阀门及排放装置，将压力降到允许范围内；

(2)立即通知工艺、设备管理部门查明原因，消除隐患；

(3)超压情况如果可能会影响相关设备安全使用，应立即继续降压、直至停车；

(4)检查超压所涉及的受压元件、安全附件是否正常，必要时向特种设备检验机构申请检验；

(5)根据相关规定对受损部件进行维修或更换；

(6)详细记录超压情况、受损部件的维修更换情况，并存入压力容器技术档案。

2)超温

(1)操作人员根据操作规程或事故应急预案的要求，立即操作相应阀门或冷却、喷淋装置，将温度降到允许范围内；

(2)立即通知工艺、设备管理部门查明原因，消除隐患；

(3)超温情况如果可能会影响相关设备安全使用，应立即继续降温、降压，直至停车；

(4)检查超温所涉及的受压元件、安全附件是否正常，必要时向特种设备检验机构申请检验；

(5)根据相关规定对受损部件进行维修或更换；

(6)详细记录超温情况、受损部件的维修更换情况，并存入压力容器技术档案。

3)异常声响

(1)操作人员立即观察设备压力、温度等运行参数是否正常；

(2)立即通知工艺、设备管理部门查明原因；

(3)原因不明应立即降压、直至停车；

(4)检查异常响声所涉及的受压元件、安全附件是否正常，必要时向特种设备检验机构申请检验；

(5)根据相关规定对受损部件进行维修或更换；

(6)详细记录异常声响情况、受损部件的维修更换情况，并存入压力容器技术档案。

4)异常变形

(1)操作人员根据操作规程或事故应急预案的要求，操作相应阀门，立即降压停车；

(2)通知工艺、设备管理部门查明原因；

(3)对变形部位进行检查，并向特种设备检验机构申请检验；

(4)根据相关规定对受损部件进行维修或更换；

(5)详细记录异常变形情况、受损部件的维修更换情况，并存入压力容器技术档案。

5)异常振动

(1)操作人员根据操作规程或事故应急预案的要求，确认振动源，并予以消除；

(2)有可能造成设备损伤的，应停车，并向特种设备检验机构申请检验；

(3)根据相关规定对受损部件进行维修或更换；

(4)详细记录异常振动情况、受损部件的维修更换情况，并存入压力容器技术档案。

6)泄漏

(1)操作人员根据操作规程或事故应急预案的要求，操作相应阀门，立即降压停车；

(2)通知应急救援队伍、工艺设备管理部门；

(3)撤离现场无关人员，如有人员中毒或伤亡应立即通报 120 急救，救助伤员；

(4)切断电源，做好消防和防毒准备，防止泄漏的易燃易爆介质爆炸；

(5)封闭泄漏现场、将泄漏设备与周围相连管道系统隔断；

(6)将设备内介质倒入备用容器，若可能时则堵塞泄漏部位；

(7)报告当地特种设备安全监察机构、检验机构，查明事故原因；

(8)根据相关规定对受损部件进行维修或更换；

(9)详细记录泄漏情况、受损部件的维修更换情况，并存入压力容器技术档案；

(10)应注意泄漏物质对环境的影响，妥善处理或者排放，重大泄漏事故应及时向公众公布，必要时作好疏散工作。

7)爆炸

(1)爆炸发生时，发现人员应根据爆炸情况和事故应急预案的要求，迅速做出判断，报告安全管理部门，或直接向消防部门和救护中心报警；

(2)爆炸发生时，必须躲避爆炸物，在可能的情况下尽快将人员撤离爆炸现场，爆炸停止后立即查看有无人员伤亡，并进行救助；

(3)爆炸发生时，生产主管在其认为安全的情况下，必须尽快切断电源和管道阀门。所有人员必须服从临时召集人的安排，有组织地通过安全出口或其他通道迅速撤离现场；

(4)临时召集人负责安排抢救工作和人员安置工作；

(5)报告当地安全生产管理部门和特种设备安全监察机构，开展事故调查。

8.3.3 压力容器故障或事故的预防

(1)加强操作人员的培训，熟悉和掌握生产工艺流程、容器操作规程和事故应急预案。

(2)遵守工艺纪律，严格按照压力容器操作规程进行操作。

(3)加强巡查，及时观测容器工艺参数，定时检查容器运行情况。

(4)认真做好压力容器年度检查，加强平时巡查、记录容器及受压部件的变形等情况，及时发现问题，消除隐患。

8.4 典型事故案例分析

压力容器发生事故，往往是多种因素综合作用的结果。压力容器发生事故的危害是巨大的，因此，对于每一次事故，应按照“四不放过原则”——事故原因未查清不放过、事故责任人未处理不放过、事故相关人未受到教育不放过、事故的预防措施未落实不放过，认真进行调查分析，从中吸取经验教训，研究防止再次发生类似事故的措施。

8.4.1 蒸压釜爆炸事故分析

1)事故概况

某管桩公司1台蒸压釜，于2007年4月发生爆炸事故，蒸压釜一端的釜盖炸飞，釜内蒸汽气浪灼伤1人。该工人后经医治无效死亡。

爆炸后蒸压釜如图8-1所示。

图8-1　蒸压釜爆炸现场图

2)事故现场调查

发生事故的蒸压釜产品铭牌在釜盖，釜盖在事发后由企业移至吊装车间内。从产品铭牌显示，该釜为Ⅱ类压力容器，设计压力为1.6MPa，最高工作压力为1.5MPa，设计温度203℃，容器直径2850mm，长度30634mm，筒体壁厚20mm，主要材质为16MnR，容积为190m³。该釜于2001年5月投入使用，实际使用最高工作压力为1.0MPa。

经现场调查发现：受压部件无明显变形，焊缝未发现撕裂等缺陷，釜头啮合齿无明显损坏，安全阀、压力表完好。釜盖吊挂装置被拉断，釜盖被弹至左前方20米处。2006年4月，该釜经检验机构定期检验，发现快开门安全联锁装置不合格，容器的安全状况等级定为5级，应进行维修或报废，不允许继续使用。但使用单位一直未进行整改。

事发当日下午，该蒸压釜在管桩蒸制结束后，释放蒸汽，该公司员工甲(即死亡人员)到一端釜盖处，扳动釜盖的安全装置手柄解除锁定。由于该员工在未将釜内蒸汽完全释放的情况下，强行摇动变速箱手柄转动釜盖，准备打开釜盖。当转到一定程度后，被当班的工段长发现并立即制止要求其离开，员工甲听到后，在未将釜盖重新啮合到安全部位的情况下，离开到釜盖正前方约15m远处，去拉卷扬机的钢丝绳。此时，釜盖由于未啮合到位被弹开，釜内余热蒸汽冲出，蒸汽将该员工灼伤。事后公司立即将其送医院抢救医治。医治无效后死亡。

3)事故原因分析

通过事故现场调查和询问得出分析：该蒸压釜是有相应资质的单位设计、制造、安装，有当地检验机构的监检合格证书。定期检验发现蒸压釜的快开门安全联锁装置不合格后，该企业未进行改造维修，并违规启用。该死亡员工甲未经过压力容器操作培训，无证操作蒸压釜违反了企业的蒸压釜安全操作规程，在釜内蒸汽未完全释放完毕的情况下，欲强行打开釜盖，在被同事制止后，未将釜盖啮合回复到原位、做好安全处置的情况下离开釜门，而此时釜体与釜盖啮合齿只有少部分啮合在一起，在釜盖自身重力的作用下，釜盖发生滑动(转动)而使仅剩的一点啮合部位脱开，剩余蒸汽压力导致釜盖拉脱，蒸汽气流冲出，使该员工灼烫受伤，医治无效不幸死亡。从以上分析得出，该起事故的主要原因是蒸压釜的快开门安全联锁装置不合格。

8.4.2 换热器爆炸事故分析

1)事故概况

2008年5月6日下午17时40分，兰州兰石集团有限公司下属的炼化设备有限公司装配车间在对一台编号为3231的管壳式换热器在进行水压试验时，管程接管与封头的焊缝突然迸裂，造成在该设备上察看试验压力表的三名工人被释放出的强大冲击波冲击从设备上飞出最远的达15m落地，当场造成三人死亡，接管端的封头飞离设备35m远后落地。

2)事故现场调查

该设备为反应进料与反应产物换热的管壳式换热器，管束为1161根$\phi 19\times 2.5$奥氏体不锈钢U形管；壳体为 ϕ1400×96＋6.5mm 的 2.25Cr1Mo 耐热低合金钢卷板内部堆焊 6.5mmTP309＋TP347 不锈钢层；管程与壳体的接管材料为奥氏体不锈钢：0Cr18Ni10Ti，壳程与壳体的接管材料奥氏体不锈钢：00Cr17Ni14Mo2，壳程、管程接管的封头材料为 16MnR(珠光体低合金钢)；设备管程、壳程接管的密封结构，设计单位采用的是搭接焊接结构，没有采用全焊透结构，并且未强调焊接具体工艺要求；制造单位在工艺图纸转化时，未将单面奥氏体不锈钢与珠光体低合金钢的焊接按承压焊缝处理，也没有针对此焊缝制定详细的焊接工艺，只是强调采用通用工艺指导焊接，而且不完整。

3)事故原因分析

事故直接原因：

(1)未规定球形封头与接管的组对装配尺寸精度，制造单位装配时，管程、壳程接管部分与封头组对尺寸深度不够，导致焊缝强度受到影响。

(2)缺少专用的水压试验工艺。在水压试验工艺设施使用上，缺少试验设备空气排空装置和压力表远程瞭望装置。

(3)水压试验发现漏水时，没有按《容规》要求，分析原因，制定方案经审批后，严格执行返修工艺，再进行补焊。结果是焊工直接在现场补焊两次之多，而且返修后，连续三次进行水压升压试验，压力上升较快，导致焊缝根部脆性裂纹扩展，最终搭接接头的角焊缝破裂。

事故间接原因：

(1)制造单位安全管理混乱。缺少必要的检查工艺和工序验收见证资料，工人焊接记录、装配记录不清。工艺纪律执行不严格，未严格执行返修工艺，随意多次补焊。安全意识淡薄，在试验压力下，检查人员到设备顶部检查试验压力。

(2)检验单位驻厂监检站未能严格执行《容规》，对工厂的质量体系运行缺乏必要的控制。对于违规进行返修焊接不加制止。对于不合格的水压试验工艺不经审查合格就开始同意水压试验。而且水压试验属过程监检，水压试验过程中，监检人员不应当离开监检现场。可见，监检单位没有严格执行压力容器监督检验规则，没有落实监检把关的责任。

换热器爆炸事故部分照片见图 8-2。

8.4.3 储氨器爆炸事故分析

1)事故概况

某厂氨制冷系统 1 台储氨器于 1992 年 1 月制造、安装，经试压合格后投入使用。1992 年 3 月某日发生爆炸事故。

2)事故现场调查

储氨器出厂技术资料齐全，未办理使用登记手续。容器直径 ϕ1200mm，容积 4.95m^3，设计压力 2.2MPa，最高工作压力 1.85MPa，实际使用最高工作压力为 1.1MPa，筒体壁厚 8mm、封头壁厚 10mm，工作介质为氨液，容器类别为Ⅱ类。安全阀、

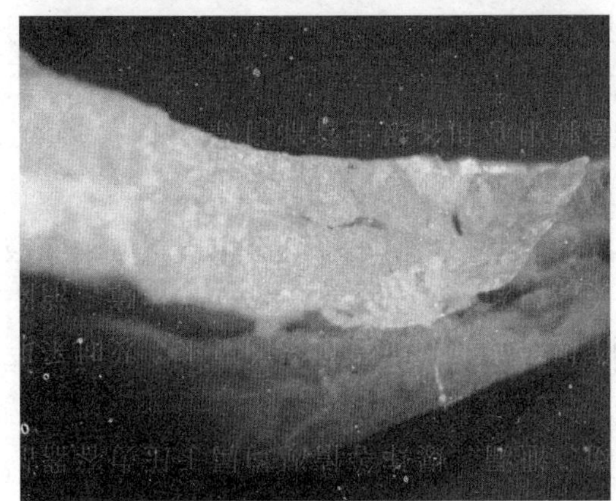
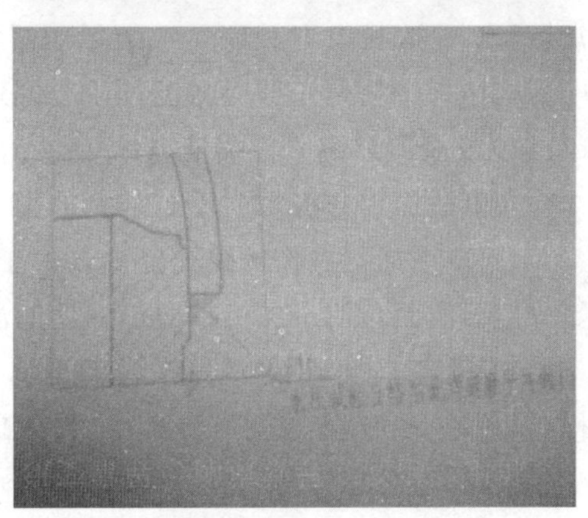

图 8-2　换热器爆炸事故照片

压力表、液位计完好。储氨器爆炸断口在封头与筒体环焊缝处，该处没有发生明显的塑性变形，断口较整齐。事故前两天，该环焊缝处曾发现有微量泄漏，但未采取有效措施。爆炸时封头飞出去 3m，筒体和另一侧封头整体向反方向移位 5m。断口呈现出脆性断裂特征，有应力腐蚀裂纹。

3)事故原因分析

由于筒体与封头不等厚，封头采用内削边，焊后没有进行消除应力热处理，形成应力集中，工作介质为液氨，具备应力腐蚀的条件。在应力腐蚀环境中，微裂纹迅速扩展，产生泄漏。由于管理、操作人员对压力容器专业知识理解不够，未及时采取有效的应急措施，使裂纹继续快速扩展，造成低应力脆性断裂，使容器发生爆炸，造成巨大损失。

8.4.4　急性氨中毒实例及案例分析

1)事故概况

某年 5 月 3 日某厂石蜡车间成型工段，冷冻机岗位低压系统压力上升导致安全阀启跳，发生液氨泄漏，造成 28 人受到不同程度的毒害，其中 9 人住院治疗。

2)事故现场调查

当天冷冻机岗位操作员接班后，按惯例检查，发现储氨罐液面显示正常，又重新调整了节流阀的开度，以保证平稳供氨。由于白班有一台空冷器因检修停运，造成冷冻系统、高压系统压力上升。16：35 三号冷冻机压力达 1.275MPa。约 16：50 班长到冷冻岗位检查，发现冷冻机出现温度超高，即令冷冻机操作员开启软化水泵进行喷淋冷却降压。水泵启动后不上量，停泵处理后再启动时，泵却不转了。约 17：40 三号冷冻机抽液氨声音异常，两人紧急处理，关小冷冻机出口阀，冷冻机暂挂空缸运转，向机内吹高压氨气(1.373MPa)。然后，关闭储氨罐节流阀，发现储氨罐无液面，操作员又将高压气阀开 1/2 后，挂上两缸。约 17：55 二号冷冻机亦抽液氨，两人又采取前述方法处理。为了维持正常运行，冷冻机没有关闭，致使低压系统压力达到 0.412MPa，正常为 0.245MPa，二号冷冻机挂 6 个缸，三号冷冻机挂 4 个缸运转。在这种情况下，还在吹高压气处理抽液氨。21：10 安全阀启跳，泄漏液氨约 250kg，氨气弥漫。

3)事故原因分析

(1)冷冻岗位操作员缺乏经验，忙于开水泵，而忘掉按时检查，没有控制住氨罐和液氨分离器液面，使冷冻机带液，打乱正常操作，这是事故发生的诱因。

(2)处理不当，引起液氮分配罐超压。当事者怕影响生产和劳动竞赛，而没有采取停止运行或关冷室风机降蒸发器压力办法，导致高压气窜入低压系统，这是事故发生的直接原因。

设备存在缺陷，工艺纪律执行不严，岗位工人技术素质差，异常情况下应变能力低，不能正确处理，导致本次事故的发生。

8.4.5 反应釜爆炸事故

1)事故概况

2007 年 11 月 16 日上午 10：30 分左右，江苏省南通市港闸区南通鑫宝石墨设备有限公司车间一台反应釜在生产过程中，升温到 0.4MPa 时发生爆炸，釜盖脱离釜体，未造成人员伤亡。反应釜事故照片见图 8-3。

图 8-3 反应釜事故照片

2)事故现场调查

设备情况

设计压力：1.1MPa　　　　最高工作压力：1.0MPa；

设计温度：200 摄氏度　　最高工作温度：190℃；

介质：树脂、石墨

容积：13.6 立方米

螺栓：M24×260(64 只)；釜盖：D＝2200mm

制造厂：南通市永泰锅炉压力容器厂；编号：2004－YR252

使用证编号：容 1LR 苏 HA7856

事故性质：这是一起因操作人员工作失职，未按操作规程要求进行操作，未将釜盖与釜体全部拧上、拧紧以及检查不严的人为责任事故。

3)事故原因分析

直接原因：

(1)操作工工作失职，未按照规程要求在反应釜加压和升温前，将反应釜盖与釜体之间的连接螺栓 64 只全部拧紧，没有拧全、拧紧全部螺栓，造成反应釜在升压升温时，釜盖炸飞。

(2)由于金属紧固件长期使用，导致其强度与拉力下降。

(3)没有安全连锁保护装置。

间接原因：

鑫宝公司安全技术规程不完善，安全生产检查督促不严，安全生产责任制落实不到位。

8.4.6　某石化公司“11・13”特大爆炸事故

1)事故概况

2005 年 11 月 13 日下午某石化公司双苯厂一车间发生爆炸事故，数万人疏散，事故造成 8 人死亡，60 人受伤，直接经济损失 6908 万元。事故照片见图 8-4。

2)事故现场调查

爆炸造成约 100t 左右的苯类污染物进入松花江水体，造成松花江严重污染，致使哈尔滨饮用水停水四天并波及影响到俄罗斯边境城市的供水，造成了恶劣影响。

3)事故原因分析

(1)直接原因：

对该厂苯胺二车间硝基苯精馏塔组织 T101 进料时操作错误，没有按照“先冷后热”的原则进行操作，而是先开启进料预热器的加热蒸汽阀，7min 后，进料预热器温度再次超过 150℃量程上限。之后 6min 后又启动了硝基苯初馏塔进料泵向进料预热器输送粗硝基苯，当温度较低的 26℃粗硝基苯进入超温的进料预热器后，由于温差较大，加之物料急剧

图 8-4　吉化特大爆炸事故照片

气化，造成预热器及进料管线法兰松动，导致系统密封不严，空气被吸入到系统内，与T101塔内可燃气体形成爆炸性气体混合物，引发硝基苯初馏塔和硝基苯精馏塔相继发生爆炸。

(2)间接原因：

①该石化公司及双苯厂对安全生产管理重视不够、对存在的安全隐患整改不力，安全生产管理制度存在漏洞，劳动组织管理存在缺陷。

②双苯厂没有事故状态下防止受污染的“清净下水”流入松花江的措施，爆炸事故发生后，未能及时采取有效措施，防止泄漏出来的部分物料和循环水及抢救事故现场消防水与残余物料的混合物流入松花江。

③硝基苯精制岗位外操人员违反操作规程，在停止粗硝基苯进料后，未关闭预热器蒸气阀门，导致预热器内物料气化；恢复硝基苯精制单元生产时，再次违反操作规程，先打开了预热器蒸汽阀门加热，后启动粗硝基苯进料泵进料，引起进入预热器的物料突沸并发生剧烈振动，使预热器及管线的法兰松动、密封失效，空气吸入系统，由于摩擦、静电等原因，导致硝基苯精馏塔发生爆炸，并引发其他装置、设施连续爆炸。

第 9 章　压力容器安全管理

9.1　压力容器安全管理体系的建立

《中华人民共和国特种设备安全法》第十三条明确规定，特种设备生产、经营、使用单位及其主要负责人是特种设备安全的责任主体；第三十四条明确规定，特种设备使用单位应当建立岗位责任、隐患治理、应急救援等安全管理制度，制定操作规程，保证特种设备安全运行。压力容器使用单位应严格执行《中华人民共和国特种设备安全法》和有关安全生产的法律、行政法规、安全技术规范的规定，建立、实施、保持并持续改进压力容器安全管理体系，对压力容器的安全管理负责，保证压力容器的安全使用。

安全管理体系的建立，应符合国家法律、法规、安全技术规范的要求，具有适应压力容器使用单位的生产实际的安全管理制度和压力容器安全操作规程，与生产管理的接口清晰，安全管理人员职责、权限明确，能够对压力容器的安全实施有效控制。

安全管理体系包括安全管理机构的建立或安全管理人员的落实；安全管理制度、操作规程及安全技术档案的建立，并能有效运行。

安全管理的效果体现在：在用压力容器的安全状况清楚；在用压力容器已经办理使用登记；使用压力容器的企业已经落实管理职责及管理人员；已建立各项管理制度并有效实施；已建立压力容器技术档案并且档案内容齐全；已在相关作业指导书中明确压力容器安全操作要求；安全管理人员及压力容器操作人员已经专业培训并持证上岗；压力容器的采购、安装、使用(操作运行)、检验、维修改造等各环节有章可循，能确保压力容器安全使用；在用压力容器的事故发生率在预定的控制目标内。

9.1.1　安全管理机构

压力容器使用单位的压力容器安全管理工作一般由机械动力管理部门(或设备科、总务处)负责。石油化工类企业由于压力容器数量众多，一般实行三级管理，即公司(总厂)—厂(分厂)—车间的三级管理模式。压力容器数量不多的企业，则往往实行二级管理，即公司(厂)—车间的二级管理模式。无论哪种管理模式，均会以公司级管理为主。

压力容器使用单位根据压力容器的数量及其结构复杂程度，可在机械动力部门设立压力容器安全管理小组并指定专职的工程技术人员负责压力容器安全管理工作。车间由车间设备主任和车间设备员负责；单位教育部门负责压力容器检修、操作人员的技术培训；单位安全部门负责监督检查，图 9-1 为压力容器比较多的单位建立的安全管理机构示意图。

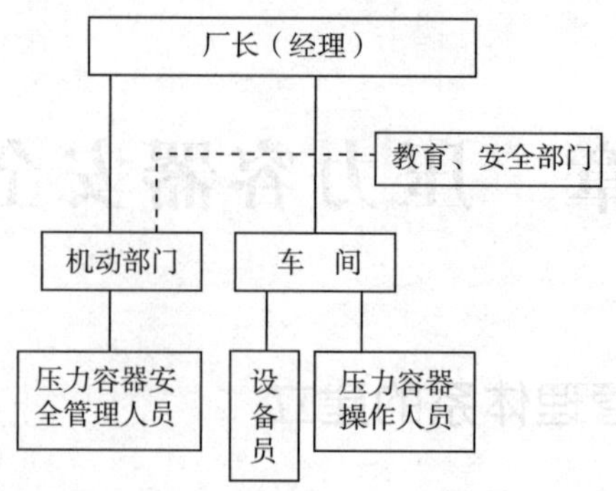

图 9-1 压力容器安全管理机构示意图

9.1.2 人员

1)单位负责人

《中华人民共和国特种设备安全法》第十三条规定，特种设备生产、经营、使用单位及其主要负责人对其生产、经营、使用的特种设备安全负责。

2)安全管理人员

压力容器使用单位应配备安全管理人员负责压力容器的安全管理工作，安全管理人员应具有压力容器专业知识及安全管理经验，熟悉国家相关法律、法规、安全技术规范和标准的工程技术人员。安全管理人员应持有相应的特种设备作业人员证。《中华人民共和国特种设备安全法》第四十一条规定，特种设备安全管理人员应当对特种设备使用状况进行经常性检查，发现问题应当立即处理；情况紧急时，可以决定停止使用特种设备并及时报告本单位有关负责人。这是法律赋予安全管理人员的义务和权利。

3)压力容器操作人员

每台压力容器都应有专职的操作人员。压力容器专职操作人员应具有保证压力容器安全运行所必需的知识和技能，并经过技术考试合格，取得相应的特种设备作业人员证。特种设备作业人员在作业过程中发现事故隐患或者其他不安全因素，应当立即向特种设备安全管理人员和单位有关负责人报告；特种设备运行不正常时，特种设备作业人员应当按照操作规程采取有效措施保证安全。

9.1.3 压力容器管理工作的内容

压力容器的安全管理涉及压力容器的设计、采购、安装、使用、定期检验、维修改造、报废等各环节。安全管理工作主要包括以下内容：

(1)贯彻执行压力容器安全操作规程和有关的安全技术规范；

(2)建立健全压力容器安全管理制度，制定压力容器安全操作规程；

(3)办理压力容器使用登记，建立压力容器技术档案；

(4)负责压力容器的设计、采购、安装、使用、改造、维修、报废等全过程管理；

(5)组织开展压力容器安全检查，至少每月进行一次自行检查，并且作出记录；

(6)组织开展安全附件、安全保护装置等进行定期校验、检修并做出记录；

(7)实施年度检查并且出具检查报告；

(8)编制压力容器的年度定期检验计划，督促安排落实特种设备定期检验和事故隐患的整治；

(9)向主管部门和当地质量技术监督部门报送当年压力容器数量和变更情况的统计报表，压力容器定期检验计划的实施情况，存在的主要问题及处理情况等；

(10)按照规定报告压力容器事故，组织、参加压力容器事故的救援、协助调查和善后处理；

(11)组织开展压力容器作业人员的教育培训；

(12)制定事故救援预案并且组织演练。

9.1.4 安全管理制度及操作规程

建立和完善压力容器安全使用管理的各项规章制度，并有效地执行和落实，是确保压力容器使用安全的基本条件。压力容器的使用单位，应在容器管理和操作两方面，制定相应的规章制度。

1)压力容器管理规章制度

为了落实安全管理工作，保障压力容器的安全使用，压力容器使用单位一般应根据压力容器的具体情况，制定管理规章制度，制度内容至少包括以下几项内容：

(1)压力容器使用登记制度；

(2)压力容器的年度检查及定期检验制度；

(3)压力容器采购、安装、维修、改造、停用、移装、过户、报废制度；

(4)压力容器日常维护保养制度；

(5)安全附件的校验、修理制度；

(6)压力容器的统计上报和技术档案的管理制度；

(7)压力容器安全管理人员及操作人员的技术培训和考核制度；

(8)容器使用中出现异常情况的紧急措施规定；

(9)压力容器事故报告制度；

(10)应急救援制度；

2)压力容器岗位操作责任制

压力容器使用单位应当对压力容器操作人员定期进行安全教育与专业培训并且作好记录，保证操作人员具备必要的压力容器安全作业知识、作业技能，及时进行知识更新，确保操作人员掌握岗位操作规程及事故应急措施，按章作业。

压力容器操作人员应履行以下职责：

(1)按照安全操作规程的规定，正确操作使用压力容器。

(2)认真填写操作记录、生产工艺记录或运行记录。

(3)做好压力容器的维护保养工作(包括停用期间对容器的维护)，使压力容器经常保持良好的技术状态。

(4)经常对压力容器的运行情况进行检查，发现操作条件不正常时及时进行调整，遇紧急情况应按规定采取紧急处理措施并及时向上级报告。

(5)对任何有害压力容器安全运行的违章指挥，应拒绝执行。

(6)努力学习业务知识，不断提高操作技能。

3)容器安全操作规程

为了保证压力容器的正确使用，防止因盲目操作而发生事故，压力容器的使用单位应根据生产工艺要求和容器的技术性能制定工艺操作规程和岗位操作规程，在操作规程中明确提出压力容器安全操作要求，操作规程至少包括以下内容：

(1)操作工艺参数(含工作压力、最高或者最低工作温度)；

(2)岗位操作方法(含开、停车的操作程序和注意事项)；

(3)运行中重点检查的项目和部位，运行中可能出现的异常现象和防止措施，以及紧急情况的处置和报告程序。

4)应急救援预案

压力容器发生事故有可能造成严重后果或者产生重大社会影响的使用单位，应当制定应急救援预案，建立相应的应急救援组织机构，配置与之适应的救援装备，并且适时定期演练。

9.1.5 压力容器安全技术档案的建立

压力容器安全技术档案是压力容器设计、制造、使用和检修全过程的文字记载，它向人们提供各过程的具体情况，通过它可以使压力容器的管理部门和操作人员全面掌握设备的技术状况，了解其运行规律，防止因盲目使用设备而发生事故。完整的安全技术档案是正确、合理使用压力容器的主要依据。因此，建立安全技术档案这也是安全管理的一项重要工作。

特种设备使用单位应当建立特种设备安全技术档案。安全技术档案应当包括以下内容：

(1)特种设备的设计文件、产品质量合格证明、安装及使用维护保养说明、监督检验证明等相关技术资料和文件；

(2)特种设备的定期检验和定期自行检查记录；

(3)特种设备的日常使用状况记录；

(4)特种设备及其附属仪器仪表的维护保养记录；

(5)特种设备的运行故障和事故记录。

换而言之，以上安全技术档案主要包含了三部分内容：一部分是压力容器设计、制造

(包括改造)、安装等原始资料；另一部分是压力容器使用情况记录；第三部分是有关安全附件等附属装置的资料。

1)制造原始资料

主要指压力容器设计制造技术文件和资料，应当包括：

(1)竣工图样，竣工图样上应当有设计单位许可印章(复印章无效)，并且加盖竣工图章(竣工图章上标注制造单位名称、制造许可证编号、审核人的签字和"竣工图"字样)；如果制造中发生了材料代用、无损检测方法改变、加工尺寸变更等，制造单位按照设计单位书面批准文件的要求在竣工图样上清晰标注，标注处应当有修改人的签字及修改日期；

(2)压力容器产品合格证(含产品数据表)、产品质量证明文件(包括主要受压元件材质证明书、材料清单、质量计划或者检验计划、结构尺寸检查报告、焊接记录、无损检测报告、热处理报告及自动记录曲线、耐压试验报告及泄漏试验报告等)和产品铭牌的拓印件或者复印件；

(3)压力容器产品安全性能监督检验证书(适用于实施监督检验的产品)；

(4)压力容器设计文件，包括风险评估报告(需要时)、强度计算书或者应力分析报告、设计图样、制造技术条件，必要时还应当包括安装及使用维护保养说明等；装设安全阀、爆破片等超压泄放装置的压力容器，设计文件还应当包括压力容器安全泄放量、安全阀排量和爆破片泄放面积的计算书；利用软件模拟计算或者无法计算时，设计单位应当会同设计委托单位或者使用单位，协商选用超压泄放装置。

现场组焊的压力容器竣工并经验收后，施工单位除按规定提供上述技术文件和资料外，还应将组焊和质量检验的技术资料提供给用户。

此外，压力安全容器技术档案还应包括压力容器安装告知书(复印件)、压力容器安装单位资格复印件、安装工艺及相关安装现场记录、压力容器安装质量证明书。

2)压力容器使用情况记录

压力容器投入运行后，应按时记录其使用情况，以书面记录的形式存入压力容器的技术档案。使用情况包括运行情况及日常维护保养记录、年度检查报告、定期检验报告、压力容器运行异常状况处理措施、事故记录等。

使用单位应当对在用压力容器进行经常性日常维护保养，并定期自行检查。至少每月进行一次自行检查，并作出记录。主要记录容器开始使用日期、每次开车和停车时间；实际操作条件(包括操作压力、操作温度及其波动范围和次数，工作介质的组成等)。操作条件变更时，应记录变更日期及变更后的实际操作条件。若发现异常情况，应当及时处理。

使用单位应当每年至少一次按规范要求进行年度检查，并出具年度检查报告。

使用单位应当督促安排落实压力容器定期检验，并记录压力容器检验或修理日期、检验内容、检验中所发现的缺陷及消除缺陷情况和检验结论、压力容器耐压试验情况及试验评定结论以及压力容器承压部件的修理或更换情况等。将检验机构出具的检验报告存入安全技术档案。

对压力容器运行中出现的故障及事故情况作出如实记录，如故障内容、发生时间、原因、处理结果、整改内容、预防措施等情况。

3)安全装置资料

使用单位应当对在用压力容器的安全附件、安全保护装置、测量调控装置及有关附属仪器仪表进行管理，妥善保管安全装置说明书，对安全装置进行定期校验、检修，并作出记录。

(1)安全装置技术说明书包括安全装置的名称、型式、规格、结构简图、技术条件(如安全阀的设计始跳压力、排放压力和设计排气量，防爆片的设计爆破压力等)以及安全装置的适用范围等。

(2)安全装置检验或更换记录资料包括检验校正日期、试验或调整结果(如安全阀调整后的起跳压力、同批防爆片的试验爆破压力)、下次检验日期、更换日期和更换记录等。

安全装置说明书应由安全泄压装置制造单位提供；试验或更换记录资料由容器(设备)，专责管理人员如实填记。

9.2 压力容器使用登记管理

《中华人民共和国特种设备安全法》第三十三条规定，特种设备使用单位应当在特种设备投入使用前或者投入使用后30日内，向负责特种设备安全监督管理的部门办理使用登记，取得使用登记证书。登记标志应当置于该特种设备的显著位置。压力容器的使用、变更登记按照《锅炉压力容器使用登记管理办法》执行。

9.2.1 使用登记

使用单位申请办理使用登记，应当逐台填写《压力容器登记卡》(以下简称登记卡)一式二份，并同时提交压力容器及其安全阀、爆破片和紧急切断阀等安全附件的有关文件，交登记机关。

(1)安全技术规范要求的设计文件，产品质量合格证明，安装及使用维修说明，制造、安装过程监督检验证明；

(2)进口压力容器安全性能监督检验报告；

(3)压力容器安装质量证明书；

(4)移动式压力容器车辆走行部分和承压附件的质量证明书或者产品质量合格证以及强制性产品认证证书；

(5)水处理方法及水质指标；

(6)压力容器使用安全管理的有关规章制度。

办理机器设备附属的且与机器设备为一体的压力容器，只需提交前条第(1)、(2)项文件。

使用单位使用租赁的压力容器，除移动式压力容器外，均由产权单位向使用地登记机关办理使用登记证，交使用单位随压力容器使用。

9.2.2 变更登记

压力容器安全状况发生下列变化的，使用单位应当在变化后30日内持有关文件向登记机关申请变更登记：

(1)压力容器经过重大修理改造或者压力容器改变用途、介质的，应当提交压力容器的技术档案资料、修理改造图纸和重大修理改造监督检验报告；

(2)压力容器安全状况等级发生变化的，应当提交压力容器登记卡、压力容器的技术档案资料和定期检验报告。

压力容器拟停用1年以上的，使用单位应当封存压力容器，在封存后30日内向登记机关申请报停，并将使用登记证交回登记机关保存。重新启用应当经过定期检验，经检验合格的持定期检验报告向登记机关申请启用，领取使用登记证。

压力容器需要移装或者过户的，使用单位应当持原使用登记证和登记卡向原登记机关申请变更登记。跨原登记机关行政区域的，使用单位应当在投入使用前或者投入使用后30日内持《锅炉压力容器过户或者异地移装证明》、标有注销标记的登记卡、锅炉压力容器登记文件以及移装后的安装监督检验报告，向移装地登记机关申请变更登记，领取新的使用登记证。

使用压力容器有下列情形之一的，不得申请变更登记：

(1)在原使用地未办理使用登记的；

(2)在原使用地未进行定期检验或定期检验结论为停止运行的；

(3)在原使用地已经报废的；

(4)擅自变更使用条件进行过非法修理改造的；

(5)无技术资料和铭牌的；

(6)存在事故隐患的；

(7)安全状况等级为4级、5级的压力容器或者使用时间超过20年的压力容器。

压力容器报废时，使用单位应当将使用登记证交回登记机关，予以注销。

9.3 压力容器定期自行检查

根据TSG 21—2016《固定式压力容器安全技术监察规程》的规定，压力容器的自行检查，包括月度检查、年度检查。月度检查：使用单位每月对所使用的压力容器至少进行1次月度检查，并且应当记录检查情况；当年度检查与月度检查时间重合时，可不再进行月度检查。月度检查内容主要为压力容器本体及其安全附件、装卸附件、安全保护装置、测量调控装置、附属仪器仪表是否完好，各密封面有无泄漏，以及其他异常情况等。年度检查：使用单位每年对所使用的压力容器至少进行1次年度检查，年度检查按照本规程7.2的要求进行。年度检查工作完成后，应当进行压力容器使用安全状况分析，并且对年度检查中发现的隐患及时消除。年度检查工作可以由压力容器使用单位安全管理人员组织经过专业培训的作业人员进行，也可以委托有资质的特种设备检验机构进行。

压力容器年度检查主要包括使用单位压力容器安全管理情况检查、压力容器本体及运行状况检查和压力容器安全附件检查等。

9.3.1 年度检查前准备工作

压力安全容器实施年度检查前，应做好如下准备工作：

(1)准备好压力容器安全技术档案资料、运行记录、使用介质中有害杂质记录；

(2)准备好压力容器安全管理规章制度和安全操作规范，操作人员的资格证。

(3)压力容器外表面和环境的清理；

(4)根据检验现场的需要，做好现场照明、登高防护、局部拆除保温层等配合工作，必要时配备合格的防噪声、防尘、防有毒有害气体等防护用品。

9.3.2 压力容器安全管理情况检查

检查人员应当首先全面了解被检压力容器的使用情况、管理情况，认真查阅压力容器技术档案资料和管理资料，做好有关记录。压力容器安全管理情况检查至少包括以下内容：

(1)压力容器的安全管理制度是否齐全有效；

(2)设计文件、竣工图样、产品合格证、产品质量证明书、安装及使用维护保养说明、监检证书以及安装、改造、修理资料等是否完整；

(3)《使用登记证》、《特种设备使用登记表》(以下简称《使用登记表》)是否与实际相符；

(4)压力容器日常维护保养、运行记录、定期安全检查记录是否符合要求；

(5)压力容器年度检查、定期检验报告是否齐全，检查、检验报告中所提出的问题是否得到解决；

(6)安全附件及仪表的校验(检定)、修理和更换记录是否齐全真实；

(7)是否有压力容器应急专项预案和演练记录；

(8)是否对压力容器事故、故障情况进行了记录。

9.3.3 压力容器本体及运行状况检查

1)基本要求

一般情况下，可以不拆除保温层。压力容器本体及其运行状况的检查至少包括以下内容：

(1)压力容器的产品铭牌及其有关标志是否符合有关规定；

(2)压力容器的本体、接口(阀门、管路)部位、焊接(粘接)接头等有无裂纹、过热、变形、泄漏、机械接触损伤等;

(3)外表面有无腐蚀,有无异常结霜、结露等;

(4)隔热层有无破损、脱落、潮湿、跑冷;

(5)检漏孔、信号孔有无漏液、漏气,检漏孔是否通畅;

(6)压力容器与相邻管道或者构件有无异常振动、响声或者相互摩擦;

(7)支承或者支座有无损坏,基础有无下沉、倾斜、开裂,紧固件是否齐全、完好;

(8)排放(疏水、排污)装置是否完好;

(9)运行期间是否有超压、超温、超量等现象;

(10)罐体有接地装置的,检查接地装置是否符合要求;

(11)监控使用的压力容器,监控措施是否有效实施。

2)非金属及非金属衬里压力容器年度检查专项要求

(1)搪玻璃压力容器检查:

①压力容器表面防腐漆是否有完好,是否有锈蚀、腐蚀现象;

②密封面是否有泄漏;

③夹套底部排净(疏水)口开闭是否灵活;

④夹套顶部放气口开闭是否灵活。

(2)石墨及石墨衬里压力容器检查:

①压力容器表面防腐漆是否有完好,是否有锈蚀、腐蚀现象;

②石墨件外表面是否有腐蚀、损坏和开裂现象;

③密封面是否有泄漏。

(3)纤维增强塑料及纤维增强塑料衬里压力容器检查

①压力容器外表面防腐漆是否完好,是否有腐蚀、损伤、纤维裸露、裂纹或者裂缝、分层、凹坑、划痕、鼓包、变形现象;

②管口、支撑件等连接部位是否有开裂、拉脱现象;

③支座、爬梯、平台等是否有松动、破坏等影响安全的因素;

④紧固件、阀门、温度计套管等零部件是否有腐蚀破坏;

⑤密封面是否有泄漏。

(4)塑料衬里压力容器检查

①压力容器外表面防腐漆是否完好,是否有锈蚀、腐蚀现象;

②密封面是否有泄漏。

9.3.4 压力容器安全附件及仪表检查

压力容器安全附件的检查包括对安全阀、爆破片装置、安全联锁装置等的检查;仪表的检查包括对压力表、液位计、测温仪表等的检查。

1)安全阀

安全阀的检查至少包括以下内容和要求：

(1)安全阀的选型是否正确；

(2)是否在校验有效期内使用；

(3)杠杆式安全阀的防止重锤自由移动和杠杆越出的装置是否完好，弹簧式安全阀检查调整螺钉的铅封装置是否完好，静重式安全阀检查防止重片飞脱的装置是否完好；

(4)如果安全阀和排放口之间装设了截止阀，检查截止阀是否处于全开位置及铅封是否完好；

(5)安全阀是否泄漏。

(6)放空管是否畅通，防雨帽是否完好。

安全阀检查时，凡发现以下情况之一的，使用单位限期改正并且采取有效措施确保改正期间的安全，否则暂停该压力容器使用：

(1)选型错误的；

(2)超过校验有效期的；

(3)铅封损坏的；

(4)安全阀泄漏的。

2)爆破片装置

爆破片装置的检查至少包括以下内容：

(1)爆破片是否超规定的使用期限；

(2)爆破片的安装方向是否正确，产品铭牌上的爆破压力和温度是否符合运行要求；

(3)爆破片装装置有无渗漏；

(4)爆破片使用过程中是否存在未超压爆破或者超压未爆破的情况；

(5)与爆破片夹持器相连的放空管是否通畅，放空管内是否存水(或者冰)，防水帽、防雨片是否完好；

(6)爆破片和容器间装设的截止阀(图 9-2)是否处于全开状态，铅封是否完好；

(7)爆破片和安全阀串联使用，如果爆破片装在安全阀进口侧时(图 9-3)，应当检查爆破片和安全阀之间装设的压力表有无压力显示，打开截止阀检查有无气体排出；

(8)爆破片和安全阀串联使用，如果爆破片装在安全阀的出口侧(图 9-4)，应当检查爆破片和安全阀之间装设的压力表有无压力显示，如果有压力显示应当打开截止阀，检查能否顺利疏水、排气。

爆破片装置检查时，凡发现以下情况之一的，使用单位应当立即更换爆破片装置并且采取有效措施确保更换期的安全，否则暂停该压力容器使用：

(1)爆破片超过规定使用期限的；

(2)爆破片安装方向错误的；

(3)爆破片装置标定的爆破压力、温度和运行要求不符的；

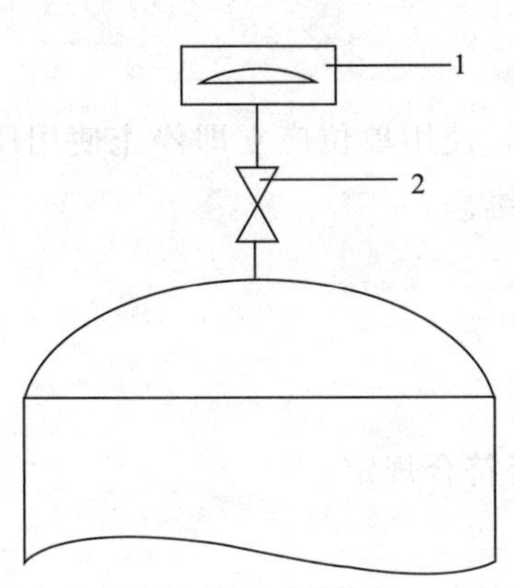

图 9-2 爆破片单独使用

1—爆破片；2—截止阀

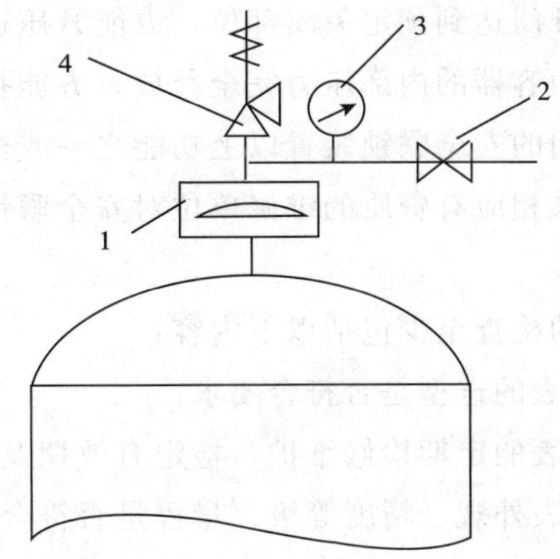

图 9-3 安全阀、爆破片串联使用(爆破片装在安全阀进口侧)

1—爆破片；2—截止阀；3—压力表；4—安全阀

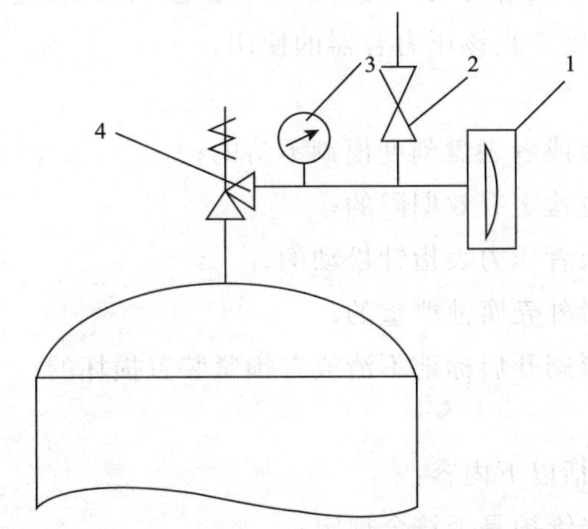

图 9-4 安全阀、爆破片串联使用(爆破片装在安全阀出口侧)

1—爆破片；2—截止阀；3—压力表；4—安全阀

(4)使用中超过标定爆破压力而未爆破的；

(5)爆破片装在安全阀进口侧与安全阀串联使用时，爆破片和安全阀之间的压力表有压力显示或者截止阀打开后有气体漏出的；

(6)爆破片单独作泄压装置或者爆破片与安全阀并联使用时爆破片和压力容器间装设的截止阀未处于全开状态或者铅封损坏的；

(7)爆破片装置泄漏的。

3)安全联锁装置

(1)紧急切断装置

紧急切断装置检查，主要检查其密封性、紧急切断时间、性能。

(2)快开门式压力容器的安全联锁装置

快开门式压力容器的安全联锁装置主要检查内容：

①当快开门达到预定关闭部位，方能升压运行；

②当压力容器的内部压力完全释放，方能打开快开门。

当快开门的安全联锁装置以上功能之一或全部失效时，使用单位应立即停止使用压力容器，并联系相应有资质的维修单位对安全联锁装置进行维修。

4)压力表

压力表的检查至少包括以下内容：

(1)压力表的选型是否符合要求；

(2)压力表的定期检修维护、检定有效期及其铅封是否符合规定；

(3)压力表外观、精度等级、量程是否符合要求；

(4)在压力表和压力容器之间装设三通旋塞或者针形阀时，其位置、开启标记及锁紧装置是否符合规定；

(5)同一系统上各压力表的读数是否一致。

压力表检查时，发现下列情况之一的，使用单位应当限期改正并且采取有效措施确保改正期间的安全运行，否则停止该压力容器的使用：

(1)选型错误的；

(2)表盘封面玻璃破裂或者表盘刻度模糊不清的；

(3)封签损坏或者超过检定有效期限的；

(4)表内弹簧管泄漏或者压力表指针松动的；

(5)指针扭曲断裂或者外壳腐蚀严重的；

(6)三通旋塞或者针形阀开启标记不清或者锁紧装置损坏的。

5)液位计

液位计的检查至少包括以下内容：

(1)液位计的定期检修维护是否符合规定；

(2)液位计外观及附件是否符合规定；

(3)寒冷地区室外使用或盛装0℃以下介质的液位计选型是否符合规定；

(4)介质为易爆、毒性程度为极度或者高度危害介质的液化气体时，液位计的防止泄漏保护装置是否符合规定。

检查时，发现下列情况之一的，使用单位应当限期改正并且采取有效措施确保改正期间的安全运行，否则停止该压力容器的使用：

(1)选型错误的；

(2)超过规定的检修期限的；

(3)玻璃板(管)有裂纹、破碎的；

(4)阀件固死的；

(5)液位计指示错误的；

(6)液位计指示模糊不清的；

(7)防止泄漏的保护装置损坏的。

6)测温仪表

测温仪表的检查至少包括以下内容：

(1)测温仪表的定期校验和检修制度是否符合规定；

(2)测温仪表的量程与其检测的温度范围是否匹配；

(3)测温仪表及其二次仪表的外观是否符合规定。

检查时，凡发现下列情况之一的，使用单位应当限期改正并且采取有效措施确保改正期间的安全，否则停止该压力容器使用：

(1)仪表量程选择错误的；

(2)超过规定的校验、检修期限的；

(3)仪表及其防护装置破损的。

9.3.5 检查结论与报告

年度检查工作完成后，检查人员根据实际检查结果情况出具检查报告(报告格式参见TSG 21附录H)，作出以下结论意见：

(1)符合要求，指未发现或者只有轻度不影响安全使用的缺陷，可以在允许的参数范围内继续使用；

(2)基本符合要求，指发现一般缺陷，经过使用单位采取措施后能保证安全运行，可以有条件的监控使用，结论中应当注明监控运行需要解决的问题及其完成期限；

(3)不符合要求，指发现严重缺陷，不能保证压力容器安全运行的情况，不允许继续使用，应当停止运行或者由检验机构进行进一步检验。

年度检查由使用单位自行实施时，按照本规程及相关法律法规的检查项目、要求进行记录，并且出具年度检查报告，年度检查报告应当由使用单位安全管理负责人或者授权的安全管理人员审批。

年度检查报告是压力容器技术档案的重要内容之一，应妥善保存。年度检查报告至少包括以下内容：

(1)压力容器的基本信息：容器名称、单位内编号、使用证号、注册编号、出厂编号、安全状况等级等；

(2)压力容器技术参数：设计压力、工作压力、工作温度、工作介质、容器内径、容器高(长)、名义厚度、容积等；

(3)年度检查结论：允许/监督/暂停/停止运行、运行参数(压力/温度/介质)、下次年度检查日期等；

(4)年度检查的主要内容：包括压力容器管理检查、容器本体运行情况检查、安全附件检查等方面的主要内容及其检查结果，以及检查发现的缺陷位置、程度、性质和处理意见等。

(5)检查人员、审批人员签字及日期、年度检查专用章等。

9.4 压力容器定期检验管理

9.4.1 压力容器定期检验的目的和含义

为确保压力容器的安全运行，预防事故发生，在用压力容器必须进行定期检验。压力容器定期检验，是指特种设备检验机构(以下简称检验机构)按照一定的时间周期，在压力容器停机时，根据相关规定对在用压力容器的安全状况所进行的符合性验证活动。通过定期检验以便尽早发现容器上存在的各种缺陷，消除安全生产隐患，防止压力容器在运行中发生事故。使用单位应当在压力容器定期检验有效期届满前1个月向特种设备检验机构提出检验申请。

9.4.2 压力容器定期检验的必要性

压力容器往往在各种各样苛刻的工艺条件下工作，因此在使用过程中，原材料或制造过程中遗留的缺陷会发生扩展变化，也可能产生新的缺陷。

(1)腐蚀性介质对材料的作用，使壁厚减薄或由于晶间腐蚀、应力腐蚀使材料的机械性能下降。

(2)操作压力和温度波动的幅度和频率过高或频繁的开、停车，使容器在反复交变载荷的作用下，在原材料存在缺陷或应力集中部位产生疲劳裂纹；

(3)容器操作使用不当，超温超压运行或容器设计壁厚过小，应力过大而产生塑性变形；

(4)容器结构不良，材料选用不当，焊接质量低劣或热处理不良，在焊缝及其附近或其他局部应力过大的地方存有裂纹，这些裂纹在使用过程中扩展；

(5)容器介质流速过大而发生冲刷，使容器壁厚产生磨损减薄；容器安装不当发生震动，产生开裂等；

(6)容器长期受高温下的压力载荷，使材料产生蠕变而容器产生变形；

(7)容器若长期停用，在停用期维护保养不善，造成内外壁腐蚀。

显然，压力容器这些缺陷如果不能及早发现或消除，任其发展扩大，势必导致断裂而发生爆炸事故。

因此，为了防止事故的发生，确保压力容器安全经济运行，压力容器的使用单位，必须认真编制压力容器的年度定期检验计划，合理安排定期检验工作，并将压力容器年度检验计划报送主管部门和当地特种设备安全监察机构。主管部门负责督促落实，特种设备安全监察机构负责监督检查。

9.4.3 压力容器定期检验的安全状况等级及检验周期

压力容器检验周期应根据容器的安全状况等级、实际使用条件等来确定。安全状况等级由检验机构按照 TSG 21《固定式压力容器安全技术监察规程》进行安全状况等级评定，分为1、2、3、4、5级。

一般情况下检验周期为：安全状况等级为1、2级的，一般每6年检验一次；安全状况等级为3级的，一般3～6年检验一次；安全状况等级为4级的，监控使用，其检验周期由检验机构确定，累计监控使用时间不得超过3年，在监控使用期间，使用单位应采取有效的监控措施；安全状况等级为5级，应当对缺陷进行处理，否则不得继续使用。

9.4.4 压力容器定期检验周期的特殊情况

1)检验周期的缩短

有以下情况之一的压力容器，定期检验周期应当适当缩短：

(1)介质或者环境对压力容器材料的腐蚀情况不明或者腐蚀情况异常的；

(2)具有环境开裂倾向或者产生机械损伤现象，并且已经发现开裂的；

(3)改变使用介质并且可能造成腐蚀现象恶化的；

(4)材质劣化现象比较明显的；

(5)超高压水晶釜使用超过15年的或者运行过程中发生超温的；

(6)使用单位没有按照规定进行年度检查的；

(7)检验中对其他影响安全的因素有怀疑的。

采用“亚铵法”造纸工艺，并且无有效防腐措施的蒸球，每年至少进行一次定期检验。

使用标准抗拉强度下限值大于540MPa低合金钢制造的球形储罐，投用一年后应当进行开罐检验。

2)检验周期的延长

安全状况等级为1、2级的金属压力容器，符合下列条件之一的，定期检验周期可以适当延长：

(1)介质腐蚀速率每年低于0.1mm、有可靠的耐腐蚀金属衬里或者热喷涂金属涂层的压力容器，通过1次至2次定期检验，确认腐蚀轻微或者衬里完好的，其检验周期最长可以延长至12年；

(2)装有催化剂的反应容器以及装有充填物的压力容器，其检验周期根据设计图样和实际使用情况，由使用单位和检验机构协商确定(必要时征求设计单位的意见)。

3)无法进行或者不能按期进行定期检验的情况

无法进行定期检验或者不能按期进行定期检验的压力容器，按照以下要求处理：

(1)设计文件已经注明无法进行定期检验的压力容器，由使用单位在办理《使用登记证》时作出书面说明；

(2)因情况特殊不能按期进行定期检验的压力容器，由使用单位提出书面申请报告说明情况，经使用单位安全管理负责人批准，征得上次承担定期检验的检验机构或者承担基于风险的检验(RBI)的检验机构同意(首次检验的延期除外)，向使用登记机关备案后，可以延期检验；或者由使用单位提出申请，按照 TSG 21《固定式压力容器安全技术监察规程》8.10 的规定办理。

对无法进行定期检验或者不能按期进行定期检验的压力容器，使用单位均应当采取有效的监控与防范措施。

9.4.5 压力容器定期检验前的准备

(1)压力容器全面检验前，使用单位应准备好如下档案资料，供检验人员审查：

①出厂技术资料，主要包括：产品合格证，质量证明书，竣工图，监督检验证书。有些大型、关键容器还包括：设计、安装、使用说明书，设计计算书，竣工验收文件等；

②使用登记证、年度检查报告、全面检验报告等；

③运行记录、开停车记录、操作规程条件变化情况以及运行中出现异常情况的记录等；

④有关维修或者改造的文件，重大改造维修方案、告知文件、竣工资料，改造、维修监督检验证书等。

(2)容器全面检验前，使用单位在检验现场应做的准备工作主要有：

①影响内外表面检验的附设部件(如保温层、衬里等)或其他物件，应按检验要求进行清理或拆除。

②为检验而搭设的脚手架、轻便梯等设施必须安全牢固，便于检验和检测工作。进入塔式容器内部进行检验须具备安全可靠的设施和器具(如升降吊笼等)。

③需要进行检验的表面，特别是腐蚀部位和可能产生裂纹性缺陷部位，应彻底清理干净，母材表面应当露出金属本体，进行磁粉、渗透检测的表面应当打磨露出金属光泽，以符合检测要求。

④必须将内部介质排除干净，用盲板隔断所有液体、气体或蒸汽的来源，设置明显的隔离标志；禁止用关闭阀门代替盲板隔断；残留在容器底部的物料应清除干净。

⑤盛装易燃、助燃、毒性或窒息性介质的，必须进行置换、中和、消毒、清洗，并取样分析，分析结果必须达到有关规范、标准的规定。取样分析的间隔时间，应根据具体情况作出定期取样安全分析规定，并严格执行。具有易燃介质的，严禁用空气置换。槽车、罐车未经蒸汽置换，不得入内检验。

⑥人孔和检查孔打开后，必须注意清除所有可能滞留的易燃、有毒、有害气体，压力容器内部空间的气体含氧量应在18%～23%(体积分数)之间，其他有毒有害介质的含量必须符合相应的规定，介质含量和含氧量的测定间隔应符合相应的规定，一般每 2～4 小时测量一次。必要时，还应配备通风、安全救护等设施。

⑦能够转动的或其中有可转动部件的压力容器，应锁住开关，固定牢靠。对槽车、罐车检验时，应采取措施防止车体移动。

⑧检验前，必须切断与压力容器有关的电源，拆除保险丝，并设明显的安全标志(如蒸汽烘缸以及有搅拌装置的压力容器等)。检验用灯具和工具的电源电压，应符合 GB/T

3805—2008《特低压(ELV)限值》的规定，不超过 24V。

⑨如全面检验有射线检测项目，则现场射探时，应隔离出透照区，设置安全标志，通常 30 米范围内无关人员严禁入内。耐压试验、气密性试验应有安全防护区，并设置明显安全标志和可靠防护措施。

⑩高温或低温条件下运行的压力容器，按照操作规程的要求缓慢地降温或升温，使之达到可以进行检验工作的程度，防止造成伤害。

⑪全面检验时，应有专人监护，并有可靠的联络措施。

⑫检验时，使用单位压力容器管理人员和相关人员到场配合，协助检验工作，负责安全监护。

(3)压力容器定期检验准备工作

①容器内、外部搭设脚手架、平台、轻便梯、护栏以及焊缝打磨等(图 9-5)；

(a) (b) (c) (d) (e) (f)

图 9-5 容器定期检验准备工作示意图一

②容器外部拆除保温、焊缝打磨(图 9-6)；

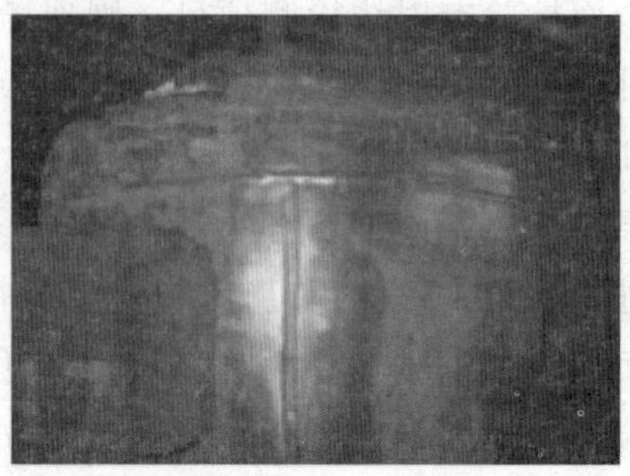

图 9-6　容器外部拆除保温层及焊缝打磨图

③塔器全面检验的内部吊笼、外部平台等(图 9-7)；

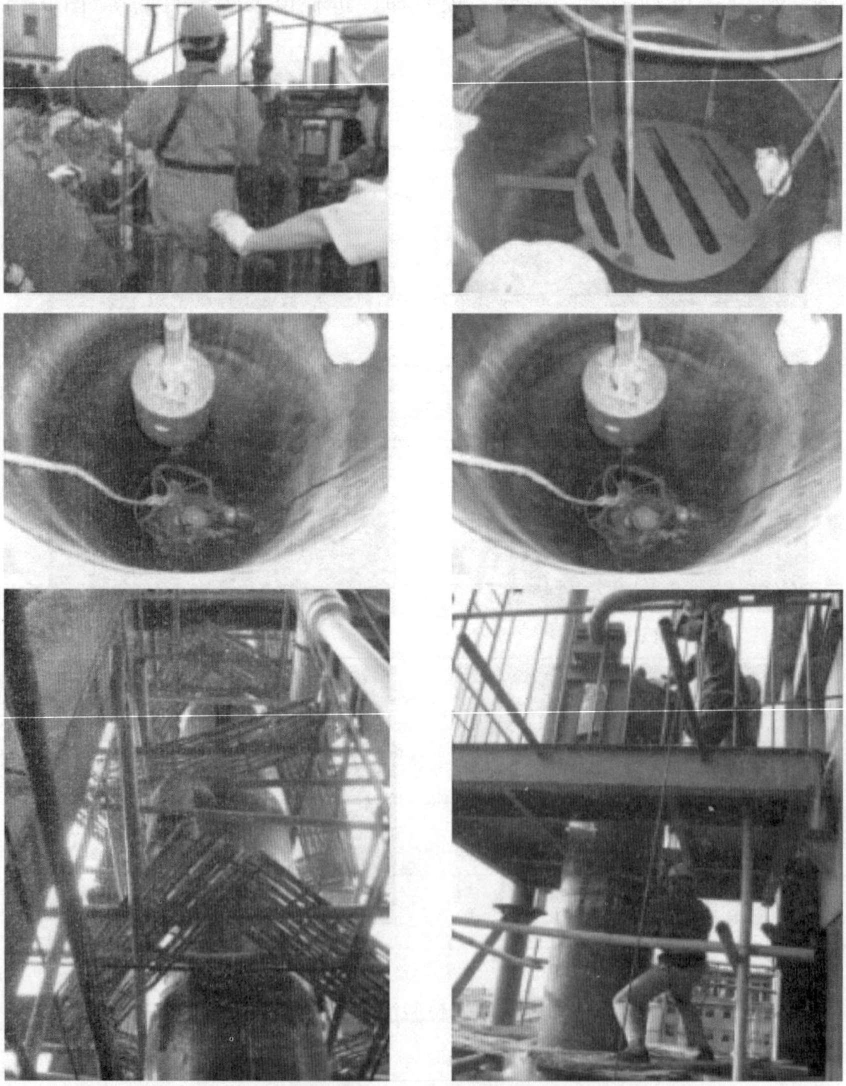

图 9-7　容器定期检验准备工作示意图二

④反应釜等容器内部置换、中和、清洗后，打开釜盖，焊缝打磨或清理后，进入内部检验(图 9-8)。

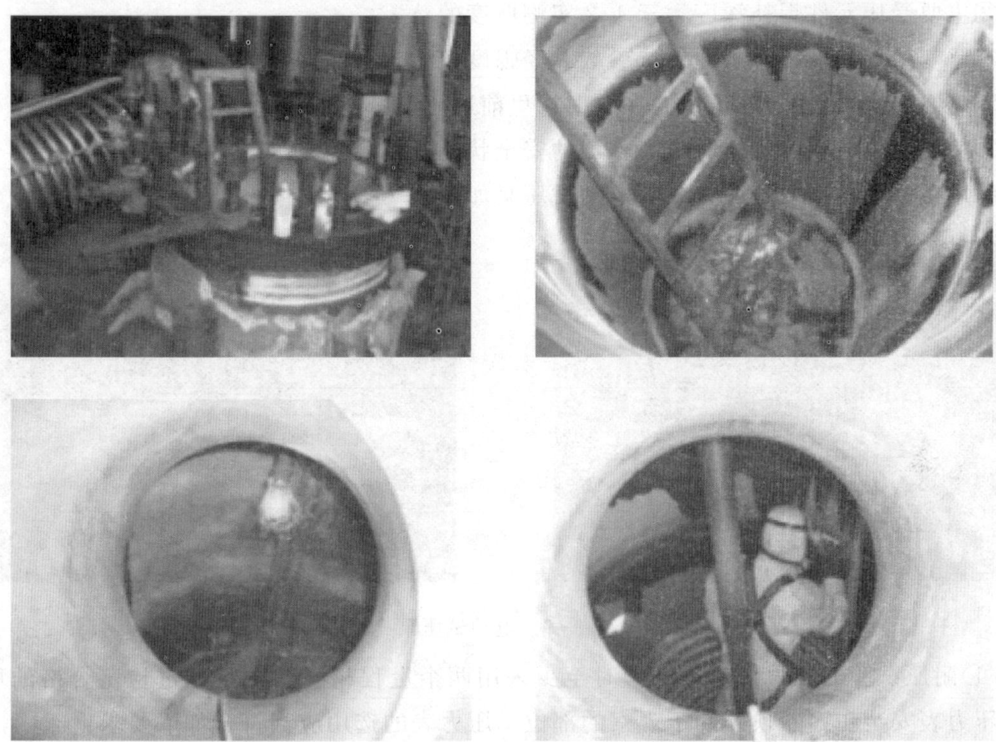

图 9-8　容器定期检验准备工作示意图三

9.4.6　压力容器定期检验的主要内容

金属压力容器定期检验项目，以宏观检验、壁厚测定、表面缺陷检测、安全附件检验为主，必要时增加埋藏缺陷检测、材料分析、密封紧固件检验、强度校核、耐压试验、泄漏试验等项目。

设计文件对压力容器定期检验项目、方法和要求有专门规定的，还应当从其规定。

9.4.7　耐压试验及气密性试验

1)耐压试验

耐压试验由使用单位负责实施，检验机构负责检验。

耐压试验前，压力容器各连接部位的紧固螺栓必须装配齐全、紧固妥当。耐压试验地点应当有可靠的安全防护设施，并且经过使用单位技术负责人及安全部门检查认可。耐压试验由使用单位或其委托的相关单位进行，耐压试验过程中，检验人员与使用单位压力容器管理人员到试验现场进行检验。检验时不得进行与试验无关的工作，无关人员不得在试验现场停留。

有下列情况之一的压力容器，必须进行耐压试验：

①用焊接(粘接)方法更换或者新增主要受压元件的；

②主要受压元件焊补深度大于1/2实测厚度的；

③改变使用条件，超过原设计参数并经强度校核合格的的；

④需要更换衬里的(耐压试验在更换衬里前进行)；

⑤使用单位或检验机构对压力容器的安全状况有怀疑的。

耐压试验设备主要是试压泵，电动试压泵如图9-9所示：

图9-9 电动试压泵

(1)耐压试验的压力表耐压试验时至少采用两个量程相同的并且经过检定合格的压力表，压力表安装在容器顶部便于观察的部位。压力表的选用应当符合如下要求：

①低压容器使用的压力表精度不低于2.5级，中压及高压容器使用的压力表精度不低于1.6级；

②压力表的量程应当为试验压力的1.5～3.0倍，表盘直径不小于100mm。

(2)耐压试验介质耐压试验优先选择液压试验，其试验介质应当符合如下要求：

①凡在试验时，不会导致发生危险的液体，在低于其沸点的温度下，都可以用作液压试验介质。一般采用水，当采用可燃性液体进行液压试验时，试验温度必须低于可燃性液体的闪点，试验场地附近不得有火源，并且配备适用的消防器材；

②以水为介质进行液压试验，所用的水必须是洁净的。奥氏体不锈钢制压力容器用水进行液压试验时，控制水的氯离子含量不超过25mg/L。

(3)耐压试验操作液压试验的操作应当符合如下要求：

①压力容器中充满液体，滞留在压力容器中的气体必须排净，压力容器外表面应当保持干燥；

②当压力容器壁温与液体温度接近时才能缓慢升压至规定的试验压力，保压30min，然后降至规定试验压力的80%，保压足够时间进行检查；

③检查期间压力应当保持不变，不得采用连续加压来维持试验压力不变，液压试验过程中不得带压紧固螺栓或者向受压元件施加外力；

④液压试验完毕后，使用单位按其规定进行试验用液体的处置以及对内表面的专门技

术处理；

⑤换热压力容器液压试验程序参照GB/T 151—2014《热交换器》的有关规定执行；

⑥对内筒外表面仅部分被夹套覆盖的压力容器，分别进行内筒与夹套的液压试验；对内筒外表面大部分被夹套覆盖的压力容器，只进行夹套的液压试验。

压力容器液压试验后，以无渗漏、无可见的变形、试验过程中无异常的响声为合格。

2)泄漏试验

对于介质毒性危害程度为极度、高度危害，或者设计上不允许有微量泄漏的压力容器，应当进行泄漏试验。泄漏试验包括气密性试验和氨、卤素、氦检漏试验。试验方法的选择，按照压力容器设计图样的要求执行。

泄漏试验由使用单位负责实施，检验机构负责检验。

泄漏试验按照以下要求进行：

(1)气密性试验，气密性试验压力为本次定期检验确定的允许(监控)使用压力，其准备工作、安全防护、试验温度、试验介质、试验过程、合格要求等按照本规程的相关规定执行；如果本次定期检验需要进行气压试验，则气密性试验可以和气压试验合并进行；对大型成套装置中的压力容器，可以用系统密封试验代替气密性试验；

(2)氨、卤素、氦检漏试验，按照设计图样或者相应试验标准的要求执行。

气密性试验常用设备是空压机，如图9-10所示：

气密性试验的操作应当符合以下规定：

①压力容器进行气密性试验时，应当将安全附件装配齐全；

②压力缓慢上升，当达到试验压力的10%时暂停升压，对密封部位及焊缝等进行检查，如果无泄漏或者异常现象可以继续升压；

③升压应当分梯次逐级提高，每级一般可以为试验压力的10%～20%，每级之间适当保压，以观察有无异常现象；

图9-10　空气压缩机

④达到试验压力后，经过检查无泄漏和异常现象，保压时间不少于3min，压力不下降即为合格，保压时禁止采用连续加压以维持试验压力不变的做法；

⑤有压力时，不得紧固螺栓或者进行维修工作。

盛装易燃介质的压力容器，在气密性试验前，必须进行彻底的蒸汽清洗、置换，并且经过取样分析合格，否则严禁用空气作为试验介质。对盛装易燃介质的压力容器，如果以氮气或者其他惰性气体进行气密性试验，试验后，应当保留0.05～0.1MPa的余压，保持密封。

9.4.8 压力容器定期检验结论和报告

1)检验结论

(1)金属压力容器检验结论。

综合评定安全状况等级为1级至3级的金属压力容器，检验结论为符合要求，可以继续使用；安全状况等级为4级的，检验结论为基本符合要求，有条件的监控使用；安全状况等级为5级的，检验结论为不符合要求，不得继续使用。

(2)非金属压力容器检验结论。

综合评定安全状况等级为1、2级的非金属压力容器，检验结论为符合要求，可以继续使用；安全状况等级为3、4级的，检验结论为基本符合要求，有条件的监控使用，安全状况等级为4级的，如果是腐蚀原因造成，则不能继续在当前介质下使用；安全状况等级为5级的，检验结论为不符合要求，不得继续使用。

2)检验报告

压力容器全面检验报告的主要内容包括：压力容器的基本信息、检验结论报告、资料审查报告、宏观检查报告、壁厚测定报告、壁厚校核报告、射线检测报告、超声波检测报告、磁粉检测报告、渗透检测报告、材料成分分析报告、金相分析报告、硬度检测报告、安全附件检验报告、声发射检测报告、耐压试验报告、气密性试验报告，等等。

9.5 压力容器安全附件管理

压力容器安全附件主要包括安全阀、爆破片装置、紧急切断装置、安全联锁装置、压力表、液位计、测温仪表等。安全附件管理的基本要求有：

(1)压力容器使用单位应当对安全附件(或装置)的管理负责，确定安全附件管理的职能部门，确定管理人员(可由压力容器管理人员兼任)，负责安全附件的日常管理，送检、校验、维修、更换等工作，做到职责明确。

(2)建立安全附件台账和技术档案。台账可分类建立，主要内容包括：名称、型号规格(或精度、压力等级、量程等)、使用位置、校验日期等。技术档案主要内容包括：产品合格证、质量证明书、校验报告、使用情况等。

(3)安全附件的型号规格应按照设计规定选用，满足生产工艺要求。安全阀、爆破片装置的生产单位应当有相应的特种设备制造许可证。

(4)安全附件在使用中必须保持完好、灵敏可靠，容器操作人员要加强维护，防止其铅封损坏和发生不能正确动作的现象，一旦发现异常应及时处理。

(5)安全附件实行定期检验和校验制度，维修、校验必须由相应有资质的单位进行。校验周期按照校验报告的规定，安全阀一般一年校验一次，压力表一般半年校验一次，液位计、测温仪表按相应规定定期校验，爆破片应定期更换。新安全阀、压力表应当校验合格后才能投入使用。

(6)应妥善保管安全附件的备品配件，保持完好状态。

9.6 压力容器节能减排技术

《特种设备安全监察条例》自2003年6月1日实施，是第一部关于我国特种设备安全监督管理的专门法规。这部条例规定了特种设备设计、制造、安装、改造、维修、使用、检验检测全过程安全监察的基本制度。自颁布以来社会各方反映效果较好。2009年5月1日起《特种设备安全监察条例》修订版开始施行。修订版的《特种设备安全监察条例》与原版相比，最大的亮点在于新条例提出了节能减排的要求，增加了高耗能特种设备节能管理的规定，要求特种设备生产、使用单位应当建立健全特种设备节能管理制度和岗位节能责任制度。同时，明确特种设备生产、使用单位的主要负责人应当对本单位特种设备的安全和节能全面负责。从使用环节严格对特种设备使用单位和作业人员的管理，规定特种设备使用单位应当对特种设备作业人员进行特种设备节能教育和培训，保证特种设备作业人员具备必要的特种设备安全、节能知识。

在这种发展趋势下，压力容器作为特种设备的一种，确实有必要做有益的节能尝试。从压力容器设计、制造、安装、使用、检验、修理改造几个环节来看，设计环节和使用环节进行节能尝试最具有意义。

压力容器设计环节的节能，首先体现在压力容器的轻量化。在保证压力容器安全的前提下，选用尽可能小的安全系数，选用性能更优良的钢材，使得压力容器的壁厚尽可能薄，这样设计出来的压力容器的重量将会减低，使得钢材的消耗量最小，从而达到节约材料的目的。

其次，对能耗较高的换热类压力容器，尤其是化工、石油和石油化学工业的换热器，设计时应综合考虑各项影响因素，合理排布换热管，在满足工况要求的前提下取得较高的换热效率。如：

(1)使用传热性能好的材料，如铜管；

(2)根据物料黏度，合理确定流体流动速率、流体流动状态。一般来说，流体流速越大，传热效率越好。湍流这种流态效果优于层流。

(3)合理排布流体的流动方向。不同流体逆向流动的传热效果比同向佳。

(4)增大传热面积，提高传热表面的传热系数。可提供改变管子外形或在管内加入插入物，如采用螺旋槽管、横纹管、螺旋扁管、管内插入物、翅片管等多种强化传热管。

(5)通过改变换热器折流板结构(折流杆技术等)以提高传热膜系数，增加流体的流动性，防止流体走短流。

(6)采用换热管内外表面防污垢技术(防污垢涂层技术)。

(7)研究应用强化传热技术。所谓换热器传热强化或增强传热是指通过对影响传热的各种因素的分析与计算，采取某些技术措施以提高换热设备的传热量或者在满足原有传热量条件下，使它的体积缩小。这是提高传热效率很有效的一种技术措施。对压力容器使用环节的节能，应首先考虑工艺系统的改良。压力容器并不是独立个体，它往往与工艺系统紧密联系在一起，根据工艺系统的需要而设置。譬如，储气罐往往与压缩机连接在一起；印染烘筒常常是几只、甚至几十只并联串联在一起；氨合成塔则是合成氨装置中的关键设备；加氢反应器更是炼油厂加氢工段几十台压力容器中的核心设备。

以氨合成塔为例，氨合成塔是在高压、高温下用来使氮气和氢气发生催化反应以进行的设备，现在工业上氨合成是在压力 12.0～31.4MPa、温度 400～520℃下进行的，为防止高压、高温下氢气对钢材的腐蚀，氨合成塔由耐高压的封头、外筒和装在筒体内耐高温的内件组成。内件外有保温层，操作时进塔的冷气体流过内、外筒间的环隙，外筒只承受高压，内件虽然是在高温下操作，但是只承受氨合成塔进出口的压力差。内件包括催化剂筐和换热器两个主要部分，筐内装铁系或亚铁系催化剂，氨合成反应在此进行。进氨合成塔的冷气体温度根据流程的不同，有的为 20～30℃，有的可达 140℃以上，从催化剂筐出来的热气体温度通常在 460℃以上。为了使进氨合成塔的气体能加热到反应温度，同时又能冷却反应后气体，在塔内还设有换热器。换热器有列管式、螺旋板式，其中以列管式采用最多。氨合成催化剂在开车之前必须还原，还原需要提供一定的热量，为此中小型氨合成塔内部装有电加热器，大型氨合成塔则采用塔外设置开工加热炉的办法来解决。在给定的铁催化剂和压力下，氨合成温度不同，反应速度也不同。对于一定的氨含量，氨合成反应速度最大时的温度称为最佳温度，此最佳温度随着氨含量增大而降低。由于氨合成为放热反应，催化剂床层的温度将随着反应进行而不断升高。为使氨合成反应能在接近最佳温度下进行，需要采取措施移走多余的热量。

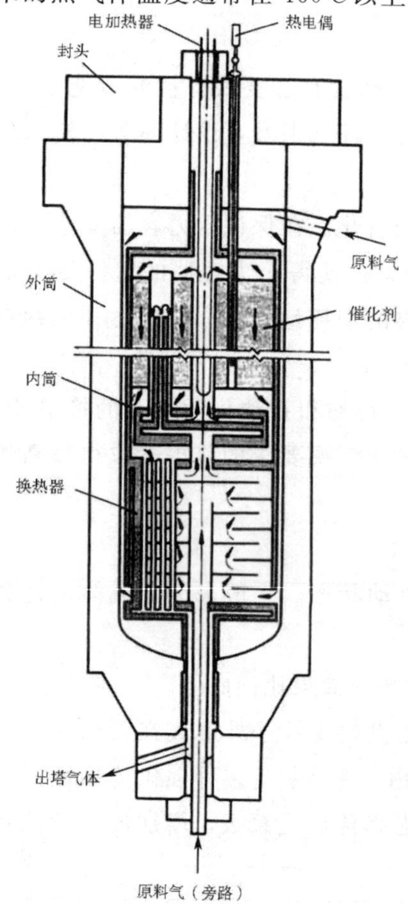

图 9-11　双套管式氨合成塔

工业上按传热方式区分催化剂筐的类型。

1)内部换热式

又称连续换热式。特点是在催化剂床层中设置冷却管，通过冷却管进行床层内冷热气流的间接换热，以达到调节床层温度的目的。冷却管形式有单管、双套管和三套管之分，根据催化剂床层和冷却管内气体流动方向的异同，又有逆流式和并流式冷却管之分。以并流双套管式氨合成塔为例(图 9-11)，气体从塔顶部进入，在环隙中沿塔壁而下，经换热器壳程后到分气盒，分散到各双套管的内冷却管，到管顶折至外冷却管，气体被预热到铁催化剂的活性温度(通常为400℃左右)，再流经设有电加热器的中心管。从上而下通过催化剂床层，氮气和氢气在此反应后，出催化剂筐，通过换热器管程降低温度，出合成塔。为控制催化剂床层温度不致过高，有少量气体从冷气旁路管(冷副线)进入塔内，不经换热器壳程，而直接与已经预热的气体混合。

2)间断换热式

主要特征是反应和换热间断进行。催化剂床层分为若干段，一种是在段间通入的未预热的氮氢混合气用以直接冷却，称为多层直接冷激式；另一种是在层间设置换热器，冷热气体在换热器内换热，称为层间换热氨合成塔。

按床层内气体流动方向不同，可分为沿中心轴方向流动的轴向氨合成塔[图9-12(a)]和沿半径方向流动的径向氨合成塔[图9-12(b)]，现在采用的大部分内件结构是轴径向结合的结构。

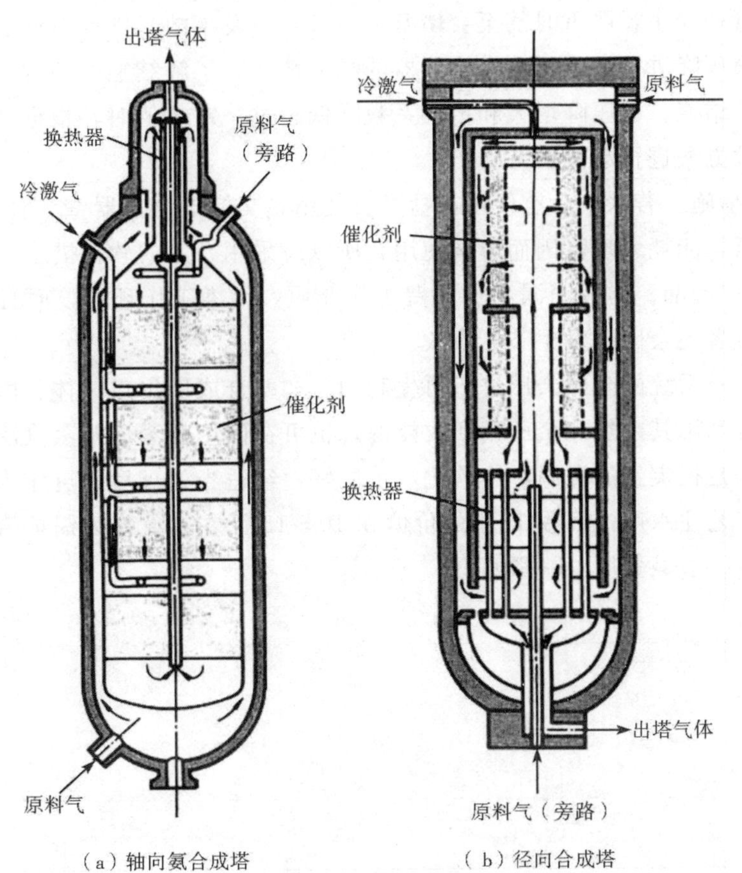

（a）轴向氨合成塔　（b）径向合成塔

图9-12　氨合成塔

根据床层移热方式的不同，内件结构差别很大，直接导致塔内反应工艺条件变化，合成转化率和氨产量随之发生变化。现代氨合成工艺中，有多种形式的氨合成塔，移热形式往往是多种结构形式的结合，气体流动方向也是轴径向结合，工艺更加优化，合成压力也逐步降低，电耗也随之降低。内件改进、工艺改进、氨合成催化剂研发使氨合成往低压、低温、高净值发展，为合成氨工业的节能降耗奠定了基础。

对压力容器使用环节的节能，其次考虑工艺系统的维护保养。主要表现在：

(1)保温保冷。从常温以上至1000℃以下的设备，进行外保护或涂装，减少散热或降低表面温度而采取的措施叫保温。对常温以下的管道设备，进行保护或涂装，减少外部热量向内部侵入，不使外表面结露而采用的措施叫保冷。保温、保冷统称为绝热。对设计要求保温或保冷的压力容器，使用者应当按设计要求落实保温或保冷措施(因为只有经过传热学的计算，才能确定在管道或者设备上隔热层的厚度，并不是包裹的隔热层材料越厚就越好)。定期检查绝热层的完好情况，对盛装液氧、液氮、液氩等介质的低温绝热容器还应定期检查其绝热层的真空度，确保绝热效果。

(2)定期除垢。在化工生产中，传热面结疤结碳是常见现象，由于热交换器上形成的结疤，使传热效率降低，能耗增加，并影响生产工艺过程的正常进行，同时换热管内的结垢会使换热管管径变小，严重时甚至会堵塞换热管，引发事故。因此有必要经常对管、壳程介质的温度及压降进行监督，分析换热器的结垢情况，了解结疤的原因及危害，采取针对性措施，防治结疤。在压降增大和传热系数降低超过一定数值时，根据介质和换热器的结构，选择有效方法进行清洗。

(3)水处理措施。若水中含有硬度、盐类，使用热交换器时，器壁和管壁会形成水垢，导致换热率降低，能耗增加，因而影响使用，所以应采用一定的软化措施。

(4)杜绝跑冒滴漏。跑冒滴漏不但浪费工作介质，污染工作环境，而且常常会造成设备的腐蚀，严重者还会因此发生破坏事故。

此外，还可对系统的余热余压进行再生利用。如氨合成塔出口气体、丙烯装置的再生烟气等均可充分利用其余热和余压，回收能源。也可在回用废蒸汽及蒸汽冷凝水回收上做些文章，凝结水是很宝贵的资源，比软化水水质好，经适当处理后，可作为锅炉给水，也可以直接作为工艺注水用，回收1t水的价值在10～15元左右。作为锅炉给水时，既减少了水耗，又减少了酸碱费用，一举两得。

第 10 章　我国特种设备法规标准体系

10.1　特种设备法规规范体系简介

特种设备法规规范体系是特种设备安全法制建设的基础，是依法行政的必要前提。国家通过特种设备的法规规范，提出特种设备的安全性能要求、安全管理要求和安全监察要求。法规规范所规定的安全准则，反映着国家经济发展、科技进步和使用管理的水平，直接关系到国家利益和人民群众的切身利益。我国加入 WTO 后，特种设备法规规范体系的构建和完善日显重要与紧迫，特种设备法规规范体系完善程度高，能形成符合我国利益的特种设备技术贸易壁垒，会加强国际社会对我国特种设备法规规范认可程度，提高我国特种设备产品的国际竞争力，深层次地影响我国特种设备制造业的发展。

10.2　特种设备法规规范体系的基础结构

特种设备法规规范体系由法律一行政法规一部门行政规章一安全技术规范一引用标准等五个层次构成，见图 10-1。

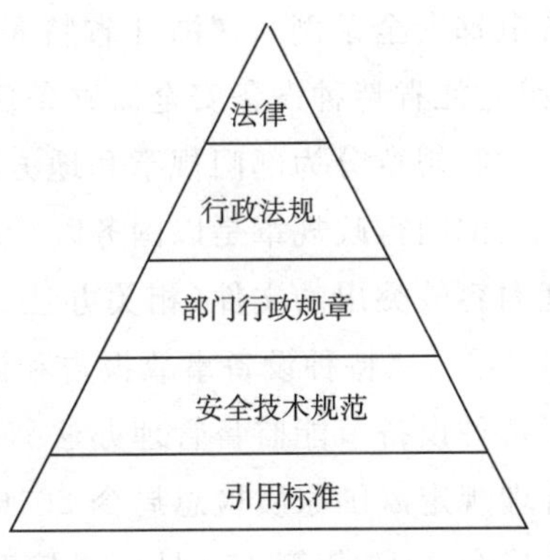

图 10-1　特种设备法规标准体系

10.2.1　法律

法律由全国人大和全国人大常务委员会通过，以国主席令的形式公布。现行法律中特种设备专项法是 2013 年 6 月 29 日十二届全国人大常委会第三次表决通过的《中华人民共和国特种设备安全法》。

涉及特种设备安全和节能工作的其他法律主要有：

《中华人民共和国安全生产法》、《中华人民共和国节约能源法》、《中华人民共和国石油天然气管道保护法》、《中华人民共和国产品质量法》、《中华人民共和国商品检验法》、《中华人民共和国行政许可法》、《中华人民共和国建筑法》、《中华人民共和国劳动法》、《中华人民共和国建筑法》。

法律不得与宪法抵触，效力高于行政法规、地方性法规、部门规章和地方政府规章。

10.2.2 行政法规

行政法规由国务院根据宪法和法律制定，以总理签署国务院令的形式公布，包括“条例”、“规定”和“办法”等。《特种设备安全监察条例》是现行的特种设备专门法规，于2003年3月11日以国务院令373号的形式公布；并于2009年1月24日修订，已国务院令549号公布。

行政法规的效力高于地方性法规、部门规章和地方政府规章。

10.2.3 部门行政规章

部门行政规章这个层次包括地方性法规、自治条例、单行条例、规章。

1)地方性法规、自治条例、单行条例

省、自治区、直辖市和较大市(副省级市)的人民代表大会及其常务委员会根据本行政区域的具体情况和实际需要，在不同宪法、法律、行政法规相抵触的前提下，可以制定地方性法规。较大市制定的地方性法规需报省、自治区的人大常委会批准后实施。

民族自治地方的人民代表大会有权依照当地民族的政治、经济和文化特点，制定自治条例和单行条例。自治区的自治条例和单行条例，需报全国人大常委会批准后生效。自治州、自治县的自治条例和单行条例，需要省、自治区、直辖市的人大常委会批准后生效。

各地区现有一些有关特种设备的地方性法规，如《广东省特种设备安全条例》、《广东省电梯安全条例》、《浙江省特种设备安全管理条例》、《江苏省特种设备安全监察条例》、《黑龙江省特种设备安全监察条例》、《重庆市特种设备安全监察条例》等。

2)规章分为部门规章和地方政府规章。

部门行政规章是以国务院行政部门首长如国家质检总局局长“令”的形式颁布、行政管理内容较突出的文件(相关办法、规定)，如《特种设备目录》(国家质检总局令2014年第114号)、《特种设备事故报告和调查处理规定》(国家质检总局令2009年第115号)、《高耗能特种设备节能监督管理办法》(国家质检总局令2009年第116号)、《客运索道安全监督管理规定》(国家质检总局令2016年第179号)、《大型游乐设施安全监察规定》(国家质检总局令2013年第154号)、《起重机械安全监察规定》(国家质检总局令2006年第92号)、《特种设备作业人员监督管理办法》(国家质检总局令第140号2011年7月1日起施行)。

地方政府规章是由省、自治区、直辖市和较大市的人民政府根据法律、行政法规和本省、自治区、直辖市的地方性法规制定，经政府常务会议或全体会议决定，以省长或自治区主席或直辖市市长签署命令予以公布，如《合肥市电梯安全监督管理办法》、《北京市电梯安全监督管理办法》、《本溪市气瓶安全管理办法》等。

10.2.4 安全技术规范

安全技术规范是特种设备安全技术规范的简称。安全技术规范是指国家质检总局对特种设备的安全性能和节能要求以及相应的设计、制造、安装、改造、维修、改造、使用管理和检验检测等活动制定、颁布的强制性规定。安全技术规范是特种设备法律法规体系的重要组成部分，其作用是把与特种设备有关的法律、法规和规章的原则规定具体化。

特种设备安全技术规范通常称为规程、规则、导则、细则、技术要求、大纲，但不得称规章、通知、通告或者公告。如特种设备事故报告和调查处理导则(TSG 03—2015)、特种设备安全技术规范制定导则(TSG 01—2014)、特种设备事故报告和调查处理导则(TSG 03—2015)、锅炉使用管理规则(TSG G5004—2014)、《固定式压力容器安全技术监察规程》(TSG 21—2016)、气瓶安全技术监察规程(TSG R0006—2014)、起重机械定期检验规则(TSG Q7015—2016)、TSG ZF001《安全阀安全技术监察规程》、TSG Z0004—2007《特种设备制造、安装、改造、维修质量保证体系基本要求》、TSG R7001—2013《压力容器定期检验规则》以及 TSG R6001—2011《压力容器安全管理人员和操作人员考核大纲》等。

10.2.5 引用标准

引用标准主要指安全技术规范中引用的标准。引用标准主要为国家标准和行业标准。安全技术规范与引用标准主要有如下关系：

(1)安全技术规范是强制性的，标准被安全技术规范引用后其引用部分即是强制的；

(2)安全技术规范是提出特种设备安全要求的主体，标准被引用后形成对安全技术规范的补充；

(3)安全技术规范是对特种设备全方位、全过程的最低安全要求；产品标准中应当清晰表述如何实现安全技术规范的最低安全要求。例如：

①GB 150.1～GB 150.4—2011 压力容器；

②GB/T 151—2014 热交换器；

③GB 12337—2014 钢制球形储罐；

④NB/T 47041—2014 塔式容器；

⑤NB/T 47042—2014 卧式容器；

⑥JB/T 4734—2002 铝制焊接容器等。

10.3 涉及特种设备安全管理的主要法律法规内容节选

上述法律、法规、安全技术规范都是针对特种设备设计、制造、安装、改造、维修、使用、检验等环节的具体规定，本节摘录了部分法律法规中针对特种设备使用单位安全管理的部分条款，以便于特种设备安全管理人员能够迅速地了解特种设备安全管理的主要内容。

10.3.1 安全生产法

中华人民共和国安全生产法于 2014 年 8 月 31 日第十二届全国人民代表大会常务委员

会第十次会议通过，中华人民共和国主席令第十三号公布，自2014年12月1日起施行。

第三条　安全生产工作应当以人为本，坚持安全发展，坚持安全第一、预防为主、综合治理的方针，强化和落实生产经营单位的主体责任，建立生产经营单位负责、职工参与、政府监管、行业自律和社会监督的机制。

第四条　生产经营单位必须遵守本法和其他有关安全生产的法律、法规，加强安全生产管理，建立、健全安全生产责任制和安全生产规章制度，改善安全生产条件，推进安全生产标准化建设，提高安全生产水平，确保安全生产。

第五条　生产经营单位的主要负责人对本单位的安全生产工作全面负责。

第六条　生产经营单位的从业人员有依法获得安全生产保障的权利，并应当依法履行安全生产方面的义务。

第三十四条　生产经营单位使用的危险物品的容器、运输工具，以及涉及人身安全、危险性较大的海洋石油开采特种设备和矿山井下特种设备，必须按照国家有关规定，由专业生产单位生产，并经具有专业资质的检测、检验机构检测、检验合格，取得安全使用证或者安全标志，方可投入使用。检测、检验机构对检测、检验结果负责。

第三十五条　国家对严重危及生产安全的工艺、设备实行淘汰制度，具体目录由国务院安全生产监督管理部门会同国务院有关部门制定并公布。法律、行政法规对目录的制定另有规定的，适用其规定。

省、自治区、直辖市人民政府可以根据本地区实际情况制定并公布具体目录，对前款规定以外的危及生产安全的工艺、设备予以淘汰。

生产经营单位不得使用应当淘汰的危及生产安全的工艺、设备。

10.3.2　特种设备安全法

《特种设备安全法》于2013年6月29日第十二届全国人民代表大会常务委员会第三次会议通过，现予公布，中华人民共和国主席令第四号公布，自2014年1月1日起施行。

第十三条　特种设备生产、经营、使用单位及其主要负责人对其生产、经营、使用的特种设备安全负责。

特种设备生产、经营、使用单位应当按照国家有关规定配备特种设备安全管理人员、检测人员和作业人员，并对其进行必要的安全教育和技能培训。

第十四条　特种设备安全管理人员、检测人员和作业人员应当按照国家有关规定取得相应资格，方可从事相关工作。特种设备安全管理人员、检测人员和作业人员应当严格执行安全技术规范和管理制度，保证特种设备安全。

第十五条　特种设备生产、经营、使用单位对其生产、经营、使用的特种设备应当进行自行检测和维护保养，对国家规定实行检验的特种设备应当及时申报并接受检验。

第十六条　特种设备采用新材料、新技术、新工艺，与安全技术规范的要求不一致，或者安全技术规范未作要求、可能对安全性能有重大影响的，应当向国务院负责特种设备安全监督管理的部门申报，由国务院负责特种设备安全监督管理的部门及时委托安全技术咨询机构或者相关专业机构进行技术评审，评审结果经国务院负责特种设备安全监督管理的部门批准，方可投入生产、使用。

国务院负责特种设备安全监督管理的部门应当将允许使用的新材料、新技术、新工艺的有关技术要求，及时纳入安全技术规范。

第十七条　国家鼓励投保特种设备安全责任保险。

第三十二条　特种设备使用单位应当使用取得许可生产并经检验合格的特种设备。禁止使用国家明令淘汰和已经报废的特种设备。

第三十三条　特种设备使用单位应当在特种设备投入使用前或者投入使用后三十日内，向负责特种设备安全监督管理的部门办理使用登记，取得使用登记证书。登记标志应当置于该特种设备的显著位置。

第三十四条　特种设备使用单位应当建立岗位责任、隐患治理、应急救援等安全管理制度，制定操作规程，保证特种设备安全运行。

第三十五条　特种设备使用单位应当建立特种设备安全技术档案。安全技术档案应当包括以下内容：

(一)特种设备的设计文件、产品质量合格证明、安装及使用维护保养说明、监督检验证明等相关技术资料和文件；

(二)特种设备的定期检验和定期自行检查记录；

(三)特种设备的日常使用状况记录；

(四)特种设备及其附属仪器仪表的维护保养记录；

(五)特种设备的运行故障和事故记录。

第三十六条　电梯、客运索道、大型游乐设施等为公众提供服务的特种设备的运营使用单位，应当对特种设备的使用安全负责，设置特种设备安全管理机构或者配备专职的特种设备安全管理人员；其他特种设备使用单位，应当根据情况设置特种设备安全管理机构或者配备专职、兼职的特种设备安全管理人员。

第三十七条　特种设备的使用应当具有规定的安全距离、安全防护措施。与特种设备安全相关的建筑物、附属设施，应当符合有关法律、行政法规的规定。

第三十八条　特种设备属于共有的，共有人可以委托物业服务单位或者其他管理人管理特种设备，受托人履行本法规定的特种设备使用单位的义务，承担相应责任。共有人未委托的，由共有人或者实际管理人履行管理义务，承担相应责任。

第三十九条　特种设备使用单位应当对其使用的特种设备进行经常性维护保养和定期自行检查，并作出记录。

特种设备使用单位应当对其使用的特种设备的安全附件、安全保护装置进行定期校验、检修，并作出记录。

第四十条　特种设备使用单位应当按照安全技术规范的要求，在检验合格有效期届满前一个月向特种设备检验机构提出定期检验要求。

特种设备检验机构接到定期检验要求后，应当按照安全技术规范的要求及时进行安全性能检验。特种设备使用单位应当将定期检验标志置于该特种设备的显著位置。

未经定期检验或者检验不合格的特种设备，不得继续使用。

第四十一条　特种设备安全管理人员应当对特种设备使用状况进行经常性检查，发现问题应当立即处理；情况紧急时，可以决定停止使用特种设备并及时报告本单位有关负责人。

特种设备作业人员在作业过程中发现事故隐患或者其他不安全因素，应当立即向特种设备安全管理人员和单位有关负责人报告；特种设备运行不正常时，特种设备作业人员应当按照操作规程采取有效措施保证安全。

第四十二条　特种设备出现故障或者发生异常情况，特种设备使用单位应当对其进行全面检查，消除事故隐患，方可继续使用。

第四十三条　客运索道、大型游乐设施在每日投入使用前，其运营使用单位应当进行试运行和例行安全检查，并对安全附件和安全保护装置进行检查确认。

电梯、客运索道、大型游乐设施的运营使用单位应当将电梯、客运索道、大型游乐设施的安全使用说明、安全注意事项和警示标志置于易于为乘客注意的显著位置。

公众乘坐或者操作电梯、客运索道、大型游乐设施，应当遵守安全使用说明和安全注意事项的要求，服从有关工作人员的管理和指挥；遇有运行不正常时，应当按照安全指引，有序撤离。

第四十四条　锅炉使用单位应当按照安全技术规范的要求进行锅炉水(介)质处理，并接受特种设备检验机构的定期检验。

从事锅炉清洗，应当按照安全技术规范的要求进行，并接受特种设备检验机构的监督检验。

第四十五条　电梯的维护保养应当由电梯制造单位或者依照本法取得许可的安装、改造、修理单位进行。

电梯的维护保养单位应当在维护保养中严格执行安全技术规范的要求，保证其维护保养的电梯的安全性能，并负责落实现场安全防护措施，保证施工安全。

电梯的维护保养单位应当对其维护保养的电梯的安全性能负责；接到故障通知后，应当立即赶赴现场，并采取必要的应急救援措施。

第四十六条　电梯投入使用后，电梯制造单位应当对其制造的电梯的安全运行情况进行跟踪调查和了解，对电梯的维护保养单位或者使用单位在维护保养和安全运行方面存在的问题，提出改进建议，并提供必要的技术帮助；发现电梯存在严重事故隐患时，应当及时告知电梯使用单位，并向负责特种设备安全监督管理的部门报告。电梯制造单位对调查和了解的情况，应当作出记录。

第四十七条　特种设备进行改造、修理，按照规定需要变更使用登记的，应当办理变更登记，方可继续使用。

第四十八条　特种设备存在严重事故隐患，无改造、修理价值，或者达到安全技术规范规定的其他报废条件的，特种设备使用单位应当依法履行报废义务，采取必要措施消除该特种设备的使用功能，并向原登记的负责特种设备安全监督管理的部门办理使用登记证书注销手续。

前款规定报废条件以外的特种设备，达到设计使用年限可以继续使用的，应当按照安全技术规范的要求通过检验或者安全评估，并办理使用登记证书变更，方可继续使用。允许继续使用的，应当采取加强检验、检测和维护保养等措施，确保使用安全。

第四十九条　移动式压力容器、气瓶充装单位，应当具备下列条件，并经负责特种设备安全监督管理的部门许可，方可从事充装活动：

(一)有与充装和管理相适应的管理人员和技术人员；

(二)有与充装和管理相适应的充装设备、检测手段、场地厂房、器具、安全设施；

(三)有健全的充装管理制度、责任制度、处理措施。

充装单位应当建立充装前后的检查、记录制度，禁止对不符合安全技术规范要求的移动式压力容器和气瓶进行充装。

气瓶充装单位应当向气体使用者提供符合安全技术规范要求的气瓶，对气体使用者进行气瓶安全使用指导，并按照安全技术规范的要求办理气瓶使用登记，及时申报定期检验。

10.3.3　固定式压力容器安全技术监察规程

第7条　使用管理

7.1　使用安全管理

7.1.1　使用单位义务

压力容器使用单位应当按照《特种设备使用管理规则》的有关要求，对压力容器进行使用安全管理，设置安全管理机构，配备安全管理负责人、安全管理人员和作业人员，办理使用登记，建立各项安全管理制度，制定操作规程，并且进行检查。

7.1.2　使用登记

使用单位应当按照规定在压力容器投入使用前或者投入使用后30日内，向所在地负责特种设备使用登记的部门(以下简称使用登记机关)申请办理《特种设备使用登记证》(以下简称《使用登记证》)。办理使用登记时，安全状况等级和首次检验日期按照以下要求确定：

(1)使用登记机关确认制造资料齐全的新压力容器，其安全状况等级为1级；进口压力容器安全状况等级由实施进口压力容器监督检验的特种设备检验机构评定；

(2)压力容器首次定期检验日期按照本规程8.1.6和8.1.7的规定确定，产品标准或者使用单位认为有必要缩短检验周期的除外；特殊情况，需要延长首次定期检验日期时，由使用单位提出书面申请说明情况，经使用单位安全管理负责人批准，延长期限不得超过1年。

7.1.3 压力容器操作规程

压力容器的使用单位，应当在工艺操作规程和岗位操作规程中，明确提出压力容器安全操作要求。操作规程至少包括以下内容：

(1)操作T艺参数(含工作压力、最高或者最低工作温度)；

(2)岗位操作方法(含开、停车的操作程序和注意事项)；

(3)运行中重点检查的项目和部位，运行中可能出现的异常现象和防止措施，以及紧急情况的处置和报告程序。

7.1.4 经常性维护保养

使用单位应当建立压力容器装置巡检制度，并且对压力容器本体及其安全附件、装卸附件、安全保护装置、测量调控装置、附属仪器仪表进行经常性维护保养。对发现的异常情况及时处理并且记录，保证在用压力容器始终处于正常使用状态。

7.1.5 定期自行检查

压力容器的自行检查，包括月度检查、年度检查。

7.1.5.1 月度检查

使用单位每月对所使用的压力容器至少进行1次月度检查，并且应当记录检查情况；当年度检查与月度检查时间重合时，可不再进行月度检查。月度检查内容主要为压力容器本体及其安全附件、装卸附件、安全保护装置、测量调控装置、附属仪器仪表是否完好，各密封面有无泄漏，以及其他异常情况等。

7.1.5.2 年度检查

使用单位每年对所使用的压力容器至少进行1次年度检查，年度检查按照本规程7.2的要求进行。年度检查工作完成后，应当进行压力容器使用安全状况分析，并且对年度检查中发现的隐患及时消除。

年度检查工作可以由压力容器使用单位安全管理人员组织经过专业培训的作业人员进行，也可以委托有资质的特种设备检验机构进行。

7.1.6 定期检验

使用单位应当在压力容器定期检验有效期届满的1个月以前，向特种设备检验机构提出定期检验申请，并且做好定期检验相关的准备工作。

定期检验完成后，由使用单位组织对压力容器进行管道连接、密封、附件(含安全附件及仪表)和内件安装等工作，并且对其安全性负责。

7.1.7 达到设计使用年限使用的压力容器

达到设计使用年限的压力容器(未规定设计使用年限，但是使用超过20年的压力容器视为达到设计使用年限)，如果要继续使用，使用单位应当委托有检验资质的特种设备检验机构参照定期检验的有关规定对其进行检验，必要时按照本规程8.9的要求进行安全评估(合于使用评价)，经过使用单位主要负责人批准后，办理使用登记证书变更，方可继续使用。

7.1.8 异常情况处理

压力容器发生下列异常情况之一的，操作人员应当立即采取应急专项措施，并且按照规定的程序，及时向本单位有关部门和人员报告：

(1)工作压力、工作温度超过规定值，采取措施仍不能得到有效控制的；

(2)受压元件发生裂缝、异常变形、泄漏、衬里层失效等危及安全的；

(3)安全附件失灵、损坏等不能起到安全保护作用的；

(4)垫片、紧固件损坏，难以保证安全运行的；

(5)发生火灾等直接威胁到压力容器安全运行的；

(6)液位异常，采取措施仍不能得到有效控制的；

(7)压力容器与管道发生严重振动，危及安全运行的；

(8)与压力容器相连的管道出现泄漏，危及安全运行的；

(9)真空绝热压力容器外壁局部存在严重结冰、工作压力明显上升的；

(10)其他异常情况的。

7.1.9 装卸连接装置要求

在移动式压力容器和同定式压力容器之间进行装卸作业的，其连接装置应当符合以下要求：

(1)压力容器与装卸管道或者装卸软管使用可靠的连接方式；

(2)有防止装卸管道或者装卸软管拉脱的联锁保护装置；

(3)所选用装卸管道或者装卸软管的材料与介质、低温工况相适应，装卸高(低)压液化气体、冷冻液化气体和液体的装卸用管的公称压力不得小于装卸系统工作压力的 2 倍，装卸压缩气体的装卸用管公称压力不得小于装卸系统工作压力的 1.3 倍，其最小爆破压力大于 4 倍的公称压力；

(4)充装单位或者使用单位对装卸软管必须每年进行 1 次耐压试验，试验压力为 1.5 倍的公称压力，无渗漏无异常变形为合格，试验结果要有记录和试验人员的签字。

7.1.10 修理及带压密封安全要求

压力容器内部有压力时，不得进行任何修理。出现紧急泄漏需进行带压密封时，使用单位应当按照设计规定提出有效的操作要求和防护措施，并且经过使用单位安全管理负责人批准。

带压密封作业人员应当经过专业培训考核取得特种设备作业人员证书并且持证上岗。在实际操作时，使用单位安全管理部门应当派人进行现场监督。

7.1.11 简单压力容器和本规程 1.4 范围内压力容器的使用管理专项要求

简单压力容器和本规程 1.4 范围内压力容器不需要办理使用登记手续，在设计使用年限内不需要进行定期检验，使用单位负责其使用的安全管理，并且做好以下工作：

(1)建立设备安全管理档案，进行日常维护保养、定期自行检查并且记录存档，发现异常情况时，应当及时请特种设备检验机构进行检验；

(2)达到设计使用年限时应当报废，如需继续使用的，使用单位应当报特种设备检验机构参照本规程第8章的有关要求进行检验；

(3)发生事故时，事故发生单位应当迅速采取有效措施，组织抢救，防止事故扩大，并且按照《特种设备事故报告和调查处理规定》的要求进行报告和处理，不得迟报、谎报或者瞒报事故情况。

7.2 年度检查

年度检查项目至少包括压力容器安全管理情况、压力容器本体及其运行状况和压力容器安全附件检查等。

7.2.1 安全管理情况检查

压力容器安全管理情况检查至少包括以下内容：

(1)压力容器的安全管理制度是否齐全有效；

(2)本规程规定的设计文件、竣工图样、产品合格证、产品质量证明文件、安装及使用维护保养说明、监检证书以及安装、改造、修理资料等是否完整；

(3)《使用登记证》、《特种设备使用登记表》(以下简称《使用登记表》)是否与实际相符；

(4)压力容器日常维护保养、运行记录、定期安全检查记录是否符合要求；

(5)压力容器年度检查、定期检验报告是否齐全，检查、检验报告中所提出的问题是否得到解决；

(6)安全附件及仪表的校验(检定)、修理和更换记录是否齐全真实；

(7)是否有压力容器应急专项预案和演练记录；

(8)是否对压力容器事故、故障情况进行了记录。

7.2.2 压力容器本体及其运行状况检查

7.2.2.1 基本要求

压力容器本体及其运行状况的检查至少包括以下内容：

(1)压力容器的产品铭牌及其有关标志是否符合有关规定；

(2)压力容器的本体、接口(阀门、管路)部位、焊接(粘接)接头等有无裂纹、过热、变形、泄漏、机械接触损伤等；

(3)外表面有无腐蚀，有无异常结霜、结露等；

(4)隔热层有无破损、脱落、潮湿、跑冷；

(5)检漏孔、信号孔有无漏液、漏气，检漏孔是否通畅；

(6)压力容器与相邻管道或者构件有无异常振动、响声或者相互摩擦；

(7)支承或者支座有无损坏，基础有无下沉、倾斜、开裂，紧固件是否齐全、完好；

(8)排放(疏水、排污)装置是否完好；

(9)运行期间是否有超压、超温、超量等现象；

(10)罐体有接地装置的，检查接地装置是否符合要求；

(11)监控使用的压力容器，监控措施是否有效实施。

7.2.2.2 非金属及非金属衬里压力容器年度检查专项要求

7.2.2.2.1 搪玻璃压力容器检查

(1)压力容器外表面防腐漆是否完好，是否有锈蚀、腐蚀现象；

(2)密封面是否有泄漏；

(3)夹套底部排净(疏水)口开闭是否灵活；

(4)夹套顶部放气口开闭是否灵活。

7.2.2.2.2 石墨及石墨衬里压力容器检查

(1)压力容器外表面防腐漆是否完好，是否有锈蚀、腐蚀现象；

(2)石墨件外表面是否有腐蚀、破损和开裂现象；

(3)密封面是否有泄漏。

7.2.2.2.3 纤维增强塑料及纤维增强塑料衬里压力容器检查

(1)压力容器外表面防腐漆是否完好，是否有腐蚀、损伤、纤维裸露、裂纹或者裂缝、分层、凹坑、划痕、鼓包、变形现象；

(2)管口、支撑件等连接部位是否有开裂、拉脱现象；

(3)支座、爬梯、平台等是否有松动、破坏等影响安全的因素；

(4)紧固件、阀门等零部件是否有腐蚀破坏现象。

(5)密封面是否有泄漏。

7.2.2.2.4 热塑性塑料衬里压力容器检查

(1)压力容器外表面防腐漆是否完好，是否有锈蚀、腐蚀现象。

(2)密封面是否有泄漏。

7.2.3 安全附件及仪表检查

安全附件的检查包括对安全阀、爆破片装置、安全联锁装置等的检查，仪表的检查包括对压力表、液位计、测温仪表等的检查。

7.2.3.1 安全阀

7.2.3.1.1 检查内容和要求

安全阀检查至少包括以下内容和要求：

(1)选型是否正确；

(2)是否在校验有效期内使用；

(3)杠杆式安全阀的防止重锤自由移动和杠杆越出的装置是否完好，弹簧式安全阀的调整螺钉的铅封装置是否完好，静重式安全阀的防止重片飞脱的装置是否完好；

(4)如果安全阀和排放口之间装设了截止阀，截止阀是否处于全开位置及铅封是否完好；

(5)安全阀是否有泄漏；

(6)放空管是否通畅，防雨帽是否完好。

7.2.3.1.2　检查结果处理

安全阀检查时，凡发现下列情况之一的，使用单位应当限期改正并且采取有效措施确保改正期间的安全，否则暂停该压力容器使用：

(1)选型错误的；

(2)超过校验有效期的；

(3)铅封损坏的；

(4)安全阀泄漏的。

7.2.3.1.3　安全阀校验周期

7.2.3.1.3.1　基本要求

安全阀一般每年至少校验一次，符合本规程 7.2.3.1.3.2、7.2.3.1.3.3 校验周期延长的特殊要求，经过使用单位安全管理负责人批准可以按照其要求适当延长校验周期。

7.2.3.1.3.2　校验周期延长至 3 年

弹簧直接载荷式安全阀满足以下条件时，其校验周期最长可以延长至 3 年：

(1)安全阀制造单位能提供证明，证明其所用弹簧按照 GB/T 12243《弹簧直接载荷式安全阀》进行了强压处理或者加温强压处理，并且同一热处理炉同规格的弹簧取 10%(但不得少于 2 个)测定规定负荷下的变形量或者刚度，测定值的偏差不大于 15%的；

(2)安全阀内件材料耐介质腐蚀的；

(3)安全阀在正常使用过程中未发生过开启的；

(4)压力容器及其安全阀阀体在使用时无明显锈蚀的；

(5)压力容器内盛装非粘性并且毒性危害程度为中度及中度以下介质的；

(6)使用单位建立、实施了健全的设备使用、管理与维护保养制度，并且有可靠的压力控制与调节装置或者超压报警装置的；

(7)使用单位建立了符合要求的安全阀校验站，具有安全阀校验能力的。

7.2.3.1.3.3　校验周期延长至 5 年

弹簧直接载荷式安全阀，在满足本规程 7.2.3.1.3.2 中第(2)、(3)、(4)、(6)、(7)项的条件下，同时满足以下条件时，其校验周期最长可以延长至 5 年：

(1)安全阀制造单位能提供证明，证明其所用弹簧按照 GB/T 12243 进行了强压处理或者加温强压处理，并且同一热处理炉同规格的弹簧取 20%(但不得少于 4 个)测定规定负荷下的变形量或者刚度，测定值的偏差不大于 10%的；

(2)压力容器内盛装毒性危害程度为轻度(无毒)的气体介质，工作温度不大于 200℃的。

7.2.3.1.4　现场校验和调整

安全阀需要进行现场校验(在线校验)和压力调整时，使用单位压力容器安全管理人员和安全阀检修(校验)人员应当到场确认。调校合格的安全阀应当加铅封。校验及调整装置用压力表的精度不得低于1级。在校验和调整时，应当有可靠的安全防护措施。

7.2.3.2 爆破片装置

7.2.3.2.1 检查内容和要求

爆破片装置的检查至少包括以下内容：

(1)爆破片是否超过规定使用期限；

(2)爆破片的安装方向是否正确，产品铭牌上的爆破压力和温度是否符合运行要求；

(3)爆破片装置有无渗漏；

(4)爆破片使用过程中是否存在未超压爆破或者超压未爆破的情况；

(5)与爆破片夹持器相连的放空管是否通畅，放空管内是否存水(或者冰)，防水帽、防雨片是否完好；

(6)爆破片和压力容器间装设的截止阀是否处于全开状态，铅封是否完好；

(7)爆破片和安全阀串联使用，如果爆破片装在安全阀的进口侧，检查爆破片和安全阀之间装设的压力表有无压力显示，打开截止阀检查有无气体排出；

(8)爆破片和安全阀串联使用，如果爆破片装在安全阀的出口侧，检查爆破片和安全阀之间装设的压力表有无压力显示，如果有压力显示应当打开截止阀，检查能否顺利疏水、排气。

7.2.3.2.2 检查结果处理

爆破片装置检查时，凡发现下列情况之一的，使用单位应当立即更换爆破片装置并且采取有效措施确保更换期间的安全，否则暂停该压力容器使用：

(1)爆破片超过规定使用期限的；

(2)爆破片安装方向错误的；

(3)爆破片标定的爆破压力、温度和运行要求不符的；

(4)爆破片使用中超过标定爆破压力而未爆破的；

(5)爆破片和安全阀串联使用时，爆破片和安全阀之间的压力表有压力显示或者截止阀打开后有气体漏出的；

(6)爆破片单独作泄压装置或者爆破片与安全阀并联使用时，爆破片和压力容器间的截止阀未处于全开状态或者铅封损坏的；

(7)爆破片装置泄漏的。

7.2.3.3 安全联锁装置

检查快开门式压力容器的安全联锁装置是否完好，功能是否符合要求。

7.2.3.4 压力表

7.2.3.4.1 检查内容和要求

压力表的检查至少包括以下内容：

(1)压力表的选型是否符合要求；

(2)压力表的定期检修维护、检定有效期及其封签是否符合规定；

(3)压力表外观、精度等级、量程是否符合要求；

(4)在压力表和压力容器之间装设三通旋塞或者针形阀时，其位置、开启标记及其锁紧装置是否符合规定；

(5)同一系统上各压力表的读数是否一致。

7.2.3.4.2　检查结果处理

压力表检查时，发现下列情况之一的，使用单位应当限期改正并且采取有效措施确保改正期间的安全运行，否则停止该压力容器使用：

(1)选型错误的；

(2)表盘封面玻璃破裂或者表盘刻度模糊不清的；

(3)封签损坏或者超过检定有效期限的；

(4)表内弹簧管泄漏或者压力表指针松动的；

(5)指针扭曲断裂或者外壳腐蚀严重的；

(6)三通旋塞或者针形阀开启标记不清或者锁紧装置损坏的。

7.2.3.5　液位计

7.2.3.5.1　检查内容和要求

液位计的检查至少包括以下内容：

(1)液位计的定期检修维护是否符合规定；

(2)液位计外观及其附件是否符合规定；

(3)寒冷地区室外使用或者盛装0℃以下介质的液位计选型是否符合规定；

(4)介质为易爆、毒性危害程度为极度或者高度危害的液化气体时，液位计的防止泄漏保护装置是否符合规定。

7.2.3.5.2　检查结果处理

液位计检查时，发现下列情况之一的，使用单位应当限期改正并且采取有效措施确保改正期间的安全，否则停止该压力容器使用：

(1)选型错误的；

(2)超过规定的检修期限的；

(3)玻璃板(管)有裂纹、破碎的；

(4)阀件固死的；

(5)液位指示错误的；

(6)液位计指示模糊不清的；

(7)防止泄漏的保护装置损坏的。

7.2.3.6　测温仪表

7.2.3.6.1　检查内容和要求

测温仪表的检查至少包括以下内容：

(1)测温仪表的定期校验和检修是否符合规定；

(2)测温仪表的量程与其检测的温度范围是否匹配；

(3)测温仪表及其二次仪表的外观是否符合规定。

7.2.3.6.2 检查结果处理

测温仪表检查时，凡发现下列情况之一的，使用单位应当限期改正并且采取有效措施确保改正期间的安全，否则停止该压力容器使用：

(1)仪表量程选择错误的；

(2)超过规定校验、检修期限的；

(3)仪表及其防护装置破损的。

7.2.4 检查报告及结论

年度检查工作完成后，检查人员根据实际检查情况出具检查报告(报告格式参见附件H)，作出以下结论意见：

(1)符合要求，指未发现或者只有轻度不影响安全使用的缺陷，可以在允许的参数范围内继续使用；

(2)基本符合要求，指发现一般缺陷，经过使用单位采取措施后能保证安全运行，可以有条件的监控使用，结论中应当注明监控运行需要解决的问题及其完成期限；

(3)不符合要求，指发现严重缺陷，不能保证压力容器安全运行的情况，不允许继续使用，应当停止运行或者由检验机构进行进一步检验。

年度检查由使用单位自行实施时，按照本节检查项目、要求进行记录，并且出具年度检查报告，年度检查报告应当由使用单位安全管理负责人或者授权的安全管理人员审批。

10.3.4 广东省特种设备安全条例

(2015年5月28日广东省第十二届人民代表大会常务委员会第十七次会议通过，现予公布，自2015年10月1日起施行)

第九条 从事特种设备活动的单位和个人，应当遵守特种设备有关法律法规、安全技术规范和标准，对特种设备的安全性能和能效指标负责。

第十条 从事特种设备活动依法应当取得许可的，未依法取得许可不得从事特种设备活动。

第十二条 从事特种设备活动的单位，应当按照国家有关规定聘用取得相应资格的人员从事特种设备的安全管理、作业、检验、检测工作，并对其进行安全教育和技能培训。

特种设备从业人员资格证书应当按照国家有关规定的期限和程序复审。

第十三条 禁止伪造、变造或者使用伪造、变造的特种设备许可证书、检验检测结果、检验检测报告和鉴定结论。

禁止涂改、倒卖、出租、出借特种设备许可证书。

第十四条 因生产原因造成特种设备存在危及安全的同一性缺陷的，特种设备生产单位应当立即停止生产和交付使用，已交付使用的应当召回。

因气体质量原因致使移动式压力容器、气瓶存在危及安全的同一性缺陷的，充装单位应当立即停止充装，已交付的应当及时通知销售者和使用者，并免费更换受损零部件或者气瓶。

第十五条　提倡特种设备制造单位从事本单位所制造特种设备的日常维护保养活动。

第二十一条　特种设备投入使用前，应当按照下列规定明确使用管理人：

（一）新安装特种设备未移交所有权人的，项目建设单位为使用管理人；

（二）自行管理的，所有权人为使用管理人；

（三）委托物业服务企业或者其他管理人管理的，受委托方为使用管理人；

（四）出租配有特种设备的场所的，可以约定特种设备的使用管理人，没有约定的，按照第二项、第三项确定使用管理人。

未明确使用管理人的特种设备，不得投入使用。

第二十二条　特种设备在投入使用前，使用管理人应当向特种设备安全监督管理部门办理使用登记，取得使用登记证书。

申请特种设备的使用登记，应当具备下列条件：

（一）申请人是该特种设备的使用管理人；

（二）申请人按照规定聘用取得相应资格的人员从事该特种设备的管理、作业工作；

（三）该特种设备的设计、制造、安装、改造等符合特种设备有关法律法规、安全技术规范和标准的要求。

属于需要调试的成套设备或者机组的，使用管理人可以自投入使用之日起三十日内办理使用登记手续。

第二十三条　特种设备进行改造、修理，按照规定需要变更使用登记的，或者特种设备使用管理人变更的，应当办理变更登记手续。

第二十四条　特种设备使用管理人应当在特种设备的显著位置设置使用登记标志。使用登记标志应当载明使用管理人、应急救援电话、使用登记编号等内容。

客运索道、大型游乐设施的使用管理人应当将客运索道、大型游乐设施的使用登记标志、检验标志、安全使用说明、安全注意事项、警示标志、使用年限届满日期置于出入口、等候区、乘客区等易于为乘客注意的显著位置。

第二十五条　特种设备使用管理人应当组织开展特种设备安全使用风险分析，采取有效措施防控风险，保证特种设备的安全使用。

特种设备使用管理人发现特种设备存在事故隐患时，应当立即采取措施予以消除；不能消除的，应当立即停止使用。

第二十六条　国家规定特种设备安装、改造或者修理过程需要监督检验的，在监督检验合格前，特种设备使用管理人不得将特种设备投入使用。

特种设备使用管理人应当按照安全技术规范的要求，在特种设备检验合格有效期届满一个月前向特种设备检验机构提出定期检验要求。未经定期检验或者检验不合格的特种设备，不得继续使用。

第二十七条　特种设备使用管理人不得使用国家或者省明令淘汰和已经报废的特种设备，不得超过允许工作参数使用特种设备，不得将非承压设备作为承压设备使用。

第二十八条　特种设备因故停用的，使用管理人应当确保停用设备不危及人身、财产安全，并在显著位置设置停用标志。停用半年以上的，应当向原负责登记的特种设备安全监督管理部门办理停用手续。

启用已办理停用手续的特种设备，应当办理启用手续；启用已停用一年以上或者已超过原检验有效期的特种设备，还应当向特种设备检验机构申请检验。

第二十九条　大型游乐设施使用管理人应当在整机或者重要部件使用年限届满前约请制造单位完成安全评估。制造单位已不存在或者使用管理人不认可制造单位评估结论的，应当约请具有相应资质的制造单位、检验机构或者承保该大型游乐设施公众责任保险的保险人组织评估。

受委托进行安全评估的单位或者机构应当作出客观、公正、准确的评估结论，对评估结论的真实性、完整性负责。

评估单位提出更新、改造建议的，应当完成更新、改造并经检验合格后方可继续使用，并明确继续使用的年限。

第三十条　特种设备使用管理人应当建立岗位责任、隐患治理、应急救援等安全管理制度，健全特种设备事故风险防范机制，保障公众安全。

鼓励投保特种设备公众责任保险。

第三十一条　特种设备使用管理人应当按照有关安全技术规范、标准和使用维护保养说明的要求进行日常维护保养，或者委托取得相应制造、安装、改造、修理资质的单位进行维护保养。电梯的日常维护保养按照《广东省电梯使用安全条例》执行。

从事特种设备日常维护保养的单位，应当按照有关安全技术规范、标准和使用维护保养说明的要求对特种设备进行日常维护保养，并对维护保养质量负责。

从事锅炉清洗，应当在施工前将拟进行的化学清洗方案告知负责登记的特种设备安全监督管理部门。

第三十二条　移动式压力容器、气瓶充装单位应当按照安全技术规范和标准的要求实施充装，并对充装活动的安全负责。

充装单位充装前后应当对充装的移动式压力容器、气瓶的安全状况进行检查。不得充装国家或者省明令淘汰、禁止制造、强制报废，以及非法制造、非法改造、过期未检验、检验不合格或者其他不能保证充装和使用安全的移动式压力容器、气瓶；不得超量充装。

充装单位只能充装由本单位及其连锁经营单位登记的气瓶(车用气瓶除外)，并在气瓶的显著位置设置可识别的充装单位或者连锁经营单位的名称或者标志。

第三十三条　移动式压力容器、气瓶充装单位应当建立充装气体质量的检查制度和销售记录制度，并对其充装的气体质量负责，不得掺杂、掺假、以次充好，危及移动式压力容器、气瓶安全。

参考文献

[1]李彤，叶乾惠等．压力容器相关标准汇编：上、中、下．北京：中国标准出版社，1997.
[2]GB 150—2011，压力容器[S].
[3]GB 12337—1998，钢制球形储罐[S].
[4]NB/T 47042—2014，卧式容器[S].
[5]GB/T 151—2014，热交换器[S].
[6]GB/T 12241—2005，安全阀 一般要求[S].
[7]GB 19624—2004，在用含缺陷压力容器安全评定[S].
[8]NB/T 47014～47016—2011，承压设备焊接工艺评定、压力容器焊接规程、承压设备产品焊接试件的力学性能检验[S].
[9]TSG 21—2016，固定式压力容器安全技术监察规程[S].
[10]HG/T 20580～20585—2011，钢制化工容器设计基础规定、材料选用规定、强度计算规定、结构设计规定、制造技术规定、钢制低温压力容器技术规定[S].
[11]NB/47013—2015，承压设备无损检测[S].
[12]林志宏，刘新宇．特种设备事故防范与案例剖析．北京：中国计量出版社，2008
[13]NB/T 4750—2010，制冷装置用压力容器[S].
[14]NB/T 47014—2014，塔式容器[S].
[15]NB/T 47004—2009，板式热交换器[S].
[16]NB/T 47005—2009，板式蒸发装置[S].
[17]NB/T 47006—2009，铝制板翅式热交换器[S].
[18]JB/T 4715—1992，固定管板式换热器型式与基本参数[S].
[19 JB/T 4716—1992，立式热虹吸式重沸器型式与基本参数[S].
[20]JB/T 4717—1992，U 型管式换热器型式与基本参数[S].
[21]JB/T 4718—1992，管壳式换热器金属包垫片[S].
[22]NB/T 47014—2011，承压设备焊接工艺评定[S].
[23]NB/T 47015—2011，压力容器焊接规程[S].
[24]NB/T 47016—2011，承压设备产品焊接试板的力学性能检验[S].
[25]GB/T 9112～9124—2000，钢制管法兰[S].
[26]JB/T 4712.1～4—2007，容器支座[S].
[27]SH 3524—1999，石油化工钢制塔、容器现场组焊施工工艺标准[S].
[28]HG/T 20580～20585—2011，钢制化工容器设计基础规定[S].
[29]GB/T 17261—2011，钢制球形储罐型式与基本参数[S].
[30]GB/T 18442.1～6—2011，固定式真空绝热深冷压力容器[S].

[31]GB 16409—1996，板式换热器[S].

[32]NB/T 47007—2010，空冷式换热器[S].

[33]李多民等．化工过程机器[M]. 北京：中国石化出版社，2007.

[34]王文友等．过程装备制造工艺[M]. 北京：中国石化出版社，2007.

[35]郑津洋等．过程设备设计[M]. 北京：化学工业出版社，2010.

[36]闫康平等．过程装备腐蚀与防护[M]. 北京：化学工业出版社，2009.

[37]JB 4732—2005，钢制压力容器分析设计标准[S].

[38]史美中，王中铮．热交换器原理与设计[M]. 南京：东南大学出版社，2009：265.

[39]齐洪洋，高磊，张莹莹，等．管壳式换热器强化传热技术概述[J]. 压力容器．2012，7：73～78.

[40]王峰．错开窗式换热器研制及传热性能研究[D]. 辽宁石油化工大学，2014.

[41]齐洪洋，李海三，沈书乾．扭曲管性能数字模拟及公式拟合[J]. 压力容器．2015，32(7)：35～40.

[42]陈惠民，高磊，张莹莹，等．纵横交错管传热及流阻性能研究[J]. 石油化工设备．2012，41(2)：8～12.

[43]沈书乾，齐洪洋．扭曲管热交换器壳程性能数值模拟及其计算公式拟合[J]. 石油化工设备．2015，44(4)：48～52.

[44]钟敏．换热器振动原因分析及防振措施探讨[J]. 石化技术．2015，(5)：18～19.

[45]元少昀，段瑞．塔器、烟囱等高耸结构风诱导共振的判断准则及振动分析的相关问题[J]. 石油化工设备技术，2010，31(1)：13～18.

[46]高文彦．化工装置中塔器的风诱导振动[J]. 化工设备与管道．2001，(5)：29～31.

[47]胡海龙，陈宝忠，阎慧菊．焦炭塔失效模式分析[J]. 机械强度．1996.3，18(1)：66～68.

[48]周迎义．浅谈炼油装置中焦炭塔工作特点及失效模式[J]. 装备制造技术．2012，(11)：188～189.

[49]黄磊，张巨伟，屈晓雪．对焦炭塔塔鼓变形失效的机理分析[J]. 当代化工．2012，41(9)：967～969.

[50]郭颖，吴金才．盐酸塔失效分析[J]. 腐蚀与防护．2005，26(12)：545～546.

[51]陈长荣，顾福明，吕华亭等．高塔设备的失效分析及修复[J]. 化工装备技术．2012，33(5)：20～24.

[52]苏芳云，朱文胜，杨志强等．减压塔填料快速腐蚀失效原因分析[J]. 石油化工腐蚀与防护．2006，23(2)：42～45.

[53]郭寿鹏，高洪吉，李晓桐等．锅炉旋风分离器中心筒失效分析[J]. 山东冶金．2010.2，32(1)：52～53.

[54]段少丽，姜忠宝．三级旋风分离器失效原因分析[J]. 长江大学学报(自然科学版). 2011，8(4)：107～108.

[55]丘思晓．旋风分离器吊杆断裂失效机理研究[J]. 石油化工设备．1998.7，27(4)：17～19.

[56]谭敏，黄卫东．三级旋风分离器失效分析及其应急修复[J]. 石油化工腐蚀与防护．2009，26(3)：57～60.

[57]赵振华．FC－201 旋风分离器失效机理探讨[J]. 中国氯碱．2002，(5)：22～25.

[58]蔡香丽，黄蕾，乔伟等．FCCU 旋风分离器壳体断裂失效的原因分析[J]. 炼油技术与工程．2014，44(9)：28～31.

[59]郭春生．新型复合人字形板式换热器传热与流动理论分析及实验研究[D]. 山东大学，2012.

[60]吴植仁，胡传清，富跃军．螺旋板壳式换热器在气体冷却器上的应用[J]. 炼油技术与工程．2007，37(6)：36～39.